零基础学Python编程从入门到实践

[韩] 尹仁诚◎著　崔光善　袁亦凡◎译

天津出版传媒集团
天津科学技术出版社

天津市版权登记号：图字02-2022-146号

图书在版编目（CIP）数据

零基础学Python编程：从入门到实践 /（韩）尹仁诚著；崔光善，袁亦凡译. —天津：天津科学技术出版社，2022.8
ISBN 978-7-5742-0257-3

Ⅰ. ①零… Ⅱ. ①尹… ②崔… ③袁… Ⅲ. ①软件工具—程序设计 Ⅳ. ①TP311.561

中国版本图书馆CIP数据核字（2022）第112565号

零基础学Python编程：从入门到实践
LINGJICHU XUE Python BIANCHENG：CONG RUMEN DAO SHIJIAN
责任编辑：刘　磊
责任印制：兰　毅
出　　版：天津出版传媒集团 / 天津科学技术出版社
地　　址：天津市西康路35号
邮　　编：300051
电　　话：（022）23332397
网　　址：www.tjkjcbs.com.cn
发　　行：新华书店经销
印　　刷：三河市华润印刷有限公司

开本 787 × 1092　1/16　印张 28.5　字数 520 000
2022 年 8 月第 1 版第 1 次印刷
定价：98.00元

内容简介

任何人都可以做到！笔者为了帮助那些立志开始学习编程的人们，特编写了本书，以供读者自主学习。从书中，我们可以了解、学习陌生的术语，以便轻松自如地阅读编程书籍，并享受掌握编程知识的喜悦，从而便于我们继续进入下个阶段的学习，这就是本书的目的所在。

请现在就开始吧。《零基础学 Python 编程——从入门到实践》的读者们，在这个学习的过程中，你们可能会觉得，有时是一个人在孤独学习，有时是大家一起在共同成长，而这种相互感染的力量会促使我们共同进步。

本书的结构

《零基础学Python编程——从入门到实践》七步指南

Start 1 2 3 4

1 核心关键词

提示该章节中的重点内容。

2 在开始之前

指出您在本章节中将要学习的主要内容。

3 话筒

指出容易错过的内容或必须记住的内容。

初始值时，使用不会对计算结果造成影响的值作为初始值：若是加法运算则设为0，乘法则设为1。

4 动手编码

源代码要亲自输入并执行。当无法理解代码时，请参考注释、运行结果、前后的代码说明。

结论

▶ 以4个关键词汇总的核心内容

- 布尔（boolean）是 Python 的基本数据
- 比较运算符应用于数字或字符串，是
- 逻辑运算符有 not、and 和 or 运算符
- if 条件语句是当您希望根据条件

扩展知识

简单的内容、核心的内容固然很好，但有时也需要深入地学习。在此部分对编程可深入了解。

解题

通过解答问题来复习到目前为止学到的内容。

5　6　7　Finish

核心关键词

每结束一节之后，结论的核心关键词部分回顾本章节的核心内容。

扩展知识　**函数装饰器**

python 有一个功能叫作装饰器（decorator
大家见过 @app.route 格式的代码，在 python 中
意思是"装饰"的意思，那在编程语言中是

根据装饰器的创建方法大致可以分为
函数装饰器。

▶ 解题

1. 下述 format( ) 函数应用当中，
   ① "{ } { }".format(52, 273)
   ② "{ } { }".format(52, type(273))
   ③ "{ } { } { }".format(52, type(273))
   ④ "{ }".format(52, 273)
2. 请把函数和它的功能连接起来
   ① split( )　•
   ② upper( )　•
   ③ lower( )　•

学习路线图

引言

基础篇 **第1章~第6章**

结合Python的基本语句描述，讨论如何灵活应用语句。关于确认句子中语法是否正确的问题，可以先从简单的问题开始，再到具有一定挑战性的问题进行多样化的解答分析。

高级篇 **第7章~第8章**

简单介绍如何利用Python实现Web服务等。虽说是“高级”相关知识，但如果您掌握好基础知识，这部分就不会很难理解。

难度 ●●●●●

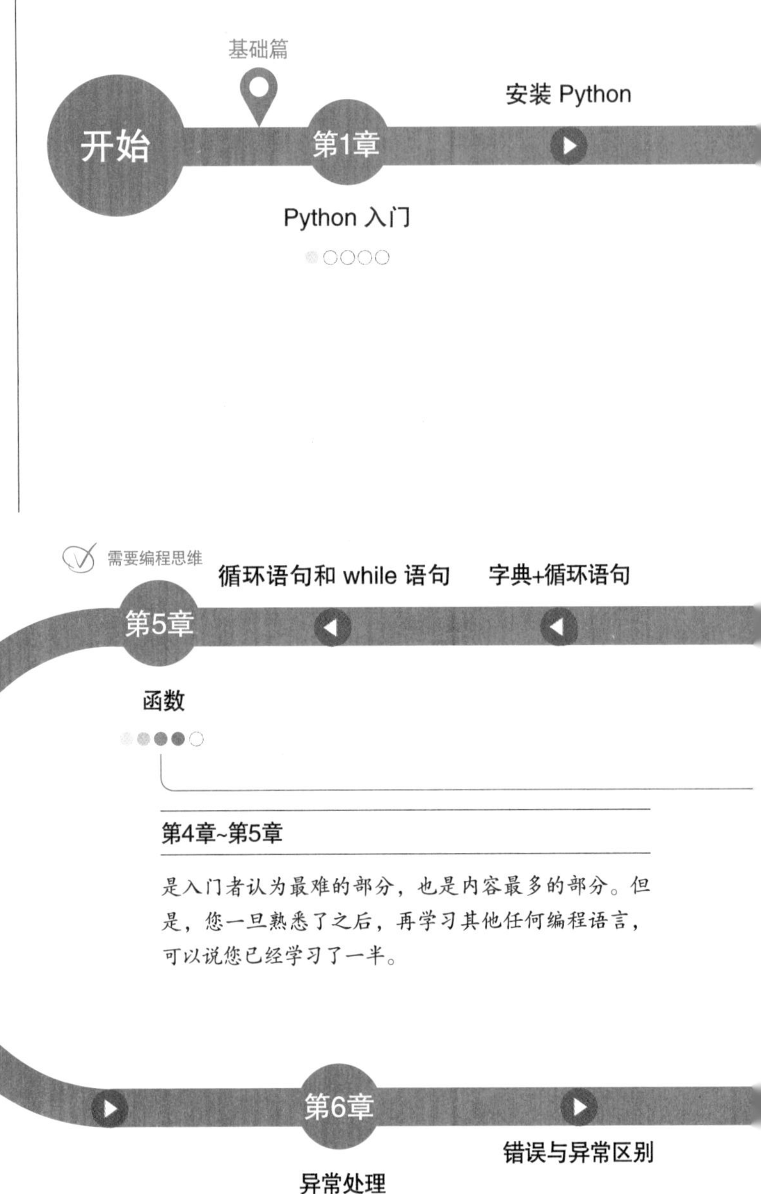

第4章~第5章

是入门者认为最难的部分，也是内容最多的部分。但是，您一旦熟悉了之后，再学习其他任何编程语言，可以说您已经学习了一半。

第1章~第3章

介绍Python最基础的知识、数据和语句。

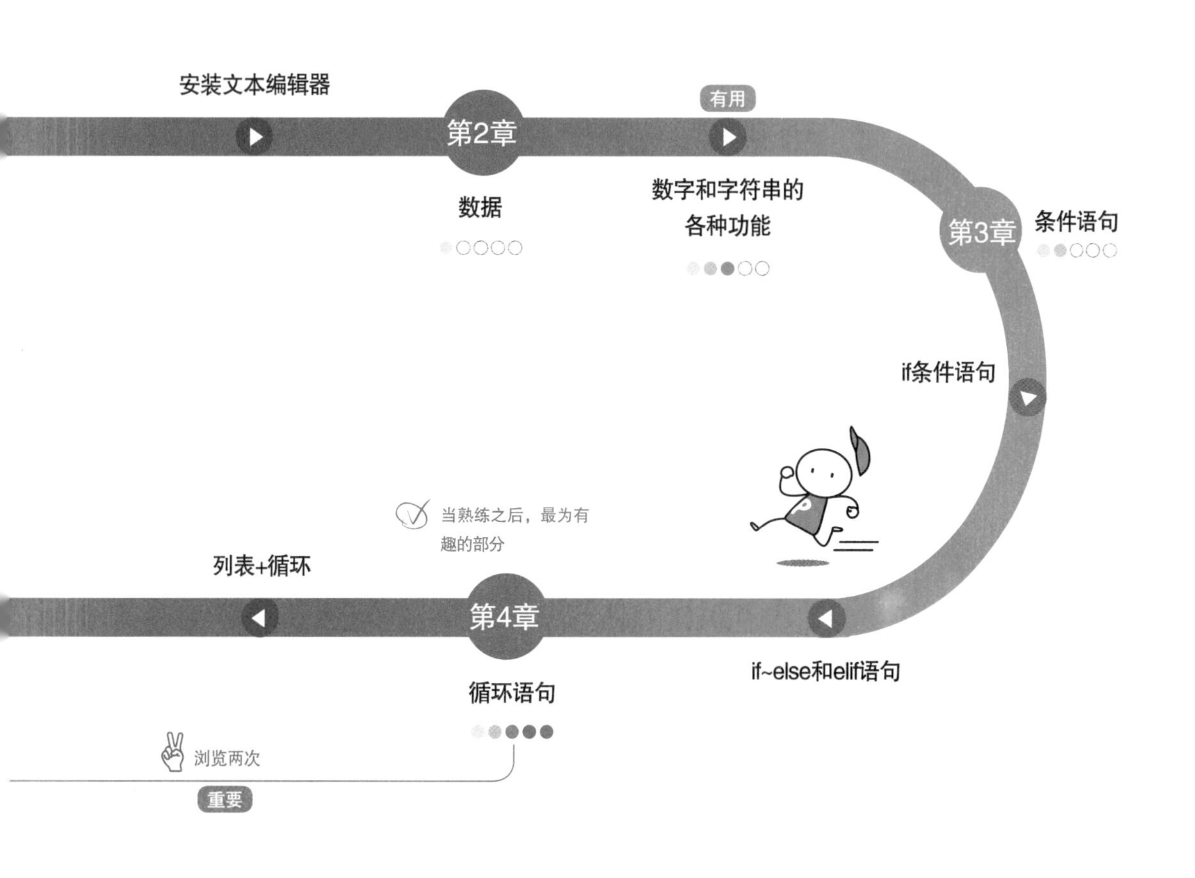

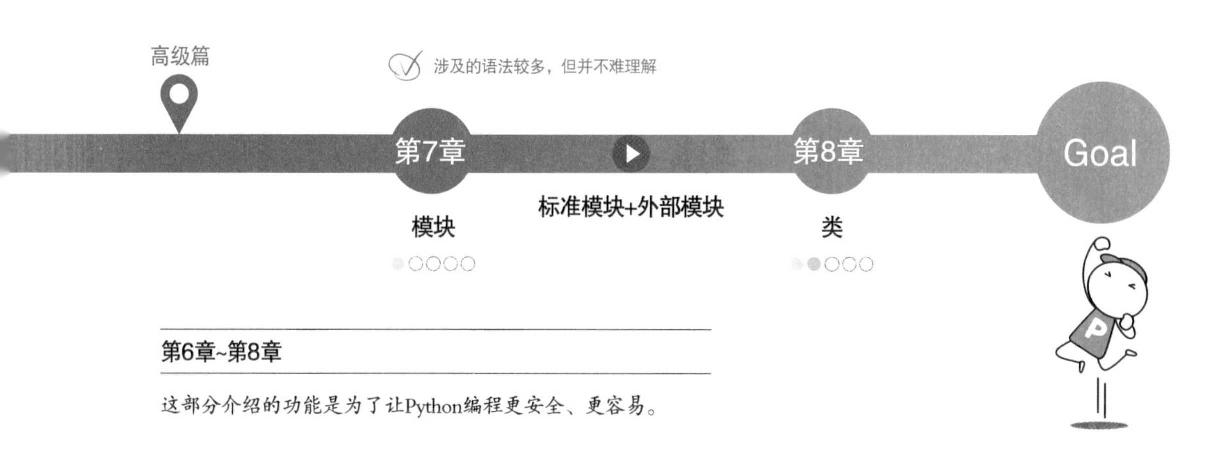

第6章~第8章

这部分介绍的功能是为了让Python编程更安全、更容易。

目 录 Contents

第1章
Python 入门

第1章

Python入门

编程语言也是一种语言。在第一章中，我们主要学习需要掌握的最基本术语，就像学习一门新的语言时首先学习最基本单词，然后通过各种语法再进一步学习词组以及语句一样。接下来，我们将逐步跟随并学习安装Python、输入源代码并验证结果的过程。

学习目标

- 了解编程语言的构成元素。
- 了解Python实践环境的构建和运行方法。
- 了解Python使用的基本术语。
- 了解python的基本输出方法print()函数。

1.1 学习Python之前非常简单的介绍

核心关键词

计算机程序 源代码 Python

您应该知道Python是一种编程语言，但是，如果您是第一次接触编程语言的入门者，可能对“编程是什么”还没有一个正确的概念。对于入门者来说，术语或概念的理解上可能会有点难，但当您读一遍本书之后，即使在脑子里没多少印象，但读过和没读过还是有很大的区别的。

在开始之前

所谓的编程（programming）就是编写程序。那么，首先要了解什么叫程序，才能真正地了解编程。

首先，程序这个词在很多领域都被使用，比如计算机程序、减肥程序和社会福利程序等。在英语中，Program 是由 Pro 和 Gram 组合而成的单词。“Pro”是“预先”和“提前”的意思，“Gram”是“制作”的意思。因此，程序（program）指的是“预制作”的意思。

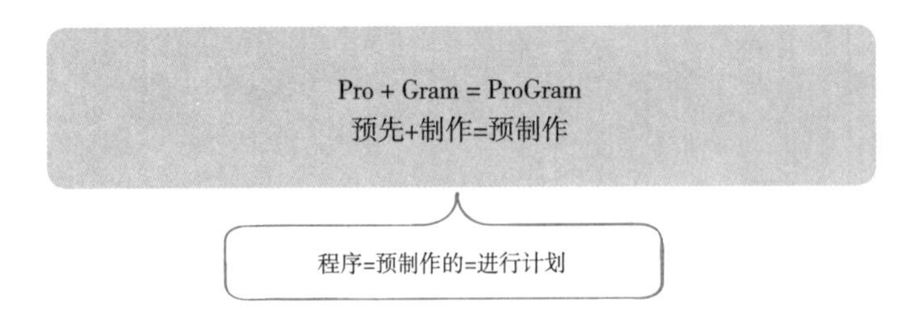

计算机程序

让我们在词典里查一下“程序”，可以查到其解释是“进行计划或顺序”。如果把这些内容拼凑在一起，就可以解释为“预先制定的进行计划”。比如，减肥程序指的是，如何减肥而制订与此相关的进行计划，社会福利程序指的是“改变个人和社会而制订的进行计划”。

类比这样的概念，很容易理解计算机程序，所谓的计算机程序（computer program）指的是针对计算机需要做什么而预先制订的计划。比如，我们用 Kakao talk 软件与朋友聊天时：

（1）指定好友；

（2）输入消息；

（3）按发送按钮，消息就会发送。

这是因为在 Kakao Talk 的程序当中，写入了一个“指定朋友，输入消息，按下发送按钮，则向好友发送信息！”的程序。

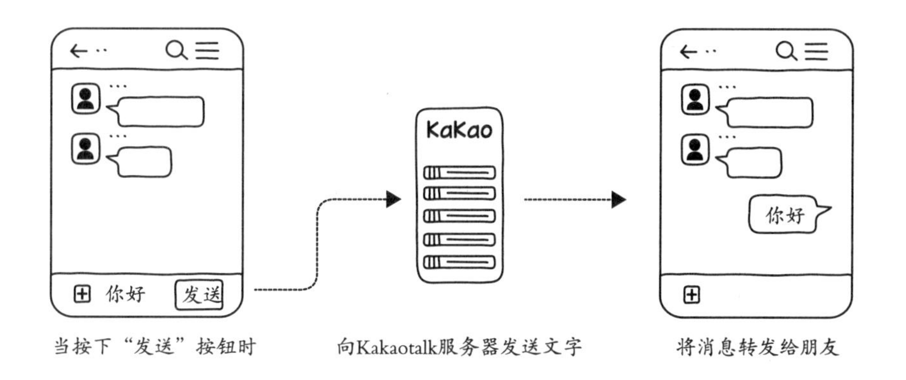

当按下“发送”按钮时　　向Kakaotalk服务器发送文字　　将消息转发给朋友

编程语言

让我们按顺序阅读下面的内容，然后想一想最后会有什么结果？

（1）在笔记本的右上角写上 a。

（2）在 a 旁边写上 10。

（3）在笔记本的左上角写上 b。

（4）在 b 旁边写上 20。

（5）在笔记本的右下角写 c。

（6）把 a 旁边的数字和 b 旁边的数字相加，写到 c 旁边。

（7）如果 c 旁边的数字大于 15，则选择：“大于 15！”

（8）如果 c 旁边的数字小于 15，则选择：“小于 15！”

我们的大脑很快就能喊出“大于 15！”。但是性能再好的电脑也无法识别上述内容的。计算机能识别的值是，由 0 和 1 组成的二进制数字（binary digit）。如果把 < 在笔记本的右上角写上 a，+a 旁边写上 10>，用二进制来描述，则可以变成 01100111 10001111 00010000 00000000。所谓的二进制数字可以理解为计算机的语言。

在过去，我们通过输入二进制数字来创建程序。由二进制数字组成的代码叫作二进制代码（binary code）。但对我们来说，用这些二进制数字编写程序是很难的，而且效率也低。因此人们想用人类容易理解的语言来编写程序，所以出于这种目的研究出的就是编程语言（programming Language）。编程语言，简单地说，就是让人看懂的语言。而用编程语言编写的程序称为源代码（source code）。

但问题是，计算机无法理解编程语言。为了解决这个问题，我们创建了把编程语言转换为二进制数字的代码执行器。代码转换器是一种翻译工具，它将把人的语言转换成计算机的语言。

有了这些编程语言，人们就可以很容易地向计算机发出指令，并得到他们想要的结果。

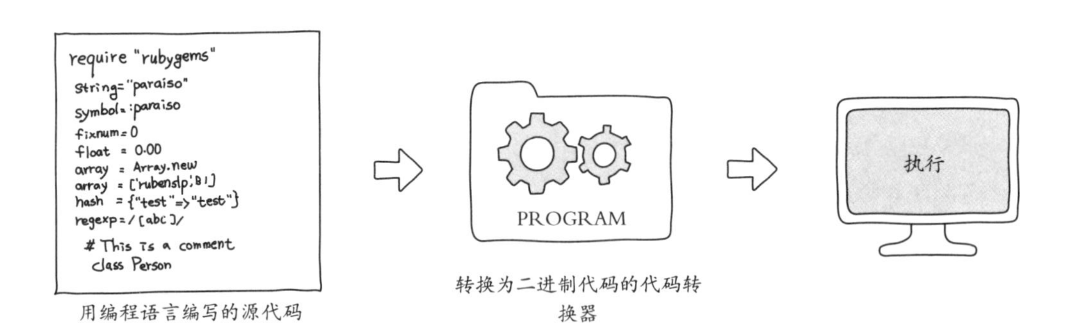

用编程语言编写的源代码

转换为二进制代码的代码转换器

编程语言，Python

那么，我们要学什么样的编程语言呢？哪一种编程语言是最好的呢？

世界上有好多种语言，比如汉语、英语、日语、韩语等，但事实上诸多语言之间是没有优势地位之分的，所有的语言都是与他人交流的手段。编程语言也类似，有好多种不同的编程语言，不同的编程语言可能会有各自专用的领域，但没有强势地位之分。

本书介绍了多种编程语言当中的 Python。Python 是 1991 年由吉多 · 范罗苏姆 (Guido van Rossu) 开发推出的一种编程语言。1989 年的圣诞节这一周研究室关闭，所以他就趁着无聊开始制作。

Python 这个名字来自英国的 6 人喜剧组合蒙提·派森（Monty Python），标志是以“蟒蛇”为主题，意为英语单词 Python。

Python 是，即使是初学者也能轻而易举学到的编程语言，因此学习如何用 Python 编写计算机程序之后，再用其他编程语言也可以很容易。

Python受欢迎的原因

前面说过 Python 是一种很容易被初学者学习的语言。那么，我们最近使用 Python 编程语言的原因仅仅是这个吗？

下面简单总结一下 Python 的优点：

- 语法简单，很容易学。
- 有很多人在使用，我们可以在很多不同的领域应用 Python。

- 可在大多数操作系统（Windows、Mac、Linux）上以相同的方法应用。

第一，非专业人士也可以轻松学习的语言

首先，语法简单，容易学。C 语言等编程语言语法复杂，学习计算机专业的学生也经常觉得很难。但是 Python 的语法很简单，很容易学。因此，非专业人士也可以轻松学习。

第二，可在多个领域灵活应用

因为有很多人在使用，所以在多个领域可灵活应用。从基本的桌面应用程序开始，到 Web 服务器、黑客工具、IoT Internet of Things、人工智能等。

第三，可在大多数操作系统中以相同的方法应用

Python 可在大多数操作系统 OS（Operating System）中以相同的方法应用。大多数编程语言在不同的操作系统都会有限制，即使在不同的操作系统上可以应用，它们的使用方法也会有所不同。但是，Python 编程语言可以在所有操作系统上都以相同的方法应用。

当然也有缺点。

就是运行速度慢

Python 编程语言通常比 C 语言慢 10 到 350 倍。大多数编程语言的“易用性”和“快速性”性能是成反比的。Python 易于应用，但运行速度慢；C 语言应用困难，但速度快。因此，一般在制作大型游戏时，通常会使用 C、C++、C# 等编程语言。

但是，现在的电脑性能越来越好，除非是需要大量运算的程序（如游戏等），否则编程语言的运行速度差异不会太大。因此，易于使用的编程语言（Python、Ruby、JavaScript 等）越来越受到欢迎。

在制作类似机器学习、深度学习（deep learning）这种需要做很多固定运算的程序时，首先我们把整个框架程序做成 Python，然后把其中需要做固定运算部分做成 C 语言来利用。因此，除了像游戏这种需要进行大量运算的程序以及只能使用性能不佳的计算机程序（小型设备）之外，在所有领域都可使用 Python。

结论

▶ 以3个关键词汇总的核心内容

- 计算机程序（computer program）指的是针对计算机将要进行的内容，预先制订的进行计划；
- 源代码（source code）指的是用编程语言编写的便于人类阅读和理解的代码；
- Python是一种易于初学者学习，在多个领域都有应用且在大多数操作系统中都以相同方法应用的编程语言。

▶ 解题

1. 什么叫程序，您现在应该有所理解了，我们边喝咖啡边思考下述问题如何？现在有咖啡杯、茶匙、速溶咖啡、水、电热壶，在下面把咖啡的制作过程按顺序写下来试一试。

①
②
③
④
⑤

2. 从开始新事物的角度来说，术语总是很陌生的。根据本章节讲解的术语相关知识，把下面内容连在一起；

① 编程 •	• ⓐ 编写程序
② 程序 •	• ⓑ 由计算机可识别的二进制数字组成的代码
③ 计算机程序 •	• ⓒ 预先编制的进行计划
④ 编程语言 •	• ⓓ 人类容易理解的语言来编写程序
⑤ 源代码 •	• ⓔ 用编程语言编写的便于人阅读和理解的代码
⑥ 二进制代码 •	• ⓕ 针对计算机将要进行的内容，预先制订的进行计划

3. 列出的下述 Python 的特点当中，哪一项是错误的（　　　）

① 语法简单，容易学；

② 它可以用于 Web 服务器、黑客工具、IoT、人工智能等多个领域；

③ 在不同的操作系统，如 Windows、Mac 和 Linux 当中，以不同的方法使用；

④ 它的优点是易于使用，但运行速度慢。

提示 1. 咖啡做得好喝吗？一杯美味的咖啡是通过几个步骤完成的呢？每个人冲咖啡的过程都不一样。可以先烧开水，也可以先切开速溶咖啡袋子……程序也是如此，没有正确或固定的答案。执行到最终结果的过程都会有所不同，但其具体运行速度以及运行效率要取决于大家所选用的具体方案。

2. 请参考第2页~第4页的内容。

3. 请参考第6页的内容。

1.2 学习Python所需前提准备

核心关键词

文本编辑器　Python解释器　交互式(interactive)　python命令语

当我们试图学习某技能时，首先必须做好准备。例如，如果要学习吉他等乐器，首先必须要购买乐器，如果要学习水彩画，首先必须要购买绘画工具。那么学习编程需要什么呢，下面让我们逐一准备学习Python所需要的工具。

在开始之前

就像学习乐器和学习绘画时需要相应工具一样，学习编程同样也需要一个能编程的环境。此环境通常称为开发环境。

学习编程语言，首先需要的是一台电脑，也是最基本的工具，我觉得此刻想学习本书的人都应该具备此工具，因此无须再投入成本。然后需要的是文本编辑器，利用文本编辑器可编辑由编程语言构成的代码，最后还需要一个可执行此代码的代码执行器。在这里我们要学习的是 Python，相应需要的是可输入 Python 代码的文本编辑器和可执行 Python 代码的 Python 解释器。

require "rubygems"
string="paraiso"
symbol=:paraiso
fixnum=0
float = 0.00
array = Array.new
array = ['rubenslp','B']
hash = {"test"=>"test"}
regexp=/[abc]/
# This is a comment
class Person

不仅是Python，即使学习任何一种编程语言，这两个工具都是必要的。

文本编辑器
：编辑代码

代码执行器
：执行代码

安装Python

我们现在开始安装 Python（解释器）。在安装过程中有一定要确认的内容，请仔细阅读。

下载Python安装程序

使用 Web 浏览器访问 Python 官网（https://www.python.org），然后单击“Downloads”菜单。当您从安装了 Windows 操作系统的电脑上进行上述操作时，系统会自动转入 Windows 专用的 Python 下载页面。点击 [Download Python 3.7.3] 下载 Python 安装程序。

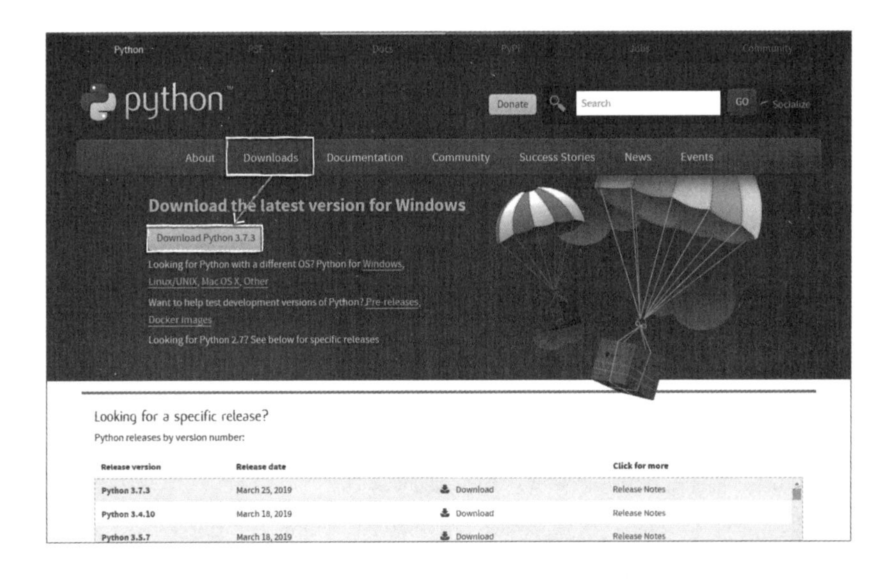

备注 以上就是笔者写书时期的截图和版本。当您在用此书学习的时候，Python的版本可能有略微变化，下载时安装最新版本即可。

疑问解答

疑问：不显示Windows Python下载页面。

解答：如果从安装了Windows操作系统的计算机访问，但没有显示Windows专用的Python下载页面，则可以在底部找到“Looking for Python with a different OS Python for Windows， Linux/UNIX，Mac OS X，Other”，点击“Windows”进入Windows版本网页，下载最新版本即可。

- 64bit 操作系统：Windows x86-64 web-based installer / executable installer
- 32bit 操作系统：Windows x86 web-based installer / executable installer

参考：操作系统版本，可在右击文件资源管理器中的“我的电脑”并点击进入“属性”界面可查看。

安装Python

01 运行安装程序，则会弹出如下画面，选中底部的“Add Python 3.7 to PATH”，然后单击“立即安装”，进行 Python 安装。

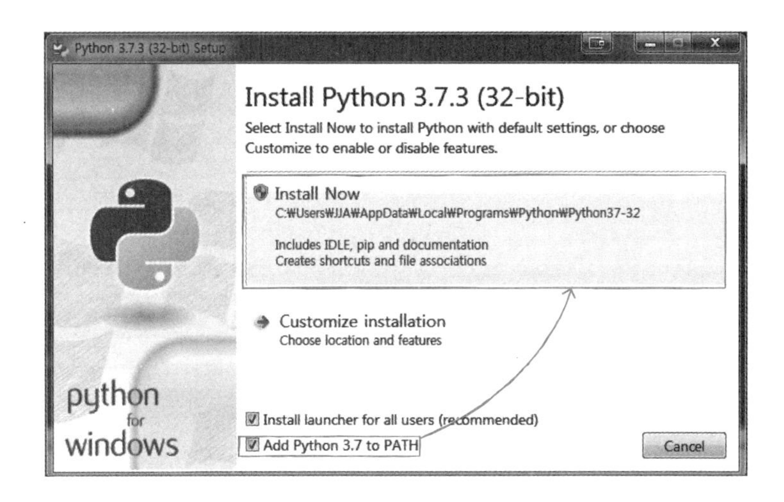

备注1 在安装过程中弹出用户帐户控制等画面时，请点击“是”按钮；

备注2 “Add Python 3.7 to PATH”表示将Python添加到程序的执行路径(PATH)。安装Python之前必须要选择此项，然后才能在命令提示符处输入[python]来运行Python。如果程序安装时未选择此项，则要重新安装程序。

非常重要

02 安装完成后，将弹出如下界面，单击“关闭”按钮退出安装程序。

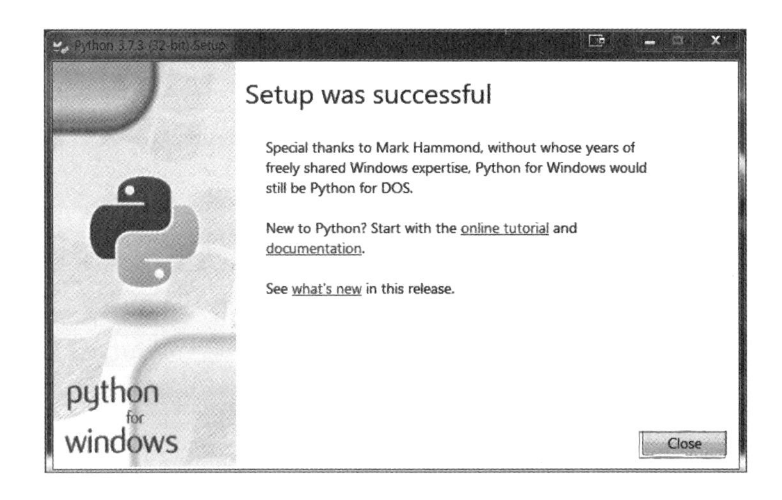

03 Python 程序安装完成后，您可以在电脑（Windows 操作系统）的“开始”菜单中找到 Python 3.7 版本程序。

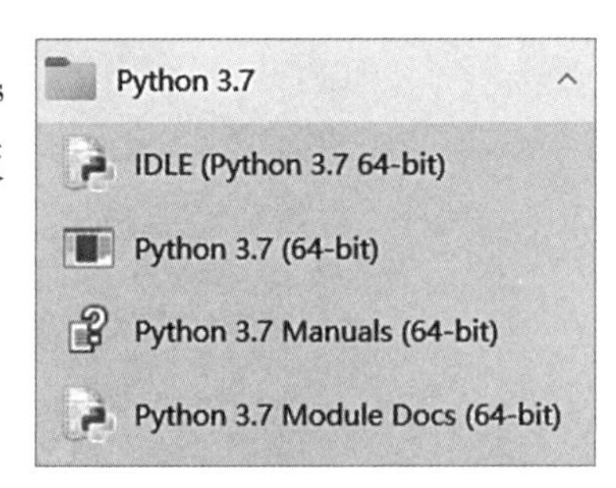

备注 程序名称括号中的64-bit，根据不同的电脑系统会有不同的显示。

运行Python：Python 交互式（interactive）shell

刚刚安装的 Python 是一个程序，它是执行用 Python 编写代码的程序。我们把这些程序叫作解释器 interpreter。那么，现在从“开始”菜单中选择 Python 3.7 程序，试一试运行 Python 如何？

当您运行 Python 程序时，同时也会运行 Python 交互式 shell。这是一个将 Python 命令一行一行输入的同时，可查看其执行结果的空间。

```
Python 3.7.2 (tags/v3.7.2:9a3ffc0492, Dec 23 2018, 22:20:52) [MSC v.1916 32 bit
(Intel)] on win32
Type "help", "copyright", "credits" or "license" for more information.
>>>
```

备注 运行该程序时，上述内容将以白色字体显示在黑屏上，并且光标在>>>旁边闪烁。

?! 疑问解答

疑问：Python不运行。

解答：如果在“开始”菜单中找不到Python运行菜单，则按Windows+R键弹出程序运行窗口，输入[cmd]，出现命令提示符窗口。在这里输入[python],如果出现上述提示Python版本的内容，则表示已安装Python程序。

- 关闭电脑，重新再启动。
- 重新确认，在安装时[Add Python 3.7 to PATH]选项是否已选择。如果未选择，则需要重新运行安装程序进行安装。

如下图所示，将代码一行一行输入到称为提示符（prompt）的“>>>”右侧，可立即查看执行结果。这被称为交互式 shell，意思是与电脑交互的空间。另外，它还被称为对话型 shell，因为它与电脑是以一句一句的对话形式进行交互的。

```
>>> 10 + 10 Enter  ——>输入10+10
20                 ——>10+10等于20，输出20
>>> "Hello" * 3 Enter ——>意味着输出字符串Hello三次
'HelloHelloHello'     ——>输出‘Hello Hello Hello’
>>>
```

退出时，单击窗口中的“关闭”按钮。

使用文本编辑器（1）：Python IDLE编辑器

交互式 shell 程序可用于查看简单的执行结果等。那么当您输入较长代码或者需要保存代码的时候怎么办呢？

通常使用文本编辑器 text editor 程序，指的是可以写入文字的所有类型的程序，记事本也是文本编辑器，所以在编写 Python 编程时也可以使用文本编辑器。

但是，如果能使用可轻松编写程序语言的文本编辑器那就再好不过了。

下面我们来了解一下如何使用随 Python 一起安装的 IDLE 编辑器。

在Python IDLE编辑器中编写和执行代码

Python 提供 IDLE 作为一个基本简单的集成开发环境。当无法单独安装其他文本编辑器，或者仅用于测试目的时，可以使用 IDLE 进行编写程序。

备注 有关集成开发环境的描述，请参考第21页[此处稍作参考]。

01 启动“开始”菜单 –Python 3.7–IDLE。

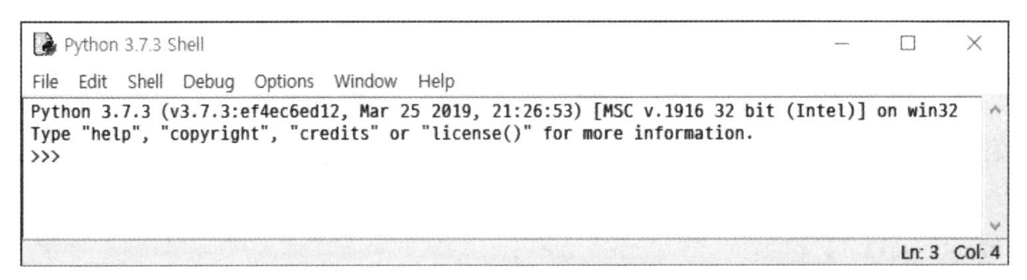

备注 根据安装的Python版本的不同，数字3.7可能会有所不同，IDLE的后面也可能会有（Python GUI）或（Python 3.6 32位）等。

02 如同交互式 shell，Python IDLE 也可以输入 Python 代码并立即查看执行结果。在提示符下输入命令的方法与前面介绍的 Python 交互式 shell 相同，因此这里我将介绍如何在输入长代码时创建并运行文件。在菜单栏 [File]– 选择 [New File] 菜单。

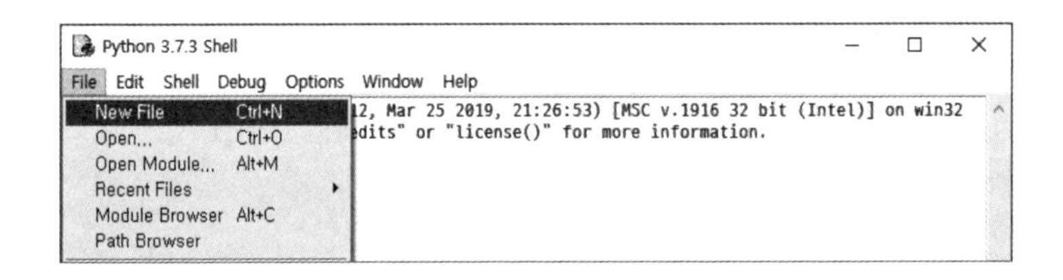

03 如果出现新窗口，请尝试如下输入：

```
Print("在IDLE中，将Python代码")
Print("编辑并输出")
Print("示例")
```

04 文件必须保存才能运行。选择“File” – “Save”菜单。

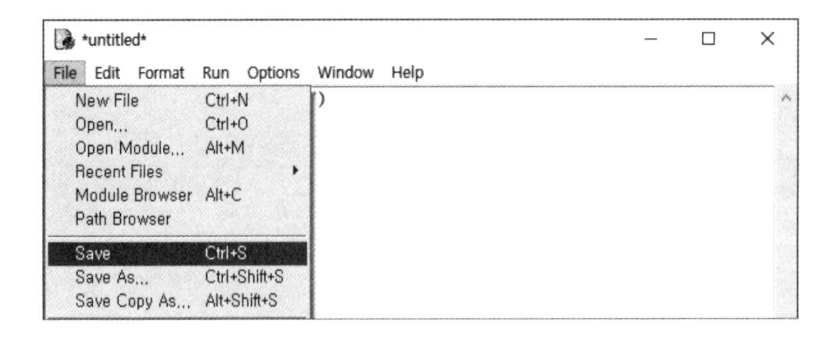

05 在“另存为”对话框中，将文件名另存为“sample”（选择要保存的文件夹或创建一个新文件夹）。

★ 稍等片刻　在此，请创建一个新文件夹来保存Python代码

单击“新建文件夹”创建一个文件夹，只保存您在将来学习时生成的代码文件。通常，在编程时，不会在文件夹名称中使用中文或空格。这是因为在命令提示符下输入代码时可能会出错，请尽量创建一个不带空格的英文名称的文件夹。

06 接着选择“Run”–“Run Module”菜单（或F5快捷键）。

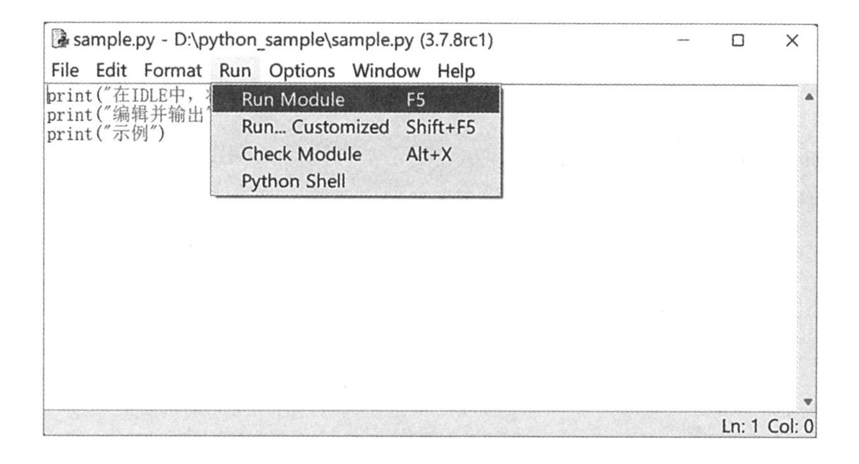

07 执行 Python 代码。

```
Python 3.7.3 Shell
File Edit Shell Debug Options Window Help
Python 3.7.3 (v3.7.3:ef4ec6ed12, Mar 25 2019, 21:26:53) [MSC v.1916 32 bit (Intel)] on win32
Type "help", "copyright", "credits" or "license()" for more information.
>>>
=================== RESTART: I:/python_sample/sample.py ===================
在IDLE中，将Python代码
编辑并输出
示例
>>> |
Ln: 8 Col: 4
```

设置开发专用字体

第一次运行 Python IDLE 编辑器时，默认字体为“Gulim”。但是，在编码时，最好还是使用编程专用字体。第一个原因是便于“字符识别”，第二个原因是要统一“字符宽度”。

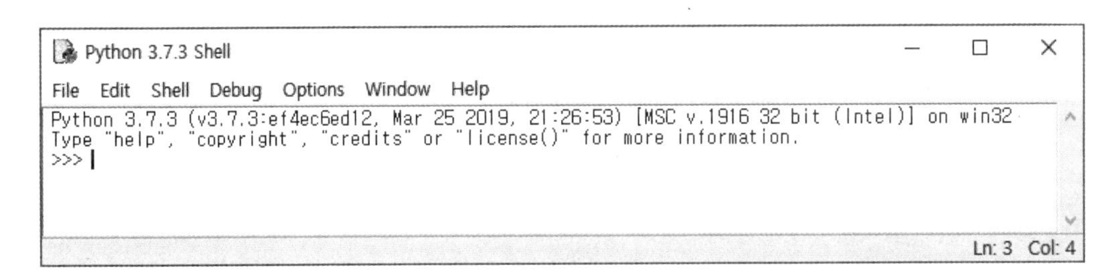

我们来看一下字符不容易识别区分的例子，下面这个框里的字母您能区分出是什么字母吗？

左框第一行的字母依次为英文小写字母 o、英文大写字母 O 和数字 0。第二行中的字母依次是小写字母 (L)、大写字母（I）和符号 (ALL)。是不是难以区分呢？所以，通常在开发程序的时候，最好使用开发专用的字体。

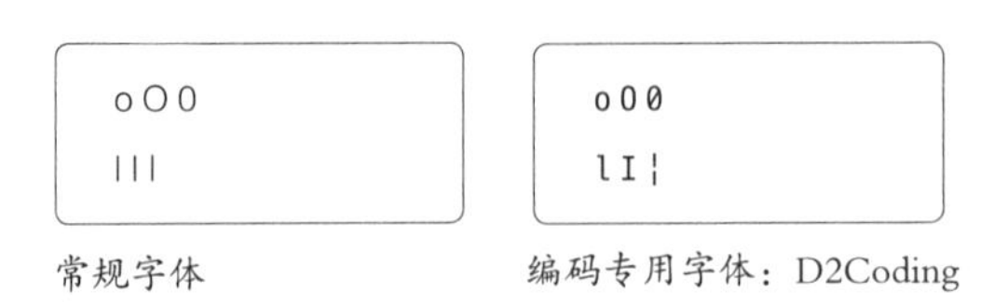

常规字体　　编码专用字体：D2Coding

下面我们再看一下字符宽度不一致时候的例子。从图中可看出，虽然两行都输入了同样的八个字母，但由于每个字母的宽度不一致，导致字符无法对齐。这种情况，在编辑较长编码时会容易出现问题。右边是用 NanumGothic 字体编辑时的代码，此时字符显示为统一宽度。

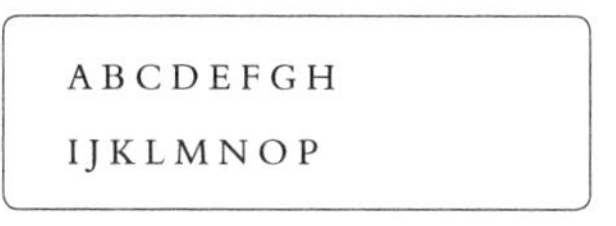

常规字体

ABCDEFGH
IJKLMNOP

编码专用字体：NanumGothic

在前面所展示的 D2Coding 字体和上面展示的 NanumGothic 字体可在 naver 或 google 上搜索并安装使用。

- D2Coding 字体 → https://github.com/naver/d2codingfont
- NanumGothic 字体 → https://github.com/naver/nanumfont

现在点击“选项（Options）”－“配置 IDLE（Configure IDLE）”菜单，并在“设置（Setting）”对话框的“字体（Font Face）”中设置编码专用字体。

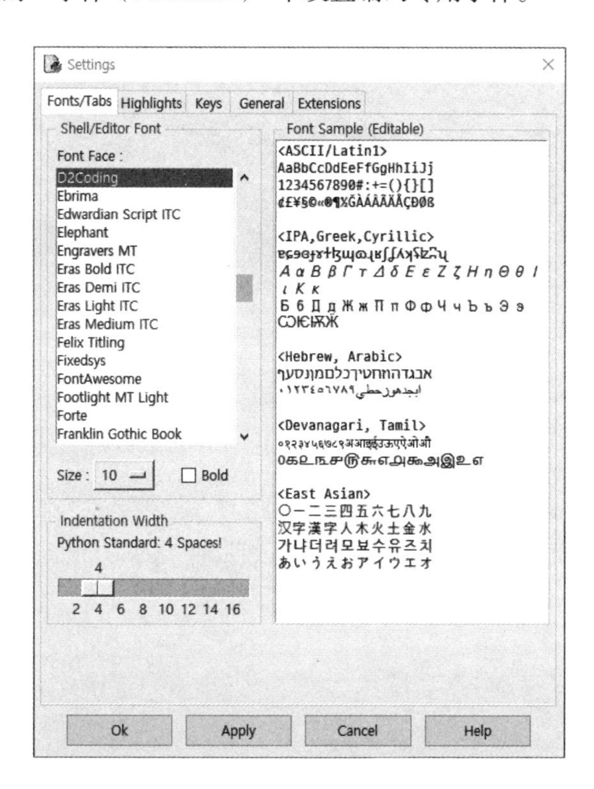

使用文本编辑器（2）：Visual Studio Code

如果您自己简单地开发 Python 程序，那么您可以使用 Python IDLE 编辑器。然而，在编写较长代码的工作中，通常使用文本编辑器来开发编程语言，这有助于编写程序。下面，让我们在众多文本编辑器中安装一个名为“Visual Studio Code”的程序。

下载并安装Visual Studio Code

01 首先要下载 Visual Studio Code 的安装程序。访问 Visual Studio Code 主页（https://code.visualstudio.com），单击 [Download for Windows] 以下载安装文件。

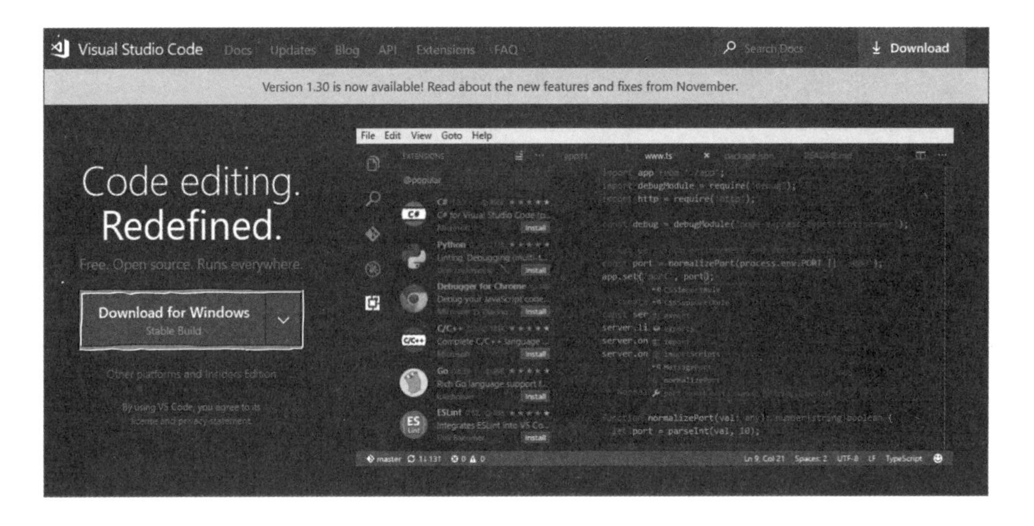

备注 单击名为“Download for OO”的按钮，则会下载与电脑相府的安装文件。另外，还可以通过单击下拉按钮选择操作系统（macOS、Windows、Linux）和安装文件格式（安装文件或压缩文件），也可以下载安装文件。

02 页面跳转，并开始下载安装文件。

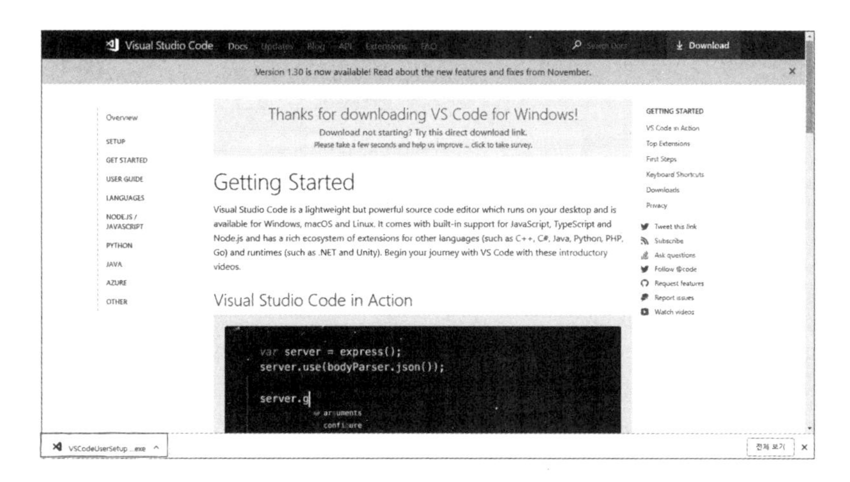

03 运行下载的 Visual Studio Code 安装程序。出现以下画面时，单击“下一步”按钮开始安装：

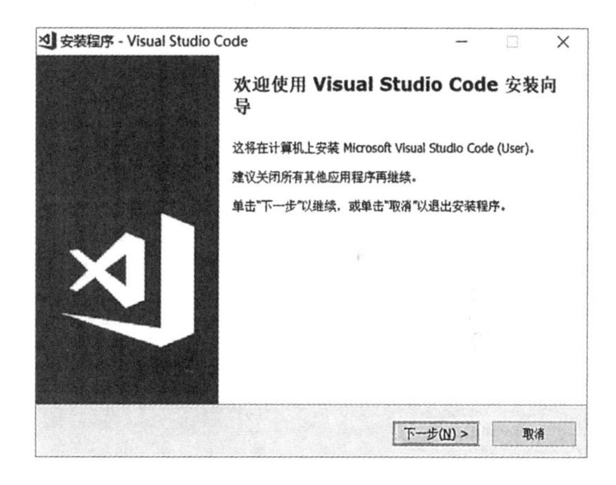

04 选择“接受协议”，然后单击“下一步”按钮。

05 显示要安装的文件夹。若要选择其他文件夹，请单击“浏览”按钮进行更改；如无须更改，请单击“下一步”按钮。

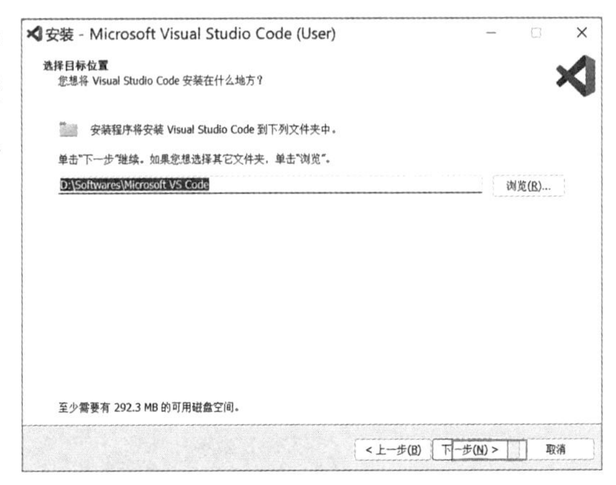

06 指定文件夹的名称。单击“下一步”按钮。

07 如果要在桌面上创建快捷方式，请选中“创建桌面快捷方式”。其余选项选中之后程序应用也会更为快捷方便，因此都要选中，单击“下一步”按钮。

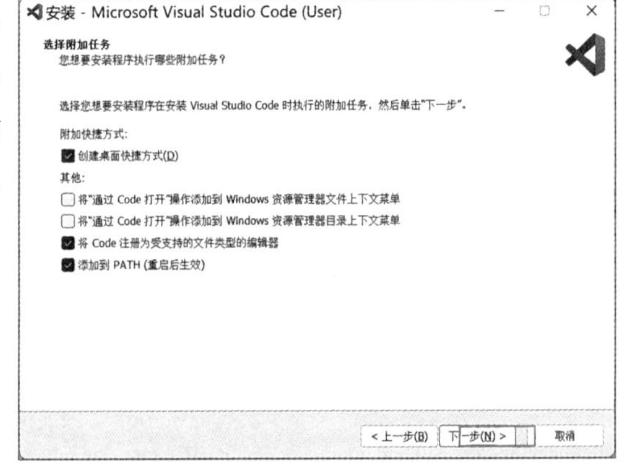

08 确认目标位置、文件夹名称和其他设置项，然后单击“安装”按钮。

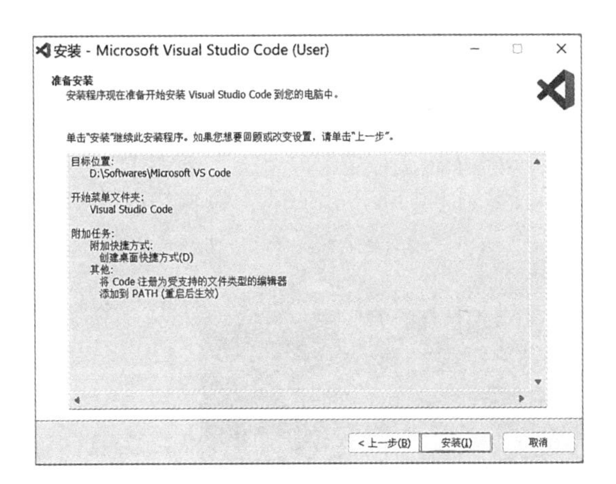

09 安装完成后，将出现如下画面，默认情况下“启动 Visual Studio Code”已处于选中状态。因此，单击“完成”按钮可立即执行 Visual Studio Code 程序。

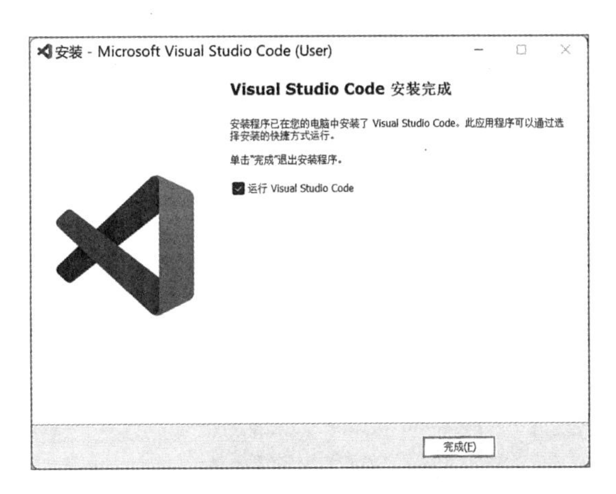

备注 如果未选中“启动Visual Studio代码”，Visual Studio Code未立即运行时，可在桌面上查找“Visual Studio代码”快捷方式图标双击运行该程序。

★ 稍等片刻　什么叫集成开发环境？

曾学过C和C++的人会很熟悉的集成开发环境（Integrated Development Environment:IDE），它包含着“文本编辑器”，也包含了“代码执行器”。与此不同，Visual Studio Code只是一个程序，可以帮助您编写符合Python语法的文本。它不包含Python代码执行功能，因此它不是一个集成开发环境。由于Visual Studio Code的菜单和界面都很黑，因此对于入门者来说，可能会觉得很难。但实际上，这是一个非常简单和有用的程序。

安装Visual Studio Code中文语言包

第一次运行 Visual Studio Code 时，且语言包无特殊设置时，系统默认菜单是英文。对于任何初学者来说，比较熟悉的还是中文菜单。下面，让我们来安装中文语言包。

01 在 Visual Studio Code 的工具栏上，单击“展开”。然后，在搜索框中键入 [Chinese]，然后，选择 [Chinese Language Pack for Visual Studio Code]，微软是其作者。您选择的扩展包的详细信息将显示在右侧，单击“安装（Install）”进行安装。

02 安装完成后，右下角将显示“立即恢复（Restart Now）”按钮，单击重新启动 Visual Studio Code。

03 重启后，Visual Studio Code 的菜单变成中文。

备注 除了上述安装的Visual Studio Code之外，还有Sublime Text文本编辑器、Atom文本编辑器等，通常在工作当中也有用此类文本编辑器进行编辑程序。因此，建议您安装和使用这些文本编辑器，以便您熟悉它们。

在Visual Studio Code中编写和运行代码

现在，我们来看看在 Visual Studio Code 中是如何编写和运行代码的？

01 在 Visual Studio Code 欢迎界面中，选择“文件”–“新建文件”菜单。这是常用的菜单，因此要记住它的快捷键 Ctrl+N，这有利于今后编程工作。

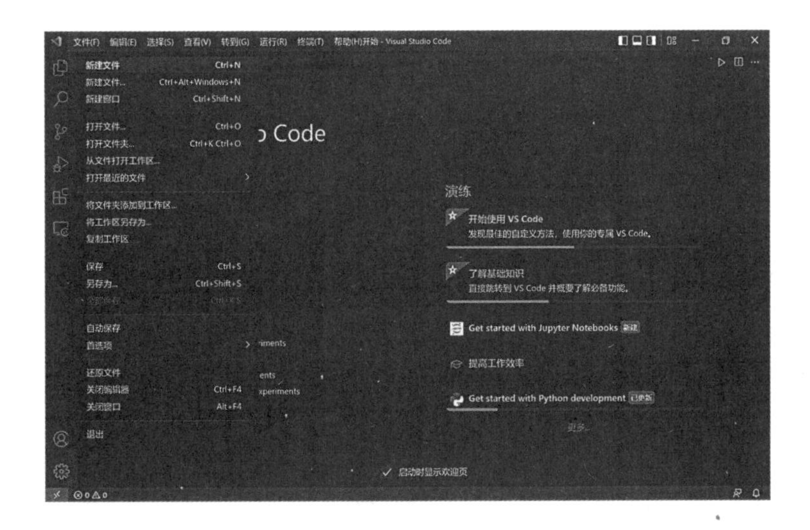

02 当新窗口出现时，我们将尝试输入 Python 代码。

```
print("Hello Coding Python")
```

03 然后选择“文件” - “存储”菜单来存储文件。同样是常用的菜单，请记住它的快捷键是 Ctrl+S。

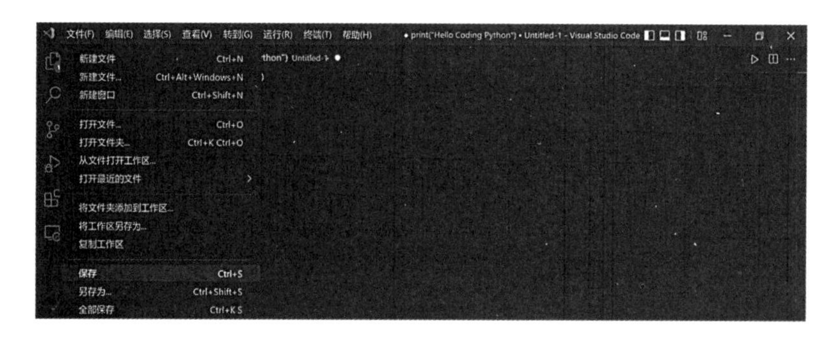

04 弹出“另存为”对话框之后，指定一个文件夹，然后以 [hello.py] 的名称保存该文件。Python 程序以“OO.py”的形式保存文件名，后跟扩展名“.py”。单击“存储”按钮。

备注 保存文件时，Visual Studio Code会识别文件的扩展名，并在输入Python代码时自动应用文本颜色等。

05 保存完 Python 文件后，屏幕右下角会出现如下信息：
“对于此文件类型，建议使用‘Python’扩展”这意味着如果您使用 Python，您将有一个扩展程序推荐给您。单击“显示建议案”按钮。

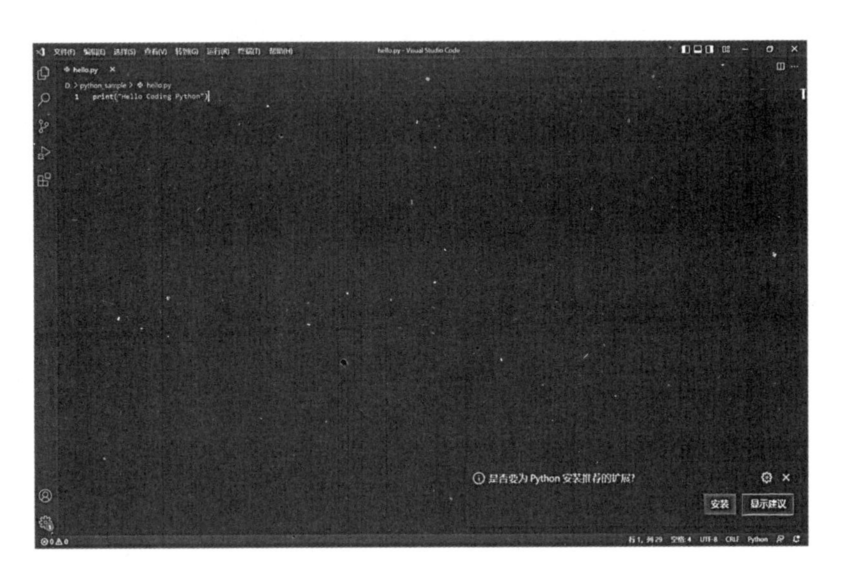

?! 疑问解答

疑问：没有出现建议安装python扩展插件的菜单。

解答：如果右下角没有出现建议安装扩展插件的菜单（如上图所示），请单击左侧垂直列出的五个图标中最后一个“扩展”，然后在搜索窗口中单击“输入[python]”。然后就会出现一些可以在Visual Studio Code中添加功能的程序，点击其中的[Python]进行安装即可。

★ 稍等片刻 **使用扩展程序的好处是什么？**

如上所述，安装Python扩展程序后，您就可以使用自动完成功能，这样您就可以轻松地输入Python代码。另外，在一个运行过程中，您可以看到变量的值；或者在出现问题时，您可以很容易地找到bug。除此之外，虽然有很多好处，但只要简单地记住这些就好了。

06 然后左边会出现“扩展”菜单，在这里选择“Python”，然后单击“安装”。安装完成后，单击“重新加载”将显示 Visual Studio Code 界面。

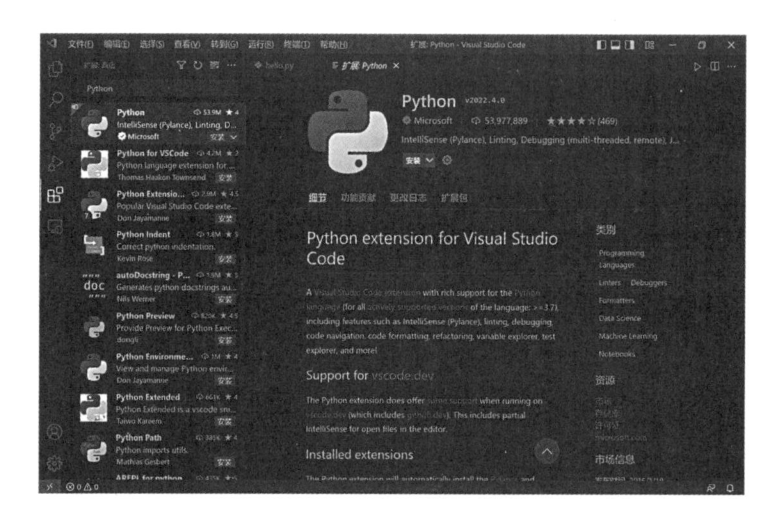

07 现在让我们运行刚刚编写的 Python 程序。打开资源管理器并导航到保存代码文件的文件夹。接着按住 Shift 键，右键单击空白位置，然后从菜单中选择“在此处打开 PowerShell 窗口”或“在此处打开命令窗口”。

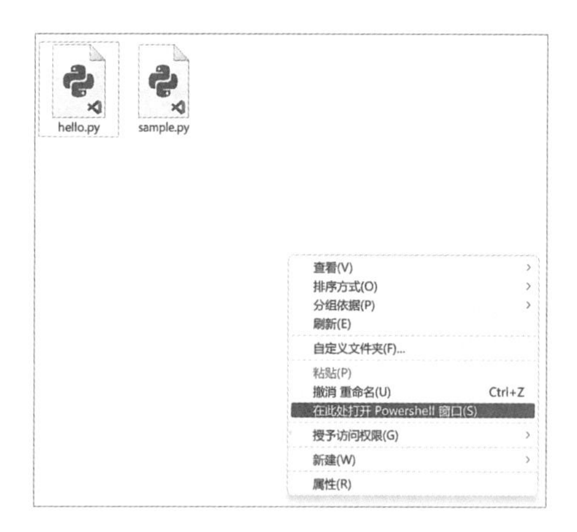

疑问解答

疑问：看不到扩展名<.py>。

解答：如果您使用的是Windows 10或8，您可能在资源管理器中看不到扩展名<.py>，而只看到文件名。在文件管理器的“视图”菜单中选中“文件扩展名”，这样能显示扩展名，通常在进行编程开发时，显示扩展名有助于查看文件。

08 命令提示符将在该文件中运行。“>”是提示输入命令位置的命令提示符号。因此，您只需键入 [python hello.py]，然后按 Enter 键。

```
> python hello.py Enter
```

09 输出为 Hello Coding Python。

```
Hello Coding Python
```

结论

▶ 以4个关键词汇总的核心内容

- Python 需要一个可以输入 Python 代码的文本编辑器和一个可以执行 Python 代码的工具——Python 解释器。
- Python 将代码输入到被称为提示符的“>>>”中，就可以立即看到执行的结果，就像您一言一语地进行对话，所以我们称之为交互式 shell（对话型 shell）。
- 使用 Python 创建的文件可以在该文件夹的命令提示符下使用 python 命令运行。

▶ 解题

1. 在您运行 Python IDLE 编辑器后，请在空格中写下您输入以下命令时所得到的结果。

```
>>> print("Hello Python")
```

2. 在文本编辑器中输入以下源代码，将其保存为 ex01.py，然后将运行的结果写在空白处。文本编辑器可以是 Python IDLE 编辑器，也可以是 Visual Studio Code。

```
print("Hello! " * 3)
```

执行结果

备注 1. 通过选择“开始”菜单－“Python 3.7”－“IDLE”来启动Python IDLE编辑器。
2. Python IDLE编辑器用法请参见第13页，Visual Studio Code用法请参见第18页。

1.3 本书中常出现的Python术语

核心关键词

表达式　关键字　标识符　注释　打印print()

如果我们已经完成了学习Python的环境构建，那么在我们开始使用Python之前，让我们来看看Python中使用的基本术语是什么。请掌握好这些经常出现的单词。

在开始之前

当您学习编程语言的时候，您会发现很多陌生的术语。您对术语的理解程度可能会直接影响到您掌握将要学习的内容的速度，希望大家首先一定要理解并掌握好下列专用术语。

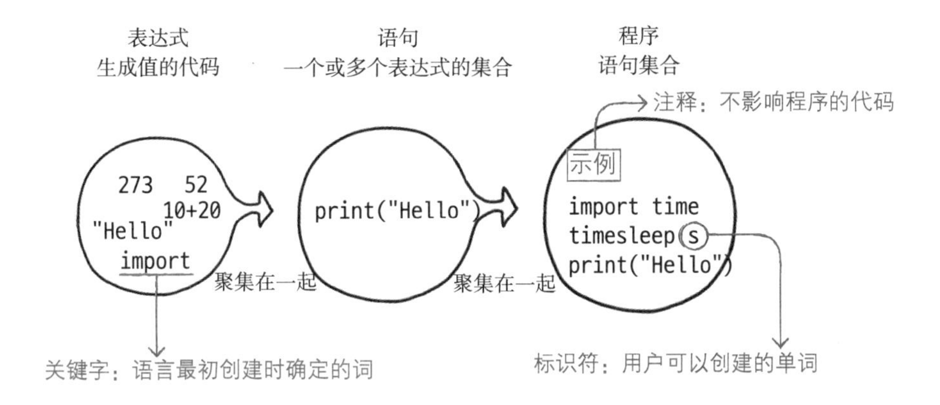

表达式和语句

在 Python 中，生成值的简单代码被称为表达式（expression）。值表示数字、公式、字符串等，如下所示：

```
273
10 + 20 + 30 * 10
"Python Programming"
```

```
print("Python Programming")
```

当一个或多个表达式在一起的时候，就会成为语句（statement）。而在 Python 里，一行就是一个语句。

那么，如下述“<+>”，“<->”等符号，在其前后无任何文字的时候，是否也是表达式呢？

```
+
-
```

在这种情况下，这就不是表达式了。因为“<+>”和“<->”本身不能产生任何值，所以它不能被称为表达式，也不能被称为语句。

最后，语句汇聚成程序（program）。总的来说，表达式汇聚成语句，语句汇聚成程序。

关键字

关键字（keyword）是一个有特殊含义的词，在 Python 创建时制定的要使用的词。之所以用户要区分是否是关键字，是因为在编程语言中，用户在命名时不允许使用关键字。

当前，Python 使用以下关键字：

False	None	True	and	as	assert
break	class	continue	def	del	elif
else	except	finally	for	from	global
if	import	in	is	lambda	nonlocal
not	or	pass	raise	return	try
while	with	yield			

Python是一种区分大小写的编程语言。例如，True是关键字，而true不是关键字。也就是说，不能用True来命名，但可以用true来命名。在这里，您可能突然会想“要不要把这些陌生的单词都背下来呢？”可能会有点慌张。这些关键词，在以后的学习过程中会自然而然地掌握，所以现在知道关键字是什么就可以了。

备注 如果您使用代码专用编辑器，您可以很容易地识别代码。因为在您输入代码时，常见的单词显示为白色，而关键字显示为特殊的颜色。

在后期学习的过程当中，您可能需要确认一下所用的词是不是关键字。到时，您可用下面的代码检查Python的关键字。

```
>>> import keyword
>>> print(keyword.kwlist)
```

输出如下：如上表所示，都是Python的关键字。

```
['False', 'None', 'True', 'and', 'as', 'assert', 'async', 'await', 'break',
'class', 'continue', 'def', 'del', 'elif', 'else', 'except', 'finally', 'for',
'from', 'global', 'if', 'import', 'in', 'is', 'lambda', 'nonlocal', 'not', 'or',
'pass', 'raise', 'return', 'try', 'while', 'with', 'yield']
```

标识符

标识符（identifier）是编程语言用来命名的词。通常用作变量或函数名称等。

创建标识符时，应遵循以下规则：

- 不能使用关键字；
- 特殊字符只允许使用下划线（_）；
- 不能以数字开头；
- 不能包含空格。

符合上述规则的任何单词都可以用作标识符。例如，在下表中，左侧的所有单词可以使用为标识符，但右侧的所有单词不能使用为标识符。

请确认不能用作标识符的原因。

可用于标识符的单词	不能用于标识符的单词	
alpha	break	→因为是关键字
alpha10		
_alpha	273alpha	→不能以数字开头
AlpHa		
ALPHA	has space	→不能包含空格

在创建标识符时，全世界的语言都可以使用，如韩文、汉字和日语等，但惯例是使用字母。另外，比起像 a、b 这样没有含义的单词，我们更希望使用像 file、output 这样有意义的单词。

蛇形命名法(snake case)和驼峰命名法(camel case)

标识符不能含有空格。那么，对于下面这些标识符是否能容易理解其含义呢?

```
itemlist        loginstatus        characterhp        rotateangle
```

如果您要仔细地想一想，也能理解含义。但是没有空格，还是不容易解释其含义。因此，开发人员采用了以下两种方法，使标识符更容易理解：

第一，在创建标识符时，单词与单词之间添加下划线（_）符号。

比如，<itemlist> 写成 <item_list>，这种命名法叫作蛇形命名法（snake case）。

第二，在创建标识符时，单词的首字母用大写来创建。

比如，将 <itemlist> 写成 <ItemList>, 这种命名法叫作驼峰命名法（camel case）.

现在来看下面的示例，则很容易理解其含义。

标识符不包含空格	在单词与单词之间加上<_>符号（蛇形命名法）	单词首字母为大写（驼峰命名法）
itemlist	item_list	ItemList
loginstatus	login_status	LoginStatus
characterhp	character_hp	CharacterHp
rotateangle	rotate_angle	RotateAngle

作为参考，蛇形命名法是因为文字像蛇形一样连接，而驼峰命名法是因为文字像骆驼而得名。大多数编

蛇形命名法是单词与单词之间添加下划线（_）符号，驼峰命名法是单词的首字母用大写来创建。

程语言通常只使用蛇形命名法或和驼峰命名法中的一种，而 Python 同时使用这两种命名法。

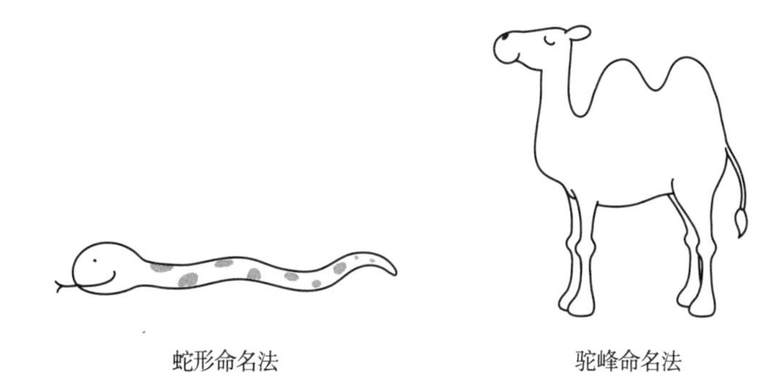
蛇形命名法　　　　驼峰命名法

标识符的区分

首先，驼峰命名法分为“首字母大写”和“首字母小写”两种类型，但是在 Python 当中不使用“首字母小写”的驼峰命名法。例如：

```
驼峰命名法类型 1 : PrintHello —> 在Python中使用
驼峰命名法类型 2 : printHello —> 在Python中不使用
```

所以在 Python 中，如果第一个字母是小写字母，那么一定是蛇形命名法。例如，以下这些标识符都是用蛇形命名法的词：

```
print    input    list    str    map    filter
```

反之，如果第一个字母是大写字母，那么一定是驼峰命名法。例如，下面的标识符是驼峰命名法的单词：

```
Animal    Customer
```

标识符被用于很多地方。我们将在后面进行详细的介绍，在这里先了解区分标识符的简单方法。

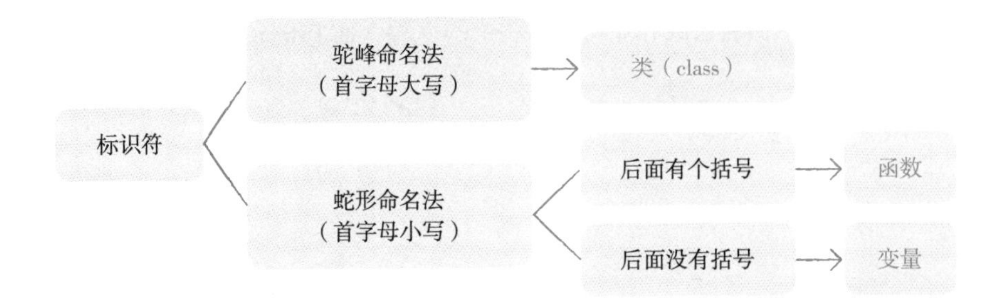

如果是驼峰命名法，则为类；如果是蛇形命名法，则为函数或变量。

如果后面有括号，它就是函数；如果后面没有括号，它就是变量。这是最基本的区分方法，有时会有特殊例外，但在大多数情况下，可以按照此区别来划分。

那么，现在来区分一下下述粗体标识符是类、变量还是函数。

```
1. print()
2. list()
3. soup.select()
4. math.pi
5. math.e
6. class Animal:
7. BeautifulSoup()
```

答案如下：

1. 这是蛇形命名法，后面有括号，因此这是一个函数；
2. 这是蛇形命名法，后面有括号，因此这是一个函数；
3. 这是蛇形命名法，后面有括号，因此这是一个函数；
4. 这是蛇形命名法，后面没有括号，因此这是一个变量；
5. 这是蛇形命名法，后面没有括号，因此这是一个变量；
6. 这是驼峰命名法，因此这是一个类；
7. 这是驼峰命名法，因此这是一个类，但是后面有个括号，这种特殊形式的函数称为类构造函数。这部分我们将在第 8 章中进行详细的介绍。不管怎样，我们知道第 7 项标识符是一个类。

都猜对了吗？事实上，即使不遵守这些命名规则，也不会对程序的编写产生任何影响。但这是所有 Python 开发人员都遵守的规则，这样当您看到一个标识符时，您就可以理解它在做什么。所以一定要遵守！

注释

注释（comment），指对程序的执行无任何影响的代码，它是用于描述程序。如下示例所示，Python 当中在将要注释的内容前面加 # 号，# 之后的字符将被注释，并且对程序不会产生任何影响。

```
>>> # 一个简单的输出示例
>>> print("Hello! Python Programming...") # 输出字符串
Hello! Python Programming...
```

→ # 符号的后面将被注释。

运算符和字面常量（literal）

运算符单独无法实现为某个值，它是在值与值之间起着功能的作用。比如就像“<+>”、“< →”，单独被使用时没有意义，但当它两边都有数字时（如下面所示），“<+>”是执行的是加法，“< →”是执行的是减法。

```
>>> 1 + 1
2
>>> 10 - 10
0
```

字面常量英文叫作 literal，在本书中将以一个简单易懂的“字面常量”一词来开始讲解。字面常量是指某个“值”本身，无论它是数字还是字母，如下例所示。详细内容请参考第二章内容。

```
1
10
"Hello"
```

输出：print()

让我们来了解一下输出消息的基本方法，这样您就可以知道当前在做什么。Python 最基本的输出方法是使用 print() 函数。应用 print( ) 函数时，在其括号内列出您想输出的内容，如下所示：

```
print(输出1, 输出2, ...)
```

在括号中列出想要输出的内容就可以，同时可列出多项内容

让我们使用 print( ) 函数运行一个简单的输出。

只输出一项内容

在 print 命令后面的括号内列出想要输出的内容，只输入一个，然后尝试输出。

```
>>> print("Hello! Python Programming...")
Hello! Python Programming...
>>> print(52)
52
>>> print(273)
273
```

输出多项内容

在 print 命令后面，可用逗号连接您想要输出的多个内容。在这里，我们将运行输出数字和字符串的混合和四个字符串的示例。

```
>>> print(52, 273, "Hello")
52 273 Hello
>>> print("大家好","我的","名字是","尹仁诚！")
大家好我的名字是尹仁诚！
```

换行

如果我在 print 命令的括号中不写入任何内容，会发生什么呢？ 在这种情况下，不输出任何内容，只执行简单的换行。如果您在交互式 shell 中输入 print( )，它将创建一行空行，而不输出任何内容，然后显示提示符。

```
>>> print()
          ⟶输出空行
>>>
```

下面，我们把目前为止在提示中输入的代码输入到文本编辑器中，然后查看一下其结果。

对于不记得如何使用文本编辑器编写和运行代码的读者，我将再次解释。无论是 Python IDLE 编辑器还是 Visual Studio Code，请在所需的编辑器中输入以下代码，并以 <output.py> 的名称将其保存到所需的文件夹中：

基本输出 源代码 output.py

```
01  # 只输出一个
02  print("# 只输出一个")
03  print("Hello Python Programming...!")
04  print()
05
06  # 输出多个
07  print("# 输出多个.")
08  print(10, 20, 30, 40, 50)
09  print("大家好", "我的", "名字是", "尹仁诚！")
10  print()
11
12  # 不写入任何内容，则只执行换行
13  print("# 不输出任何内容.")
```

```
14  print("--- 确认专用线 ---")
15  print()
16  print()
17  print("--- 确认专用线 ---")
```

备注 <动手编码代码>的左侧两位数字是在指定每行并进行说明而输入的，输入代码时无须输入。

首先来看一下在 Python IDLE 编辑器中运行的过程。运行－选择“运行模块”菜单。

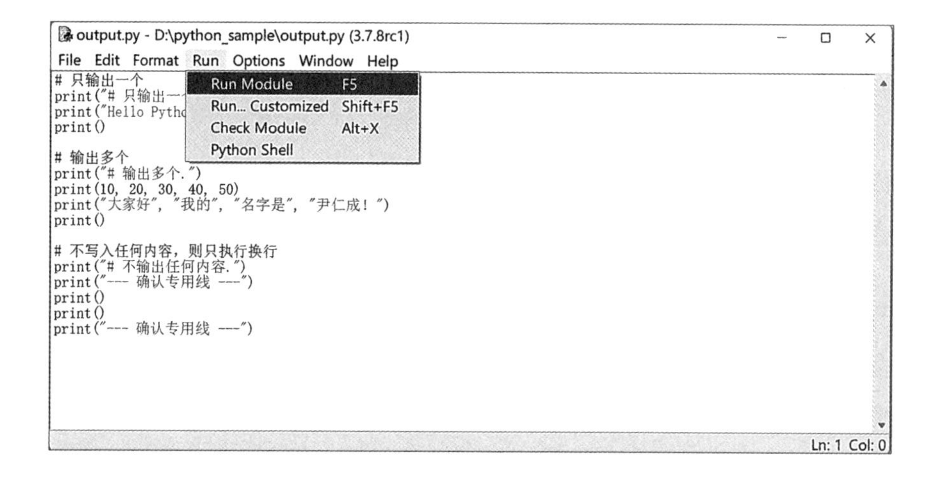

下面看一下在 Visual Studio Code 中运行过程：在文件资源管理器当中，找到保存文件的文件夹。按住 Shift 键，右键单击空白区域，然后从上下文菜单中选择“在此打开 Power Shell 窗口”（或“在此打开命令窗口”）。

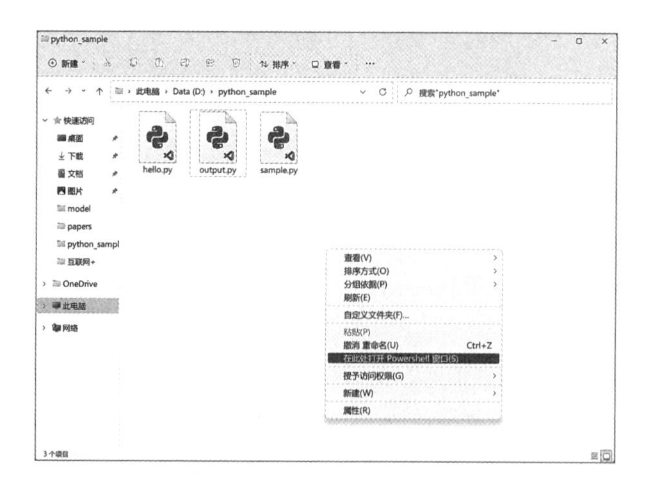

当命令提示符运行时，请使用 python 命令执行该文件，如下所示。作为参考，在特定文件夹中发出的命令提示不要退出，继续运行程序时使用即可。Visual Studio Code 同样可以不退出，继续使用。

```
> python output.py
```

当程序运行时，输出如下：在括号内用逗号分隔的内容，以空格区分输出。

```
# 只输出一个
Hello Python Programming...!

# 输出多个
10 20 30 40 50
大家好我的名字是尹仁诚！

# 不输出任何内容
--- 确认专用线 ---


--- 确认专用线 ---
```

如第 33 页“标识符的区分”中所述，输出时使用的 print( )，它后跟括号，我们称之为函数（function）。在函数的括号内可输入字符串等字面常量。对于字面常量可理解为“具有某种状态的”，对于函数可理解为“如何进行处理”。我们将在第 5 章中详细介绍有关函数的内容，在后面第 2 章中深入学习在函数括号内输入的字面常量相关知识。

结论

▶ 以5个关键词汇总的核心内容

- 在 Python 中，能求得数值的简单代码叫作表达式。
- 关键字是一个特殊的有意义的词，不能用于您指定的名称。
- 标识符是编程语言用来命名的词。
- 注释用于描述程序，对程序没有任何影响。
- print() 是 Python 最基本的输出方法，应用该函数时，在其括号内列出您想输出的内容，实现输出目的。

▶ 解题

1. 在 Python 当中用于输出所需数据的函数。试着在空白处写下合适的函数，使得到如下的结果。

```
>>>      ("Hello Python")
Hello Python
```

2. 下列单词中，能用于标识符的打“○”符号，不能用于标识符的打“×”符号。

   ① a （　　）

   ② hello （　　）

   ③ $hello （　　）

   ④ 10_hello （　　）

   ⑤ bye （　　）

3. print( ) 函数的 print 是，下述中属于哪一项？

   ①关键字

   ②标识符

③运算符

④字面常量

4. print( ) 函数的 print 是属于蛇形命名法还是驼峰命名法？请选择正确图标，并打“○”符号。

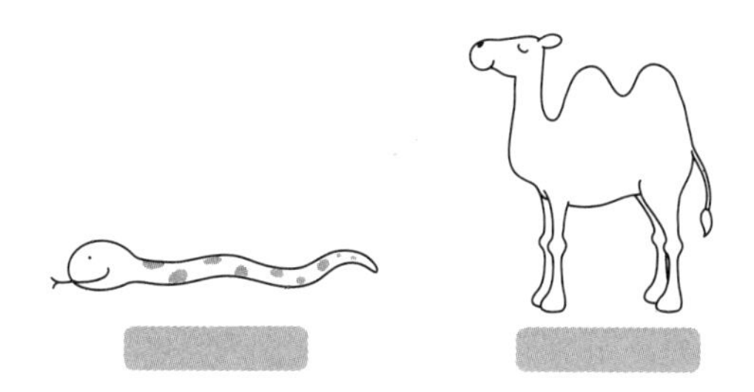

5. 把下述内容转换为蛇形命名法和驼峰命名法。

示例	蛇形命名法	驼峰命名法
hello coding hello python we are the world create output create request init server init matrix		

提示 1. print（ ）函数的括号内可输入想要输出的内容（用逗号连接）。

2. 标识符指的是变量或函数的名称，①不允许使用关键字；②特殊字符只包含下画线（_）；③不能以数字开头；④不能包含空格。

3. print是标识符。

4. print是蛇形命名法。

5. 蛇形命名法，将空格替换为下划线（_）；驼峰命名法，将单词的首字母替换为大写。

第2章

数据类型

从本章开始，我们将进行Python代码的输入，并逐渐深入地了解Python编程语言。在此过程当中，可能会出现很多陌生术语及概念，有时您会觉得很难以理解。其实并不是因为很难，而是因为陌生才会觉得不容易理解罢了。这种时候，您只需要先做个初步的了解，暂时放一放。当把后面章节的内容学习完之后，再回来重新翻开这一章时，您就会觉得不是很陌生，而且会觉得很容易理解。

学习目标

- 了解数据和数据类型的含义。
- 了解如何生成字符串以及可应用于字符串的运算符。
- 了解如何生成数字以及可应用于数字的运算符。
- 学习如何定义变量并为变量赋值。

2.1 数据类型和字符串

核心关键词

数据类型　字符串　转义字符(Escape character)　字符串运算符　type( )　len( )

在编程中，程序所能处理的一切对象都被称为《数据（data）》。在本章节中，我们将介绍什么叫数据、如何处理数据以及最常用的字符串数据类型。

在开始之前

程序的作用基本上是处理数据。说起“数据”这个词，您可能会首先想到“论文参考数据”“统计数据”等等。

在编程中，程序所能处理的一切对象都被称为数据（data）。让我们通过几个例子来了解“数据”和“处理数据”的含义。

- 用相机拍照时，照片就是数据，把它储存在相机里的过程就是处理。
- 如果用 Kakao Talk 给朋友发送照片和“这里怎么样”等信息时，那么这照片和信息就是数据，将这些照片和信息发送给朋友的过程就是处理。
- 如果您在游戏中获得了经验值，那么这经验值就是数据，增加经验值的过程就是处理。

如上述例子所述，我们在日常生活中遇到的一切都可以是数据，而程序就是处理这些数据的所有行为。

数据类型和基本数据类型

Python 程序可处理很多种数据。为了便于开发人员的使用，根据数据的功能以及作用数据可分为多个类型，这种类型被称为数据类型。最基本的数据类型有字符串（string）、数字（number）和布尔（boolean）。

- 字符串（string）：邮件题目、邮件内容等→示例："你好"、"你好！世界"；
- 数字（number）：物品的价格、学生的成绩等→示例：52、273、103.32；
- 布尔（boolean）：例如，好友的登录状态→示例：True，False。

您还可以将这些基本数据类型组合起来创建新的数据类型。例如，三个数字的组合将创建一个表示日期的数据类型，如"2020.12.9"。

需要了解数据的原因

构成人体的基本单位是细胞。人体大约有三、四十万亿个细胞，这些细胞聚集在一起，它们就变成了神经组织、肌肉组织等组织；当这些组织聚集在一起时，它们就会变成大脑、肝脏、心脏等器官；当器官聚集在一起时，就形成了呼吸系统、循环系统等器官系统；然后这些器官聚集在一起就形成了一个完整的人。

笔者在刚开始学习编程时常在想："我学习并不是为了编写一个在黑屏上输出数字、字符串的程序，学习这些内容，何时才能创建我所想要的程序呢？"或许编程学到目前这个阶段，各位也都会有这样的想法。

但是，就像微小的细胞聚集在一起形成一个完整的人（对象）一样，将数据按照数据类型进行聚集，经过各种处理过程，一步步形成更大的数据类型，最终就会变成巨大的程序。因此，了解最基本的数据的含义以及它的用途是非常重要的。

数据类型的确认

数据类型（data type）指的是数据形式。在Python中，使用type()函数来确认数据类型。与print()函数一样，在标识符后跟一个圆括号，因此它也是一种函数。把要确认的数据输入到函数的括号内，您就可以确认该数据属于哪种类型数据。

让我们来看看下面的例子，

```
>>> print(type("你好"))
<class 'str'>
>>> print(type(273))
<class 'int'>
```

如果将字符串“你好”输入到括号中，则输出为 <class ‘str’ >；如果将数字输入到括号中，则输出为 <class ‘int’ >。str 是 string 的缩写，意味着它是字符串。<class ‘int’ > 中的 int 是 integer 的缩写，表示一个整型数字。

创建字符串

我们在学习本书第 36 页 print( ) 函数时，曾在屏幕上输出过“Hello Python Programming...！”内容。像这种排列在一起的文字，在编程语言中被称为字符串，英语叫作 string。

到目前为止，您输入的所有用引号括起来的文字都可以理解为字符串。

```
"Hello"    'String'    '你好'    "Hello Python Programming"
```

我们重新来看一下在第 1 章最后编写的 output.py 代码，其中标下划线的文字都属于字符串：

```
# 只输出一个                  字符串
print("# 只输出一个.")                  字符串
print("Hello Python Programming...!")
print()

# 输出多个                  字符串
print("# 输出多个.")
print(10, 20, 30, 40, 50)                  字符串
print("你好", "我的", "名字是", "尹仁诚!")
...
```

使用双引号创建字符串

字符串是用双引号（“”）来创建的。在前面我们曾学过 print( ) 函数，下面让我们来编写一个用 print( ) 函数来创建和输出字符串的代码。

```
>>> print("你好")
你好
```

使用单引号创建字符串

也可以用单引号（‘’）来创建字符串。在前面的示例中，我们将输入代码的双引号用单引号来替换：

```
>>> print('你好')
你好
```

从运行结果可发现，使用单引号还是双引号，其输出结果都是一样的。

在字符串内加引号

前面学习了两种创建字符串的方法。一个是双引号创建字符串，另一个是单引号创建字符串。那么，为什么要有两种创建方法呢？我们该怎么区分应用呢？ 例如，我们要创建一个如下所示包含双引号的字符串：

```
我说了"你好"
```

如果您按照前面所学的方法使用双引号创建字符串，您的创建将会是如下：

要输出的双引号

```
>>> print("我说了"你好"")
```

用于创建字符串的双引号

此时，会得出什么结果呢？您将会发现 Python 会提示如下错误（error）：

错误

```
SyntaxError: invalid syntax
语法错误:无效的语法
```

Python 编程语言将字符串《我说了“你好”》识别为：

①表示不包含任何字符的字符串（“”），②表示字符串“我说了”。在 Python 编程语言当中，数据（字符串）内不能随心所欲地再列出数据（字符串）。这就是语法错误（Syntax Error）的原因。

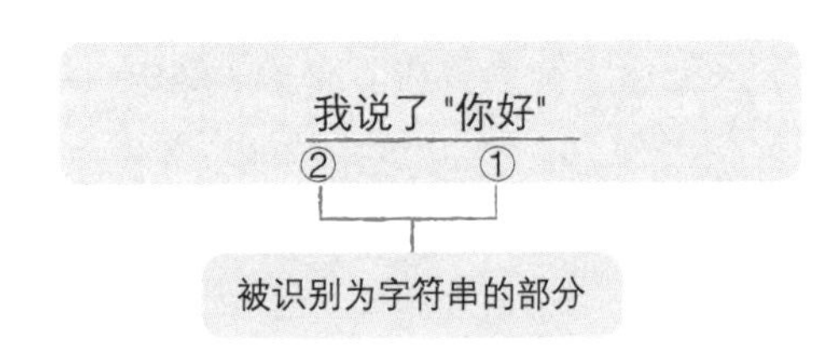

那么，如果我们想把双引号放在字符串内部时，该怎么编写代码呢？非常简单，用单引号创建一个字符串就可以了。输入并执行代码后，运行结果如下：

```
>>> print('我说了"你好"')
我说了"你好"
```

相反，如果您想在字符串内部加上单引号时，同样用双引号创建字符串就可以了。

```
>>> print("我觉得'饿了'")
我觉得'饿了'
```

疑问解答

疑问：什么是语法错误？

解答：这是许多编程初学者所遇到的问题，指的是由于编写的代码有问题，导致程序无法执行的现象。最常见的错误就是引号没有成对出现，导致程序出现错误。因此，如果您遇到语法错误时，请检查您编写的代码是否存在输入错误。关于代码错误相关的内容，我们将在第6章深入学习和讨论。

使用转义字符（escape character）创建字符串

到目前为止，我们已经用多种方法创建了字符串，可能有些人认为：

“我只想用一种方法来创建字符串，各种编写限制、多种创建方法太复杂了！”

其实会有这种想法的人很多的。下面介绍一种，不管您是用双引号来创建字符串，还是用单引号来创建字符串，在当您创建字符串时都可以使用的方法。这就是使用转义字符创建字符串方法。转义字符（escape character）指的是与反斜杠（\）符号组合使用的特殊字符。

如果双引号或单引号与和符号（\）组合使用，则会将其视为“引号”，而不是“创建字符串的符号”，如下所示：

- \"：表示双引号；
- \'：表示单引号。

因此，如果使用转义字符，您可以在双引号内加上双引号，在单引号内加上单引号。如下所示，您可以看到输出与之前的运行结果相同。

```
>>> print("我说了\"你好\"")
我说了"你好"
print('我觉得\'饿了\'')
我觉得'饿了'
```

如果您想在字符串内部加双引号，就用单引号创建字符串；如果您想加单引号，就用双引号创建字符串！您也可以使用双引号和单引号与\符号组合使用。

除此之外，还有很多种转义字符。

- \n: 表示换行；
- \t: 表示水平制表符，将当前位置移到下一个 tab 位置。

```
>>> print("你好\n你好")
你好
你好
>>>print ("你好\t你好")
你好	你好
```

下面，让我们用上述两个转义字符来编写代码，如下所示：制表符转义字符（\t）通常用于输出表格字符。

动手编码

应用制表符（\t）编写代码 源代码 string_operator.py

```
01    print ("姓名\t年龄\t地区")
02    print ("尹仁诚\t25\t江西区")
03    print ("尹雅琳\t24\t江西区")
04    print ("云\t3\t江西区")
```

执行结果

```
姓名	年龄	地区
尹仁诚	25	江西区
尹雅琳	24	江西区
云	3	江西区
```

还有如下转义字符：

- \\: 表示反斜杠（\）。

执行下述代码时，输出如下：

```
>>> print("\\ \\ \\ \\")
\ \ \ \
```

创建多行字符串

转义字符中使用《\n》可执行换行。

```
>>> print("日照香炉生紫烟\n遥看瀑布挂前川\n飞流直下三千尺\n疑是银河落九天")
日照香炉生紫烟
遥看瀑布挂前川
飞流直下三千尺
疑是银河落九天
```

但是在上述编码当中，在某一行上输入较长的代码时，不仅读代码不方便，而且还有很多的换行符。如果要想确认在哪个位置发生换行，还得逐一确认《\n》的位置。

但是，Python 支持一个名叫多行字符串的功能，重复三次使用双引号或单引号，则变成多行字符串符号。关于多行字符串，查看下述编码的执行结果更容易理解。

```
>>> print("""日照香炉生紫烟
遥看瀑布挂前川
飞流直下三千尺
疑是银河落九天""")
日照香炉生紫烟
遥看瀑布挂前川
飞流直下三千尺
疑是银河落九天
```

重复三次输入双引号或单引号，然后再输入一系列字符串，其中在您按 Enter 键的任何位置都会执行换行。这样编写的代码，是否更容易解读呢？

创建不换行的字符串

在输入多行字符串之后，为了更容易查看代码，也可以进行如下创建。但是，如果您这样编写，则会在第一行和最后一行中增加一个换行。

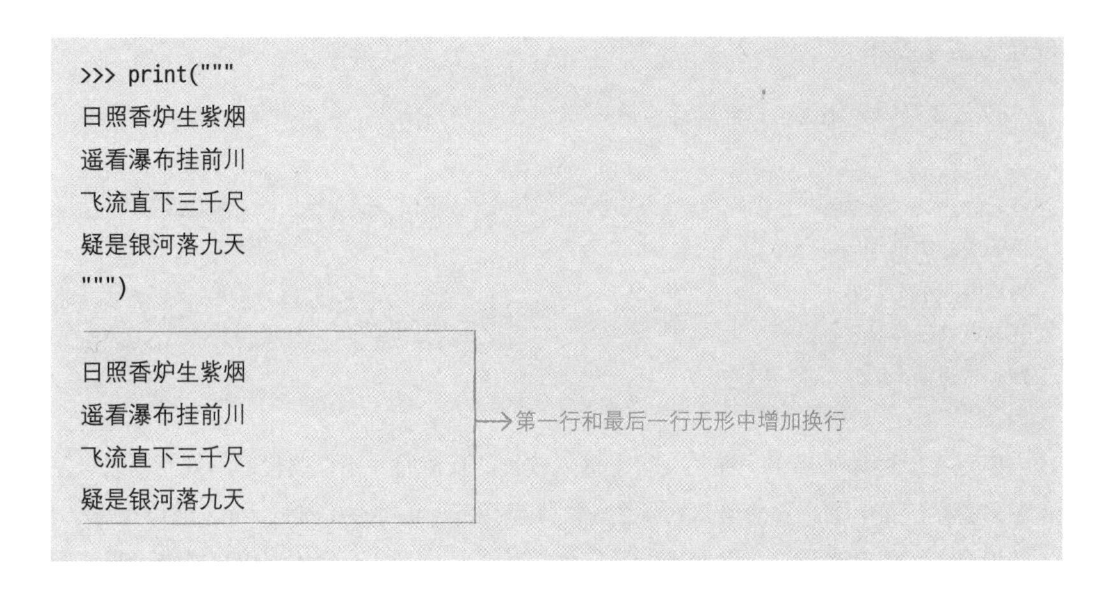

如下所示，如果您输入编码且不需要换行时，可使用反斜杠(\)符号。在Python当中，在行的最后使用符号“\”表示“换行是为了方便查看代码，而不是真正的换行”。

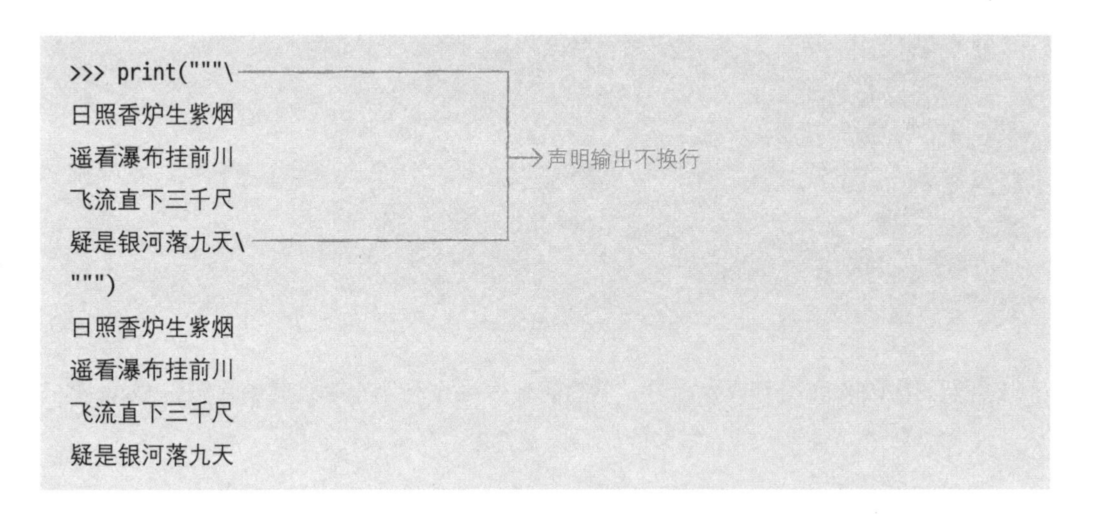

备注 反斜杠（\）符号，不仅在多行字符串的编写，在很多情况下都灵活应用的符号，因此要记住此符号。

字符串运算符

对数字，我们可以应用加、减、乘、除等运算符，就像在小学数学课堂上学到的那样。在初中和高中数学课堂上我们还学过集合，对于集合要应用并集、交集、差集等运算符。

这种运算符要依赖于特定的数据类型。对此，读者可能会难以理解！

比如，“数字”这种数据类型可以应用加、减、乘、除这类运算符，但无法应用并集、交集、差集等这类集合领域类运算符。也就是说，每一种数据类型都有各自能应用的运算符。

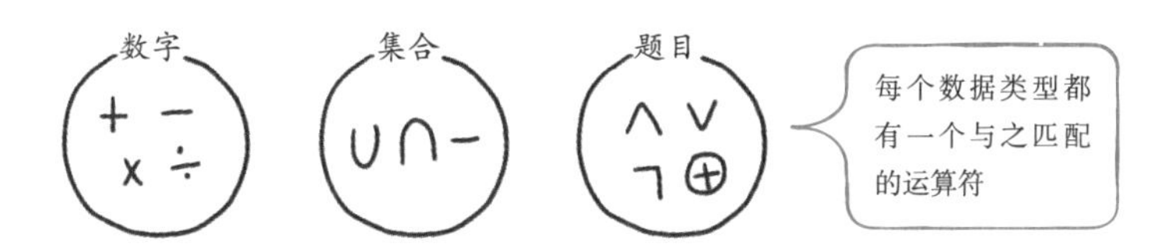

编程语言的数据类型也是如此。数字拥有只能应用于数字的运算符，字符串拥有只能应用于字符串的运算符。

字符串连接运算符：“+”

字符串可以使用“+”符号进行字符串连接操作。

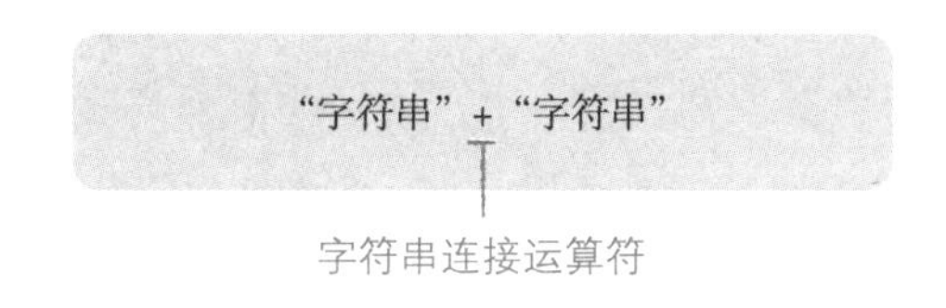

在这里使用“+”符号时，很容易把它理解成我们所知道的“数字加号运算符”。在Python中，“+”符号作为相同的符号用于“数字加号”和“字符串连接运算符”，但在其内部执行完全不同的操作。

★ 稍等片刻　不同的编程语言具有不同的字符串连接运算符

数字加法运算符和字符串连接运算符的形状相同，容易让人混淆。在有些编程语言（如Perl，PHP等）是把小数点（.）作为字符串连接运算符来使用的。

下面，我们来使用字符串连接运算符。字符串连接运算符执行结果是将两个字符串连接起来以创建新的字符串。它是一个非常简单的运算符，您只需输入一行代码就能理解。

```
>>>print ("你好"+"你好")
你好
>>>print ("你好"+"！")
你好！
```

下面，为了输出“你好 1”，我们在字符串和数字之间使用字符串连接运算符（+），如下所示，则执行结果是怎样的呢？

```
>>> print("你好"+1)
```

您会发现，会显示以下错误消息：

错误

```
TypeError: can only concatenate str (not "int") to str
错误类型:只能连接STR(不是"int")到STR
```

因此，字符串只能与字符串用“+”符号来连接。即使是数字，如果要与字符串进行 + 运算，也要用双引号将其识别成字符串，这样才不会发生错误，使其能正常进行运算。另外，在数字与数字相加时，也可用“+”符号来进行运算。字符串连接操作符是在很多情况下都能用到的操作符，因此要牢记这符号！

字符串重复运算符：“*”

字符串连接星号“*”和数字，则可以重复该字符串。

如下所示，您也可以按“字符串 * 数字”的顺序输入。

```
>>> print("你好"*3)
你好你好你好
```

您也可以按“数字 * 字符串”顺序输入。是不是非常简单呢？字符串重复运算符根据输入的数字来重复输出该字符串。

```
>>> print(3*"你好")
你好你好你好
```

选取字符运算符（索引）：“[ ]”

选取字符运算符是用于选取该字符串中单个字符的运算符。在方括号“[ ]”中指定要选取的字符的位置，该数字叫作索引（index）。

然而，编程语言所应用的选择字符运算符（索引）主要分为两种。一种是从零开始计数的零索引（Zero index），另一种是从 1 开始计数的一索引（one index）。在这里，Python 是一种使用“零索引”类型的语言。即在计数字符串的位置时，是要从 0 开始数，如下所示，第一个字符是第 0 个，第二个字符是第 1 个……

大	家	早	上	好
[0]	[1]	[2]	[3]	[4]

让我们自己输入代码来确认结果。

输出选取字符运算符的结果 源代码 string_operator01.py

```
01    print("让我们来了解一下选取字符运算符的运行结果")
02    print("大家早上好"[0])
03    print("大家早上好"[1])
04    print("大家早上好"[2])
05    print("大家早上好"[3])
06    print("大家早上好"[4])
```

执行结果

```
让我们来了解一下选取字符运算符的运行结果
大
家
早
上
好
```

执行代码时，从零开始计数，所以第 0 个是‘大’，第 4 个是‘好’。

那么，在这里会有个一疑问？能否对字符串进行逆序计数并输出呢？

当然可以，在方括号中输入负数，则可以从后面进行计数并选择。

大	家	早	上	好
[-5]	[-4]	[-3]	[-2]	[-1]

非常简单，我们来输入代码，看看运行结果。

从右侧开始计数 源代码 string_operator02.py

```
01  print("从右侧开始计数并选取字符")
02  print("大家早上好"[-1])
03  print("大家早上好"[-2])
04  print("大家早上好"[-3])
05  print("大家早上好"[-4])
06  print("大家早上好"[-5])
```

执行结果

```
从右侧开始计数并选取字符
好
上
早
家
大
```

字符串切片运算符（切片slicing）：“[:]”

在上面所介绍的是，在某个字符串当中选取某一字符的运算符。除此之外，还有一种运算符是用于选取特定范围一连串字符的运算符。即选取从字符串的第一个字符到第三个字符，或者从第二个字符到最后的字符。应用时，用冒号分隔方括号中位置数据来指定范围。

```
>>> print("大家早上好"[1: 4])
家早上
```

然而，编程语言所执行的选取字符串范围运算也有两种。一种是指定范围时“包含最后一个数字”，另一种是指定范围时“不包含最后一个数字”。Python 应用的是第二种，即“不包含最后一个数字”。因此，如果输入上述代码之后，会只提取第 1、第 2、第 3 字符，不包含第 4 个字符，即输出的是“家早上”三个字符。

大	家	早	上	好
[0]	[1]	[2]	[3]	[4]

对于第一次接触的初学者来说，这有可能会是陌生的逻辑。为了您更准确地理解，下面再举几个例子：

```
>>> print("大家早上好"[0:2])
大家
>>> print("大家早上好"[1:3])
家早
>>> print("大家早上好"[2:4])
早上
```

再来分析一次，当输入“[0:2]”的时候，选取的范围并不是所输入后侧数字 2 提示的位置，而是 2–1 提示的位置。也就是说，当输入“[0:2]”的时候，其实它所选取的范围是第 0 个字符 ~ 第 1 个字符。注意，选取范围不是从第 0 到第 2 的范围。

另外，**字符串切片运算符**有时也可以省略方括号两个数字当中任意一个数字。如果省略后面的数字，则表示此时自动指定最大位置（最后一个字符）；如果省略前面的数字，则表示此时自动指定最前面的位置（第一个字符）。

```
[1:]
[:3]
```

对于“[1:]”来说，选择字符串的第 1 个字符到末尾，因为省略了后面的数字；对于“[:3]”来说，选择字符串第 0 个字符到后面第 3 个字符的前面一个字符，因为省略了前面的数字。

```
>>> print("大家早上好"[1: ])
家早上好
>>> print("大家早上好"[: 3])
大家早上
```

到目前为止，我们已经通过在字符串中指定所需的位置来提取字符。使用符号 [] 引用字符串中特定位置的字符称为索引（indexing），使用符号 [:] 提取字符串的一部分称为切片（slicing）。

但要记住的一点是，用字符串选择运算符切片不会改变原始对象。在这里暂时先拿一个变量的概念来举例，对这部分内容我们将在第 3 节进行详细的介绍。

```
>>> hello = "大家早上好" → ①
>>> print(hello[0:2])    → ②
大家
>>> hello                → ③
'大家早上好'
```

①将字符串“大家早上好”存储在名为 hello 的存储空间（变量）中；

②提取输出 hello 中的第 0 个第 1 个字符串；

③键入 hello 以输出包含在名为 hello 的存储空间（变量）中的值，此时能看到输出的还是原文“大家早上好”。也就是说，即使是对字符串进行了切片处理，但原始对象仍然存在。

备注 1. 我们将在后面第3节中，进一步讨论有关字符串切片处理不会改变原始对象的概念。
2. 与字符串相关的操作符也可以应用于将在第4章中学习的列表。另外，在Python当中有关字符串的使用频率也比较高，所以一定要记住。

索引错误Index Error(索引超出范围index out of range)异常：异常处理

在编程时遇到的最常见的异常之一就是索引错误（索引超出范围）异常。这是所有编程语言当中都可以看到的主要异常之一。

当选择的元素 / 字符超过列表 / 字符串的数量时，就会引发 Index Error 异常。现在我们还没学习到列表，在这里我们将以字符串为对象进行说明。

下面的代码“大家早上好”是五个字母，它正在接近第 10 个字符。但是，您所要选取的字符不在字符串中，索引超出了范围，所以导致索引超出范围的错误。

```
>>> print("大家早上好"[10])
```

错误　→这是在Python IDLE编辑器中运行时显示的内容，在每个编辑器中都有所不同。

```
Traceback (most recent call last):
  File "<pyshell#2>", line 1, in <module>
    print("大家早上好"[10])
IndexError: string index out of range
```

→发生Index Error异常。

请记住，如果您在编写代码时遇到这样的异常，您要立即意识到“您的选择超出了列表/字符串的数量”。这是一个常见的异常，将在第4章中学习列表时，进行深入的学习。

求字符串的长度

使用len()函数可以求得字符串的长度。如前所述，如果标识符后面跟着括号，则该标识符称为“函数”。len()，在标识符后跟括号，因此也是一种函数。

如果在函数len()的括号内放入字符串，就会求出“字符串中的字符数（=字符串的长度）”。对于下面的代码，字符串“大家早上好”是5个字符，因此输出5。

```
>>> print(len("大家早上好"))
5
```

在上述代码当中可看出，函数是双重使用的。此时，程序将会首先从最内层括号开始执行。

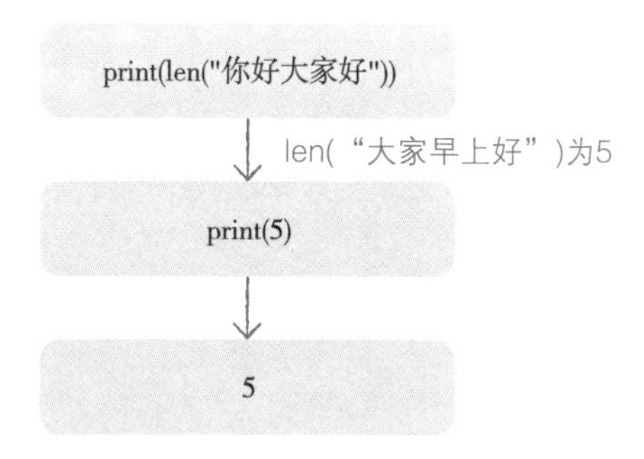

结论

▶ 以5个关键词汇总的核心内容

- 数据的形式叫作数据类型（data type）；
- 字符的一系列排列称为字符串，字符串可以用双引号或单引号来创建；
- 转义字符是在字符串中执行特殊功能的字符串；
- 字符串运算符包括字符串连接运算符（+）、字符串重复运算符（*）、字符串选取运算符（[]）和字符串切片运算符（[:]）；
- type() 是确认数据类型的函数，len( ) 是求字符串长度的函数。

▶ 解题

1. 下面是创建字符串的 Python 语法。请在空格中加入适当的符号。

区分	说明
▢字符▢	使用双引号创建字符串
▢字符▢	使用单引号创建字符串
▢字符 字符 字符▢	创建多行字符串

2. 根据转义字符的含义，填入相应的符号或文字。

转义字符	含义
▢	表示双引号
▢	表示单引号
▢	表示换行
▢	表示制表符
▢	表示“\”

3. 请分析以下程序的运行结果。

```
print("#练习题")
print("\\\\\\\\")
print("-" * 8)
```


4. 请分析以下程序的运行结果。顺便说一下，这个程序会导致一个错误。请指出，在第几行会出现什么错误？是什么原因导致的？

```
print("大家早上好"[1])
print("大家早上好"[2])
print("大家早上好"[3])
print("大家早上好"[4])
print("大家早上好"[5])
```

执行结果

5. 请分析以下程序的运行结果。

```
print("大家早上好"[1:3])
print("大家早上好"[2:4])
print("大家早上好"[1:])
print("大家早上好"[:3])
```

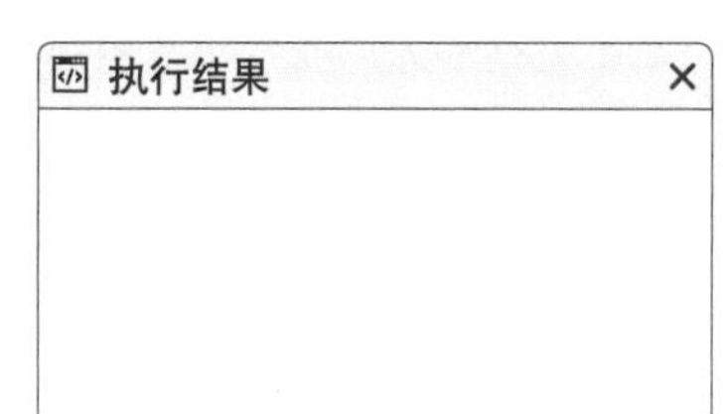

提示 1. 创建多个字符串时，连续输入三次引号。
2. 转义字符有\", \', \n, \t和\\。
3. \\是表示\的转义字符。
4. Python从零开始对选择字符运算符进行索引，索引超出索引的范围时会发生错误。
5. [:]是字符串切片运算符，用于一定范围字符串的提取。

2.2 数字

核心关键词

数字数据类型 数字运算符 运算符 优先级

数字是表示数的字母。我们在数学课堂上接触过很多数字，因此对数字很容易理解。Python将数字分为无小数点数字和有小数点的数字。

在开始之前

我们把没有小数点的数字称为整数型，有小数点的数字称为实数型。

- 无小数点的数字：0, 1, 273, –52 ——→整数（integer）。
- 有小数点的数字：0.0, 52.273, –1.2 ——→实数（floating point，浮点数）。

在这里需要注意的是，0 是一个没有小数点的数字，0.0 是一个有小数点的数字。即使表示相同的大小，数字的数据类型也会随着是否有小数点而变化，所以要注意。

另外，在学习编程语言的过程中，有两个英语单词是必须了解的，它们就是 integer（整数）和 floating point（实数或浮点数）。“浮点数”这个词有可能会生疏，在实数型的情况下，即使把 52.273 改写成 0.52273×10^2，结果也是相同的数字，所以也可以用“小数点移动的数字”来描述，即“浮点数”。为了让你更生动得记住这个词，可以把它理解为“小数点漂浮移动数”。

数字的种类

在 Python 当中，如果您想输出一个数字，只需要进行如下输入就可以。

在 print() 函数的括号中输入数字，则输出如下：

```
>>> print(273)
273
>>> print(52.273)
52.273
```

刚才在输出数字的时候您也看到了，数字有两种类型，即不带小数点的数字和带小数点的数字。如下所示，我们用 type( ) 函数输出没有小数点的数字和有小数点的数字。type( )是告诉您在括号中输入的数据类型的函数(请参见第045页的<数据类型的确认>)。

```
>>> print(type(52))
<class 'int'>
>>> print(type(52.273))
<class 'float'>
```

执行代码后输出 <class ‘int’ > 和 <class ‘float’ >。int 是 integer 的缩写，表示整数；float 是 floating point 缩写，表示浮点数（实数）。

- int(integer): 整数
- float(floating point): 浮点数（实数）

再让我们来看看下面的例子，从运行结果中，您可以看到数字的类型取决于是否有小数点。虽然是相同的大小 0，但无小数点的 0 是整数，带小数点的 0.0 则是浮点数（实数）。

```
>>> print(0)
0
>>> print(type(0))
<class 'int'>
>>> print(0.0)
0.0
>>> print(type(0.0))
<class 'float'>
```

这个概念之所以重要，是因为编程语言通常会区分两种数据类型。在 Python 中，虽然大多数情况下是不区分它们的，但在使用字符串选取运算符“[]”等运算符时，存在一些细微区别。例如，如果括号中的数字是浮点数而不是整数，则会出现错误。所以请务必记住，Python 有两种类型的数字。

★ 稍等片刻　Python中的指数方式表达

在Python的数学运算，人工智能算法当中有时会看到0.52273e2或0.52273E2等特殊表达方式的数字，这是Python将浮点数表示为指数乘数的方法。Python将$0.52273x10^2$表示为0.52273e2或0.52273E2。例如：

```
>>> 0.52273e2
52.273
>>> 0.52273e-2
0.0052273
```

在这本书中，这种表达方式用的不是很多，但今后编程过程当中也会用得到，所以要记住数字还有一种指数方式的表达。

数字运算符

我们曾对字符串应用过字符串连接运算符、字符串重复运算符等，同样，数字也可以应用各种运算符。那么，数字能应用的运算符有哪些呢？我们先从日常生活当中常用的运算符开始了解一下！

四则运算符：“+”、“-”、“*”、“/”

最基本的数字运算符有加法、减法、乘法和除法四则运算符。在 Python 中，也可以对数字应用这种四则运算符。

运算符	说明	举例	运算符	说明	举例
+	加法运算符	数字+数字	*	乘法运算符	数字*数字
-	减法运算符	数字-数字	/	除法运算符	数字/数字

对于四则运算符您应该很熟悉，下面我们来输入代码并执行查看其输出结果：

```
>>> print("5 + 7 =", 5 + 7)
5 + 7 = 12
>>> print("5 - 7 =", 5 - 7)
5 - 7 = -2
>>> print("5 * 7 =", 5 * 7)
5 * 7 = 35
>>> print("5 / 7 =", 5 / 7)
5 / 7 = 0.7142857142857143
```

当我们运行上述代码之后，我们可以看出它与我们所知道的四则运算的概念是完全相同的。

整除运算符："//"

上述四则运算符太容易了，那么下面我们来学习一个陌生的运算符。Python 当中有一种符号为"//"的运算符。对此符号可能会觉得有点陌生，但它也是很简单的运算符。这个运算符叫作整除运算符，它将对数字进行除法运算之后，去掉小数点后的位数，然后只留下正数部分。让我们来看一下其运行结果：

```
>>> print("3 / 2 =", 3 / 2)
3 / 2 = 1.5
>>> print("3 // 2 =", 3 // 2)
3 // 2 = 1
```

3/2 计算结果是 1.5，3//2 计算结果是 1.5 去掉小数点后的位数，得出结果是 1。即，使用"//"运算符之后，它输出的值是一个整数。

求余运算符："%"

Python 当中还有求余数的求余运算符（%）。应用求余运算符 A 除以 B 时，将求出其余数。

您可能在小学数学课上做过这样的运算：

上面的是"商数"，下面的是"余数"

```
   7    → 商数
2 | 15
   14
  ----
   1    → 余数
```

下面，我们来试一下求余运算符的执行结果：

```
>>> print("5 % 2 =", 5 % 2)
5 % 2 = 1
```

就如同我们所知道的一样，5 除以 2 之后，商数是 2，余数是 1，因此输出结果是 1。

备注 在当前阶段，您可能会很难理解为什么要使用求余运算符。但是，求余运算符是一个常用的功能，一定要熟练掌握。

次方（乘方）运算符：“**”

Python 当中还有可求得次方的次方（乘方）运算符“**”。在数学当中的 24，在 Python 中被表达成 2**4。

下面我们来看一下应用次方（乘方）运算符的例子：

```
>>> print("2 ** 1 =", 2 ** 1)
2 ** 1 = 2
>>> print("2 ** 2 =", 2 ** 2)
2 ** 2 = 4
>>> print("2 ** 3 =", 2 ** 3)
2 ** 3 = 8
>>> print("2 ** 4 =", 2 ** 4)
2 ** 4 = 16
```

运算符的优先级

运算符具有优先级。Python 的公式也是按照这个优先级来计算的，下面我们来分析一下下述代码的计算结果：

```
5 + 3 * 2
```

在数学计算时，乘法和除法优先于加法和减法。因此，先执行 3 乘以 2，然后再执行加 5，所以其结果是 11。

Python 也是如此，乘法和除法优先于加法和减法。此外，具有相同优先级的运算符（如乘法 / 除法和加法 / 减法）按从左到右的顺序进行计算。下面让我们来输入如下代码，在代码执行之前，请预测一下其结果。

```
>>> print(2 + 2 - 2 * 2 / 2 * 2)
0.0
>>> print(2 - 2 + 2 / 2 * 2 + 2)
4.0
```

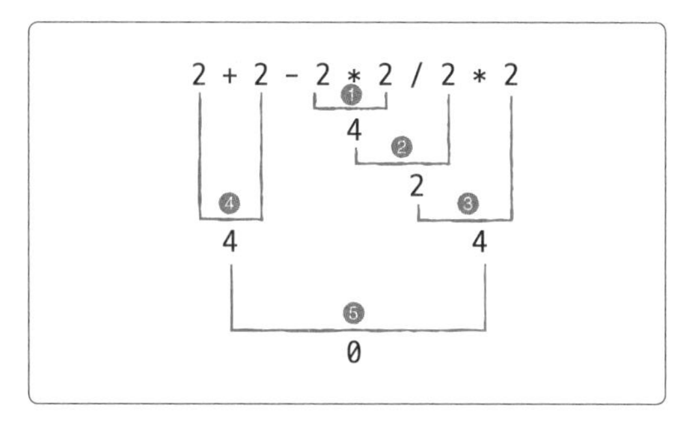

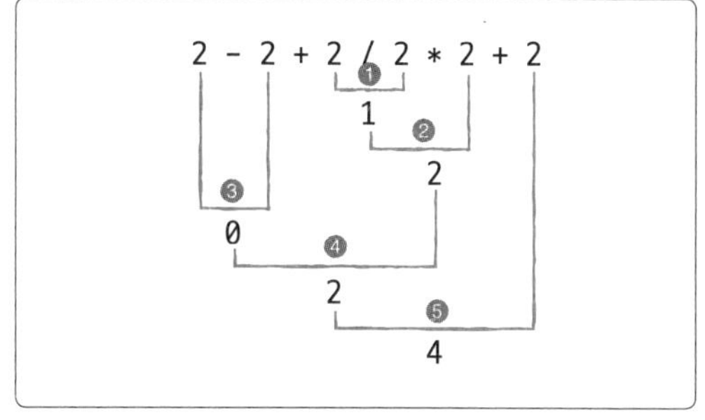

如果我们想让 5 加 3 乘以 2，首先要计算 5 加 3 时，应该怎么处理呢？它也像我们在数学中所做的那样，首先用括号括起我们想要运算的部分。

```
(5 + 3) * 2
```

另外，有时候也可能会有不知道乘法和除法优先于加法和减法的人看到您编写的代码，或者您自己也有可能会无意中分析错运算符优先级。因此，即便您熟知运算符的优先级，但最好还是用括号括起来使用，如下所示：

对运算符的优先级不是很熟悉时，请使用括号！

```
5 + (3 * 2)
```

类型错误（Type Error）异常：异常处理

当运算不同的数据就会出现类型错误（Type Error）异常。当您直接输入字符串和数字时，您可以直观地看到数据类型，此时就不会出现计算不同类型数据的错误。但是，如果使用在下一节中将讨论的变量时，因为它无法立即确认其中数据类型，则可能会容易导致类型错误。

让我们来了解一下错误是什么时候发生的，以及当错误发生时的处理方法。关于变量，虽然还没有学习，但我想您应该也能理解。

```
>>> string = "字符串"
>>> number = 273
>>> string + number
```

在上述代码当中，用“+”运算符连接了字符串和数字。在这里，字符串把“+”运算符识别为“字符串连接运算符”，而数字则把“+”运算符识别为“加法运算符”，因而发生了冲突。

如果出现了如下错误，则说明是对不同数据进行了运算。这是初学者编程时经常遇到的错误。

错误

```
Traceback (most recent call last):
  File "<pyshell#3>", line 1, in <module>
    string+number
TypeError: can only concatenate str (not "int") to str
```

→发生类型错位异常

我们将在第6章详细讨论异常处理方法。

扩展知识 字符串运算符的优先级

应用于字符串的运算符也具有优先级。首先，让我们来分析下面代码的执行结果。

```
print("大家"+"早上好"*3)
```

如果是字符串连接运算符“+”优先，则代码是如下所示的包裹形式，因此将输出“大家早上好大家早上好大家早上好”。

```
print( ("大家"+"早上好") *3)
```

如果是字符串重复运算符“*”优先，则代码是如下所示的包裹形式，因此将输出“大家早上好早上好早上好”。

```
print ("大家"+ ("早上好"*3) )
```

那么，下面我们执行代码看一下是什么结果。还有，您分析的输出结果是什么呢？执行结果输出如下：“大家早上好早上好早上好”。

```
>>> print("大家"+"早上好"*3)
大家早上好早上好早上好
```

因此，您可以知道到字符串也以“*”符号为优先。但是，正如我们在本文中提到的，不了解运算符优先级的人可能会看到您编写的代码，而您也可能有时会忘记优先级，因此在编写代码时建议将使用括号，如下所示：

```
print(print ("大家"+ ("早上好"*3) )
```

结论

▶ 以4个关键词汇总的核心内容

- 数字数据类型有不带小数点的整数型和带小数点的实数型（浮点型）。
- 数字运算符有四则运算符（如“+”、“-”、“*”和“/”），以及“//”（整除运算符）、“%”（求余运算符）和“**”（平方运算符）。
- 运算符有优先顺序：（1）乘法和除法为优先，（2）然后是加法和减法，（3）优先级不是很清楚时应用括号来编写代码。

▶ 解题

1. 请看右边的举例，写出表示数字数据类型。

类型	举例
	273, 52, 0, 1234, -25
	0.0, 1.234, 2.73e2, -25.0

2. 根据可应用于数字的运算符的说明，请写出运算符的符号。

运算符	说明
	加法运算符
	减法运算符
	乘法运算符
	除法运算符
	整除运算符
	求余运算符
	次方运算符

3. 请分析以下程序的运行结果。

```
print("# 基本运算")
print(15, "+", 4, "=", 15 + 4)
print(15, "-", 4, "=", 15 - 4)
print(15, "*", 4, "=", 15 * 4)
print(15, "/", 4, "=", 15 / 4)
```

执行结果

4. 下面是求 3472 除以 17 时的商数和余数的代码。请填写空白处完善程序。

```
print("3472除以17")
print("- 商数:",          )
print("- 余数:",          )
```

执行结果

"3472除以17"
–商数：203
–余数：11

5. 请分析以下代码的执行结果。

```
>>> print(2 + 2 - 2 * 2 / 2 * 2)

>>> print(2 - 2 + 2 / 2 * 2 + 2)

```

提示 1. 无小数点的数字称为整数(int)，有小数点的数字称为实数或浮点数。

2. 数字运算符包括四则运算符（+、–、*、/）、整除运算符（//）、求余运算符（%）和平方运算符（**）。

3. 太容易了，回想一下小学数学课！

4. 我们可以用余数运算符（%）来计算余数，那么我们该如何计算商数呢？例如，10除以3等于3.333……，在这里3就是商数，那么我们应该用什么运算符呢？

5. 在Python中，乘法和除法的运算优先于加法和减法，就像普通的数字运算一样。如果优先级相同，则按从左到右的顺序计算。

2.3 变量和输入

核心关键词

变量定义　变量赋值　变量引用　input()　int()　float()　str()

变量一般可理解为“可变更的数据”，中文含义为《变数》，但不只限于数字，而指所有的数据类型。在Python中，创建变量指的就是对变量进行定义并要使用的意思。变量可以存储任何数据类型的值。

在开始之前

变量是用于存储数据的标识符。就如同，在数学领域里把符号 π 定义为圆周率值 3.14159265……在 Python 当中，创建一个名为 pi 的箱子（即存储空间），然后在 pi 箱子中存放这个数值，并在需要时调用它。此时，pi 被称为变量，它不仅可以存放数值，而且可以存储任何类型的数据。

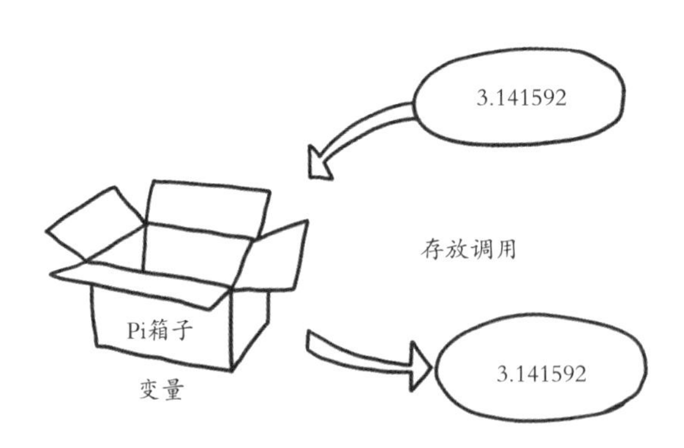

变量的定义及使用

让我们简单地创建一个名为pi的变量，将3.14159265放入名为pi的存储空间中，当调用名为pi时，将存储空间中的值调出并输出。

```
>>> pi = 3.14159265
>>> pi
3.14159265
```

使用变数有3个步骤：

第一，变量的定义。

也就是创建变量的过程。就如同，数学家们用符号π定义了3.14159265……的圆周率值一样，它指的是定义“我要使用”pi符号。

第二，为变量赋值。

也就是给变量存放数据的过程。就如同，π=3.14159265一样，将数据放入已定义的变量的pi中，即实现pi=3.14159265。此时，“=”符号不是表示“等于”，而是表示将右边的值“存放”或“分配”到左边。

第三，引用变量。

也就是表示从变量中取出数据。例如，求圆周长的公式是2*π*r，求圆面积的公式是π*r*r，此时不直接输入π的值，而是假设π等于3.14159265……即求圆周长或面积时编写成2*π*r或π*r*r，以此表明我要使用在π当中存放的数据。像这样，使用变量中的值称为“变量引用”。

下面，让我们来进一步了解一下变量的定义、赋值和引用。

要想使用变量，您首先必须定义变量。在Python中，您只需写下变量的名称，就可以定义此变量，如下所示。如果在此处输入“=”并输入一个值，则该值将赋值给变量。

```
变量=值
```

将值赋给变量

在前面的示例中，您输入的pi=3.14159265就是这样。

```
>>> pi = 3.14159265
```

将3.14159265赋给变量pi

如果使用已定义的变量，我们叫作“引用”，此时就在要引用的位置将变量的名称写成如下所示就可以。

- 输出存储在变量中的数据

```
变量
```

- 使用存储在变量中的数据进行运算

```
变量+变量
```

- 输出存储在变量中的数据

```
print(变量)
```

在前面的例子中输入的 pi 是对数字数据定义，因此对其可以执行所有的数字运算。

```
>>> pi = 3.14159265
>>> pi + 2
5.14159265
>>> pi - 2
1.1415926500000002
>>> pi * 2
6.2831853
>>> pi / 2
1.570796325
>>> pi % 2
1.1415926500000002
>>> pi * pi
9.869604378534024
```

但是，pi 是数字数据，因此无法与字符串进行运算。

```
pi + "字符串"
```

下面，我们将使用存储在 pi 中的值来计算圆的周长和面积，其中 r 是半径。

求圆的周长和面积 源代码 variable.py

```
01  # 变量定义以及赋值
02  pi = 3.14159265
03  r = 10
04
05  # 变量引用
06  print("圆周率=", pi)
07  print("半径=", r)
08  print("圆的周长=", 2*pi*r)      # 圆的周长
09  print("圆的面积=", pi*r*r)      # 圆的周长
```

执行结果

```
圆周率=3.14159265
半径=10
圆的周长=62.831853
圆的面积=314.159265
```

★ 稍等片刻　Python的灵活性

在编程语言中，C、C++、Java、C#等，基本上在使用变量时，首先要定义的变量数据类型。

[对于JAVA，C语言]

```
int pi
```

int → 使用变数Pi之前，首先定义要储存的数据类型。

但是，Python与其他编程语言不同，它不会为变量指定数据类型。因此，可以在同一个变量中加入多种数据类型。

```
a = "字符串"
a = True
a = 10
```

这么一说，您可能会觉得它很灵活，但这种灵活性使您很有可能在执行过程中出现错误，因为您不知道变量包含的数据类型是什么，从而导致Type Error。因此，对一个变量尽量用一个数据类型。

复合赋值运算符

变量可以使用基本数据类型的运算符。如果是字符串，则可以使用与字符串相关的运算符；如果是数字，则可以使用与数字相关的运算符。通过使用变量，可以将运算符与现有运算符组合使用，这种称为复合赋值运算符。

复合赋值运算符是应用数据类型的基本运算符和“=”运算符组成的运算符，如下所示：

```
a += 10
```

此时意味着 a+=10 等于 a=a+10。其他可应用于数字的运算符也可以以同样的方式使用。

例如，应用于数字的复合赋值运算符如下：

运算符名称	说明
+=	数字加法后赋值
-=	数字减法后赋值
*=	数字乘法后赋值
/=	数字除法后赋值
%=	数字整除后赋值
**=	数字次方后赋值

让我们看一个简单的示例。

```
>>> number = 100
>>> number += 10
>>> number += 20
>>> number += 30
>>> print("number:", number)
number: 160
```

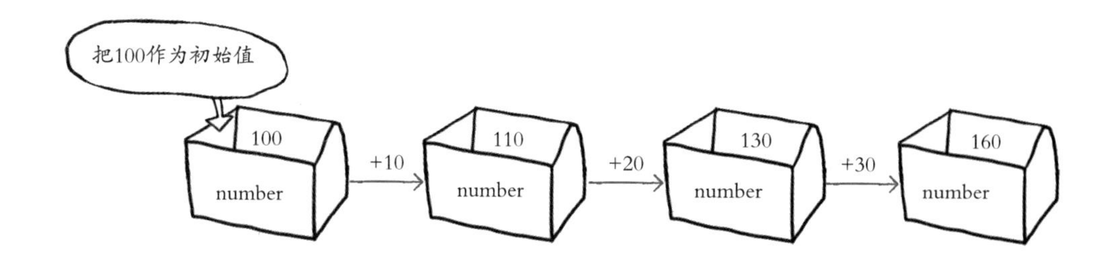

同样，应用于字符串的复合赋值运算符如下：

运算符名称	说明
+=	字符串连接后赋值
*=	字符串重复后赋值

我们来看一下使用字符串复合赋值运算符的示例。

```
>>> string = "你好"
>>> string += "!"
>>> string += "!"
>>> print("string:", string)
string: 你好!!
```

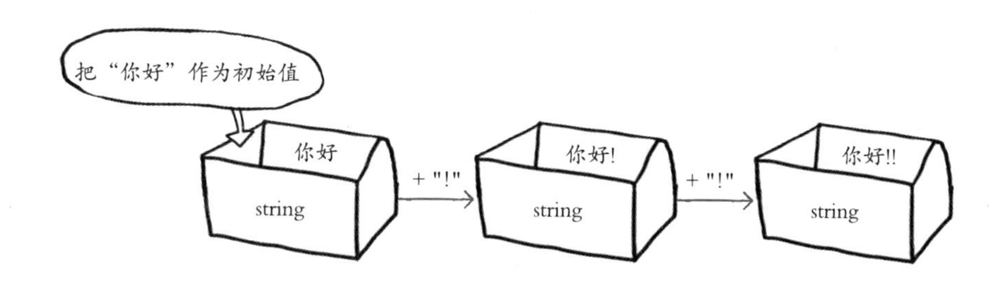

上面我只用过“+=”形式的运算符，您可以自己用其他形式复合赋值运算符试一试。

输入函数："input()"

在实践中编写程序时，很少会在命令提示符处输入文字，然后读出这些输入加以利用，但在学习程序的过程中，您要学会自己输入文字、编写各种程序。Python 使用 input( ) 函数在命令提示符处输入数据。

用input()函数输入数据

输入数据时编写如下代码，此时输入在 input 函数括号内的内容称为提示字符串，是编写程序者所提示的内容。

```
>>> input("请输入问候语>")
```

运行后，会弹出字符串 " 请输入问候语 >"，程序在未退出的状态下等待。这种程序在运行过程中的暂停被称为阻塞（block），即 input( ) 函数在要求用户输入数据的同时，正在对代码进程进行阻塞。

```
"请输入问候语> |—>提示输入等待的光标，光标的外观可能因程序而异。
```

如果您在命令提示符下运行，请立即在“请输入问候语 >”旁边键入“您好”等字母，然后按 Enter 键。

```
"请输入问候语> 您好 Enter
'您好'
```

这样用户输入的内容就会得到 input 函数的结果，这个值可以代入其他变量来使用。让我们使用 print( ) 函数来确认是否正确地赋值到变量中。

```
>>> string = input("请输入问候语>")
请输入问候语>您好 Enter
>>> print(string)
您好
```

作为函数结果输出的值（如 input）称为返回值。返回值这个术语，现阶段用的不是很多，但是后期会经常用到，因此要记住这个术语的意义。

input()函数输入的数据类型

在前面，我们曾把 input( ) 函数的结果赋值给一个名为 string 的变量，让我们来看看赋值的数据类型是什么？要识别数据类型时，请使用 type( ) 函数。

```
>>> print(type(string))
<class 'str'>
```

对 string 变量中，我们赋值了字符串“你好”，所以其数据类型是字符串。输出结果为“str”，表示这是一个字符串。

再看一下下面的代码，我们完全可以想象到，输入数字时就会输出数字。

```
>>> number = input("请输入数字>")
请输入数字>12345 Enter
>>> print(number)
12345
```

那么，此时是什么数据类型呢？

```
>>> print(type(number))
<class 'str'>
```

我们可以发现，无论输入什么内容，input( ) 函数的结果都是字符串。刚刚给 number 赋值的 12345 也是字符串，不仅如此，今后将会学习的布尔值（如 True 或 False）也会显示为字符串。

让我们通过下面的 < 动手编码 > 示例来输入不同的值，看看其数据类型是什么？第一次运行时输入数字 52273，第二次运行时输入布尔值 True。

确认输入数据类型 源代码 input.py

```
01    # 请输入
02    string = input("输入> ")
03
04    # 输出
05    print("数据:", string)
06    print("数据类型:", type(string))
```

执行结果

输入> 52273 Enter
资料: 52273
资料类型: <class 'str'>

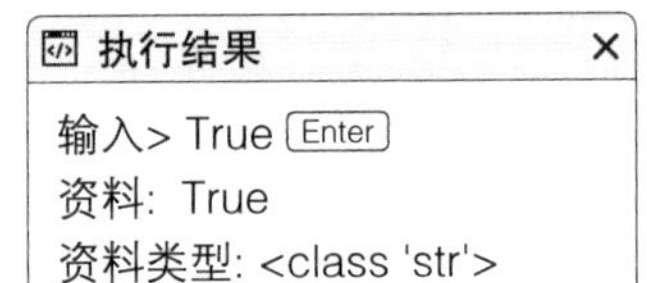

执行结果

输入> True Enter
资料: True
资料类型: <class 'str'>

简而言之，即使您输入了一个数字，它也会以字符串的形式赋值。因此，如果您想用 input( ) 函数输入数据，然后将输入的数据与数字相加，就会出现错误。因为 Python 当中，要求字符串只能与字符串进行运算，数字只能与数字进行运算。

动手编码

接收输入之后进行相加 源代码 input_error.py

```
01    # 请输入
02    string = input("输入>")
03
04    # 输出
05    print("输入 + 100:", string + 100)
```

执行结果

```
输入> 300 Enter
Traceback (most recent call last):
  File "inputerror.py", line 5, in <module>
    print("输入 + 100:", string + 100)
TypeError: can only concatenate str (not "int") to str
```

上述代码的目的是为了将输入的值 300 和 100 相加，但由于通过 input( ) 函数输入数据存储为字符串，因此它就变成了“300”+100。此时字符串和数字无法执行相加运算，因此出现了上述类型错误异常，即提示将输入的字符串转换为数字以便进行数字运算。

字符串转为数字

由于 input( ) 函数的输入数据类型始终为字符串，因此必须将输入的字符串转换为数字，以便进行数字运算，英文叫 cast。

在许多情况下，您可能需要将字符串转换为数字数据类型。例如，假设您使用 Python 从互联网获取汇率信息，此时互联网上的文字都是字符串，需要转换成数字才能利用。

用以下函数，可将字符串转换为数字。

- int() 函数：将字符串转换为 int 数据类型，int 表示整数。
- float() 函数：将字符串转换为 float 数据类型，其中 float 表示实数或浮点数。

那么下面我们来看一下简单的例子：

动手编码

应用int()函数 源代码 int_convert.py

```
01    string_a = input("输入A> ")
02    int_a = int(string_a)
03
04    string_b = input("输入> ")
05    int_b = int(string_b)
06
07    print("字符串数据:", string_a + string_b)
08    print("数字数据:", int_a + int_b)
```

执行结果

```
输入A> 273 Enter
输入B> 52 Enter
字符串数据: 27352
数字数据: 325
```

执行代码后，输入 273 作为“输入 A”的值，输入 52 作为“输入 B”的值。如果不进行转换，则应用字符串运算符 +，并将字符串连接成 2 7352。但如果转换为整数，则将 273 和 52 进行相加，并将输出得出的值 325。

下面我们再看一下，当字符串通过 int( ) 和 float( ) 函数后，是否真的会改变数据类型。

应用int()函数和float()函数 源代码 int_float01.py

```
01    output_a = int("52")
02    output_b = float("52.273")
03
04    print(type(output_a), output_a)
05    print(type(output_b), output_b)
```

执行结果

```
<class 'int'> 52
<class 'float'> 52.273
```

我们可以看到字符串“52”和“52.273”被转换为 int 数据类型 52 和 float 数据类型 52.273。

与上一节中讨论过的 input( ) 函数结合起来，我们就可以创建一个赋值数字并进行相互运算的程序。下面我们就创建一个赋值两个数，然后对这两个数进行加法、减法、乘法和除法运算的程序。

动手编码

组合应用int()函数和float()函数 源代码 int_float02.py

```
01    input_a = float(input("第一个数字> "))
02    input_b = float(input("第二个数字> "))
03
04    print("相加结果:", input_a + input_b)
05    print("相减结果:", input_a - input_b)
06    print("相乘结果:", input_a * input_b)
07    print("相除结果:", input_a / input_b)
```

执行结果

```
第一个数字> 273 Enter
第二个数字> 52 Enter
相加结果: 325.0
相减结果: 221.0
相乘结果: 14196.0
相除结果: 5.25
```

由于使用了 float( ) 函数，因此在输入数字时，可以输入包含小数点的数字，例如 52.273。

备注 有时您可能不想在加法、减法和乘法结果中输出没有意义的小数点，与此相关的内容将在第四节中进一步了解。

Value Error异常及异常处理

当转换数据类型时，如果试图转换“无法转换的数据类型”时，则会引发 Value Error 异常。在以下两种情况下发生此类异常：

第一，试图将不是数字的数据转为数据时，会引发错误。

```
int("你好")
float("你好")
```

执行类似于上述代码，则会发生 Value Error 异常。这是因为字符串“你好”是不能转换为 int( ) 函数的值。int( ) 函数和 float( ) 函数输入无法转换的数据时则会引发错误。

例如，运行第 081 页 int_convert.py 代码时，在输入“输入 A>”的数据时，如果输入“你好”，那么这个数据根本就不能转换成数字，所以会出现如下错误信息：

错误

```
Traceback (most recent call last):
  File "intconvert.py", line 2, in <module>
    int_a = int(string_a)
ValueError: invalid literal for int() with base 10: '你好'
```

第二，试图将带有小数点的数字的转换为 int( ) 函数时，会引发错误。

```
int("52.273")
```

int 是一个整数，如果要把带有小数点的数据转为整数时，也会出现错误。

例如，运行第 081 页 int_convert.py 代码时，在输入“输入 A>”的数据时，如果输入的是 52.273 这个带有小数点的数字数据时，那么这个数据是不能转换成整数的，所以会出现如下错误信息：

错误

```
Traceback (most recent call last):
  File "intconvert.py", line 2, in <module>
    int_a = int(string_a)
ValueError: invalid literal for int() with base 10: '52.273'
```

?! 疑问解答

疑问：很难区分整数、实数和浮点数。

解答：如果很难正确地区分整数、实数和浮点数，那么可以记住使用float()函数。虽然int()函数不能将浮点数据类型转换为整数，但float()函数表示的实数，它包含着整数，使用时无须区分整数、实数。

数字转为字符串

就像将字符串转换为数字一样，我们还可以将数字转换为字符串。事实上，转换为字符串的方法有很多种。在这里，我们先了解如何使用 str( ) 函数，在第四节中再了解字符串 format( ) 函数的应用方法。

str( ) 函数的用法类似于 int( ) 和 float( ) 函数，即把其他数据类型的值放入 str( ) 函数的参数中，就会转换成字符串。

```
str(其他数据类型)
```

让我们看一下示例。

应用str()函数将数字转换为字符串 源代码 str.py

```
01    output_a = str(52)
02    output_b = str(52.273)
03    print(type(output_a), output_a)
04    print(type(output_b), output_b)
```

执行结果

```
<class 'str'> 52
<class 'str'> 52.273
```

代码比较简单，应该很容易理解，即数字 52 和 52.273 被 str( ) 函数转换为字符串。

到目前为止，我们已经讨论了 Python 编程语言中所使用的最基本内容。您可能会觉得这有点枯燥，但您可以把它理解为当您在学习英语时正在接触英文字母的阶段。也就是说，如果在对上述内容未了解清楚的情况下，您就无法正确理解后续的内容，所以一定要掌握好基础知识。

当您刚开始学习编程时，通常会认为：

“要死记硬背的内容太多了！”

您想的没错，是挺多的。如果您现在对字符串、数字、数据类型、变量等了解得差不多了，那就请继续！我们要反复去接触并了解各种各样的代码，您就一定会越来越熟悉的。

要记住的内容很多，但Python基本内容还是字符串、数字、数据类型和变量！

结论

▶ 以7个关键词汇总的核心内容

- 变量定义指的就是创建变量，变量赋值指的是给变量存放数据。
- 引用变量指的是从变量中提取数据。
- input() 函数用于在命令提示下数据的输入。
- int() 函数将字符串转换为 int 数据类型，float() 函数将字符串转换为 float 数据类型。
- str() 函数将数字转换为字符串。

▶ 解题

1. 以下是为变量赋值的语法，请在空格中写出适当的符号。

2. 下面是可应用于数字的复合赋值运算符，根据描述，在左边的运算符项上填入相应符号。

运算符名称	描述
	数字加法后赋值
	数字减法后赋值
	数字乘法后赋值
	数字除法后赋值
	数字整除后赋值
	数字次方后赋值

3. 下面是有关将字符串转换为数字的函数、将数字转换为字符串的函数问题，根据描述请填入适当的函数名称。

函数	描述
	将字符串转换为int数据类型
	将字符串转换为float数据类型
	将数字转换为字符串

4. 下面的代码是以英寸为单位输入数据以求得厘米为单位数据的示例。请在空格处填入适当的内容来完成代码。（1 英寸 =2.54 厘米）

```
str_input = ("输入数字> ")
num_input = (str_input)

print()
print(num_input, "inch")
print((num_input * 2.54), "cm")
```

执行结果1

```
输入数字> 1 Enter

1.0 inch
2.54 cm
```

执行结果2

```
输入数字> 26 Enter

26.0 inch
66.04 cm
```

提示 1.用于为变量赋值的符号“=”表示“我要加入”和“我要赋值”的意思，而不是意味着数字“等于”。

2.复合赋值运算符也是一种运算符，它由应用于数据类型的基本运算符“+”、“-”、“*”、“/”、“%”、“**”和“=”组成。

3-4.由于input()函数的输入的数据类型是字符串，因此必须使用int()或float()函数将输入的字符串转换为数字，以便进行数字运算。

5. 下面是输入圆的半径并求圆的周长和面积的代码。请在空格处填入适当的内容来完成代码。

- 周长：2* 圆周率 * 半径
- 面积：圆周率 * 半径 * 半径

```
str_input = ________("输入圆的半径>")
num_input = ________(str_input)
print()
print("半径:", num_input)
print("周长:", 2 * 3.14 * ________)
print("面积:", 3.14 * ________ ** 2)
```

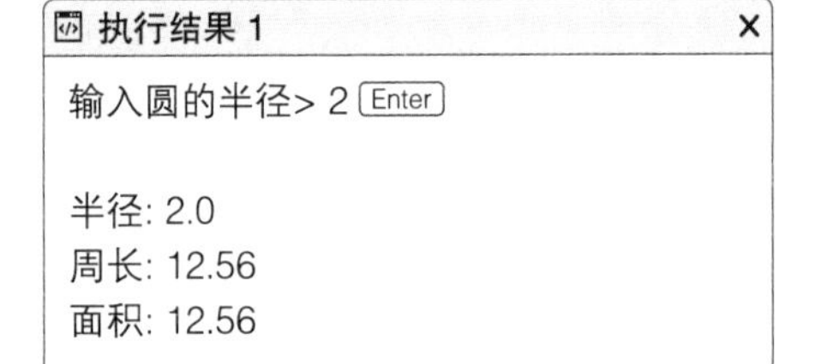

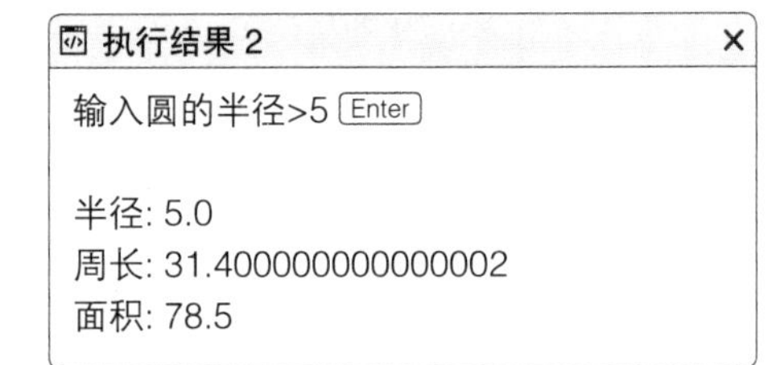

6. 假设当您运行一个程序时，有一个程序接收两个字符串的输入，并输出如下所示，粗体部分是用户输入项。

```
输入字符串>你好 Enter
输入字符串>早上好 Enter
你好早上好
早上好你好
```

为了简单起见，您可以使用名为 a 和 b 的变量输入，然后使用 print（a，b）和 print（b，a），则可以得出此结果。但是请不要用这种简单的方法，试一下把两个变量中的值替换并输出的方法如何？我们把变量替换叫作交换 swap，这是很常见的编程技巧之一，请进行思考并完成代码。

```
a = input("字符串输入>")
b = input(字符串输入>")

print(a, b)

print(a, b)
```

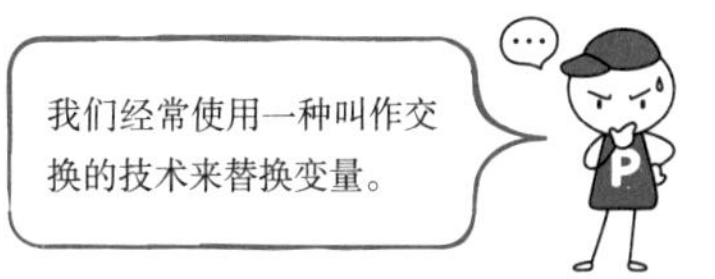

提示 5.当输入圆的半径，这是一个字符串，因此要转换为数字才能得到周长和宽度。

6.实际上，Python使用了一种叫作元组（tuple）的功能，它可以很容易地完成。

2.4 数字和字符串的各种函数

核心关键词

format( ) upper( ) lower( ) strip( ) find( ) in运算符 split( )

在前面我们曾讲过标识符后面有括号()，称之为“函数”。“函数”在英语中是“function”，在英语词典中可以查到它指的是“人或事物的功能”。我们已经学到的数字和字符串等数据在计算机中被当作一个事物来看待，它们在内部具有多种功能。

在开始之前

如果在字符串后面输入小数点符号（.），则自动完成功能就会显示各种各样的内容。这是所有字符串都具有的自身功能。

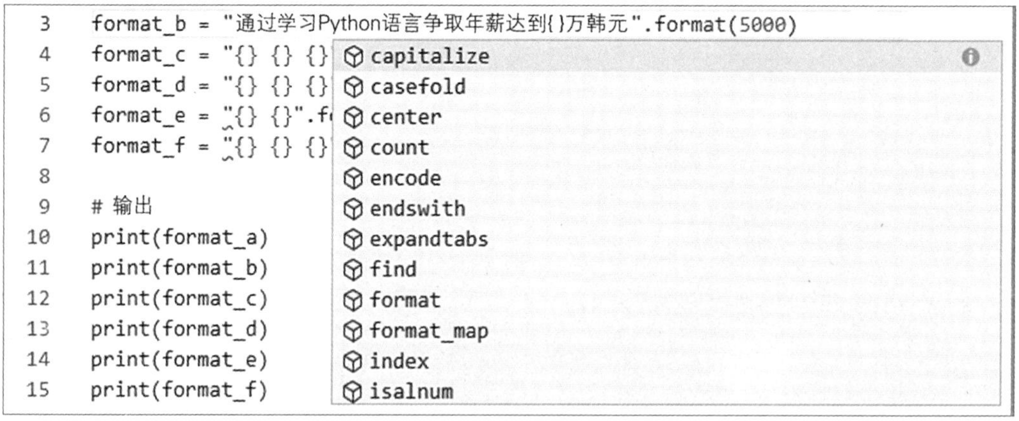

```
3   format_b = "通过学习Python语言争取年薪达到{}万韩元".format(5000)
4   format_c = "{} {} {}   capitalize
5   format_d = "{} {} {}   casefold
6   format_e = "{} {}".f   center
7   format_f = "{} {} {}   count
8                          encode
9   # 输出                  endswith
10  print(format_a)        expandtabs
11  print(format_b)        find
12  print(format_c)        format
13  print(format_d)        format_map
14  print(format_e)        index
15  print(format_f)        isalnum
```

下面让我们来开始了解这些功能，但是千万不要全都背下来。您就只知道大致的“字符串有这些功能”，当看到自动完成功能时，能想起“好像有这么一个功能！”就可以。然后通过后期的反复使用，您就会很自然地全都记住了。

字符串format()函数

让我们来看看用 format( ) 函数将数字转换为字符串的几种形式。

format( ) 函数是字符串所具有的函数，在包含大括号（{}）的字符串后面加上小数点符号 (.)，然后使用 format( ) 函数，大括号的数量和 format 函数括号内的参数的数量必须相同。

```
"{}".format(10)
"{} {}".format(10, 20)
"{} {} {} {} {}.format(101, 202, 303, 404, 505)
```

让我们来看看用 format( ) 函数将数字转换为字符串的几种形式。

format( ) 函数是字符串所具有的函数，在包含大括号 {} 的字符串后面加上小数点符号 (.)，然后使用 format( ) 函数，大括号的数量和 format 函数括号内的参数的数量必须相同。

format( ) 函数将数字转换为字符串　源代码 format_basic.py

```
01  # 使用format()函数将数字转换为字符串
02  string_a = "{}".format(10)
03
04  # 输出
05  print(string_a)
06  print(type(string_a))
```

执行结果

```
10
<class 'str'>
```

当我们运行代码时会发现，数字 10 的数据类型是字符串，string_a 赋值了字符串 10。

函数 format( ) 的作用是，用 format 括号中的参数替换 {} 符号，因此可以在 {} 符号前后或 {} 符号和 {} 符号之间写入各种字符串。

下面我们将更进一步了解，在 {} 符号的两边同时写入另一个字符串，以及多个 {} 符号和参数时的状态。

format( ) 函数的多种形式 源代码 format01.py

```
01    # 使用 format() 函数将数字转换为字符串
02    format_a = "{} 万元 ".format(5000)
03    format_b = " 通过学习 Python 语言争取年薪达到 {} 万韩元 ".format(5000)
04    format_c = "{} {} {}".format(3000, 4000, 5000)
05    format_d = "{} {} {}".format(1, " 字符串 ", True)
06
07    # 输出
08    print(format_a)
09    print(format_b)
10    print(format_c)
11    print(format_d)
```

执行结果

```
5000万元
通过学习Python语言争取年薪达到5000万
韩元
3000 4000 5000
1 字符串 True
```

第 2 行 format_a 是符号 {} 旁边写入另一个字符串时的状态。此时，只有符号 {} 部分被 format( ) 的参数 5000 替换。

第 3 行 format_b 是符号 {} 前后都写入不同字符串时的状况。用 format( ) 函数的参数 5000 替换 {} 部分，以改变表示方式。

第 4 行 format_c 是包含多个参数时的状态。这些参数将依次替换每个 {}。

第 5 行 format_c 实际上与本节的主题“将数字转换为字符串”内容无关。它是一个 format( ) 函数也可以应用于数字以外的数据类型的一个示例。

索引错误 Index Error 异常：异常处理

如果符号 {} 的数量大于 format( ) 函数中的参数数量，则会引发 Index Error 异常。

在下面的示例中，第一种情况是参数的数量大于 {} 的数量，此时按 {} 的数量应用参数，剩余的参数将被丢弃，此时的代码执行时不会出现异常；第二种情况是 {} 的数量大于参数的数量，此时会引发名为 Index Error 的异常。

```
>>> "{} {}".format(1, 2, 3, 4, 5)
'1 2'
>>> "{} {} {}".format(1, 2)
Traceback (most recent call last):
File "<pyshell#1>", line 1, in <module>
"{} {} {}".format(1, 2)
IndexError: tuple index out of range
```

format() 函数的各种功能

format( ) 函数应用在数字时也有很多功能。

输出整数的各种形式

让我们来看一下第一种形式：

将整数输出到指定位置 源代码 format02.py

```
01  # 整数
02  output_a = "{:d}".format(52)
03
04  # 输出到指定位置
05  output_b = "{:5d}".format(52)          # 空 5 格
06  output_c = "{:10d}".format(52)         # 空 10 格
07
08  # 空格用 0 填充
09  output_d = "{:05d}".format(52)         # 正数
10  output_e = "{:05d}".format(-52)        # 负数
11
12  print("# 默认 ")
13  print(output_a)
14  print("# 输出到指定位置")
```

执行结果

```
# 默认
52
# 输出到指定位置
   52
        52
# 空格用0填充
00052
-0052
```

```
15    print(output_b)
16    print(output_c)
17    print("# 空格用0填充")
18    print(output_d)
19    print(output_e)
```

第 2 行中的 output_a 使用了 {:d}，直接指定输出 int 数据类型的整数。因此，使用 {:d} 时，参数只能包含整数。

第 5 行和第 6 行中的 output_b 和 output_c 是在指定的位置输出数字的格式。如果输入 {:5d}，则将获得第 5 个空格，并从后面开始填充数字 52；同样，输入 {:10d} 时，取 10 格，并从后面开始填充数字 52。

第 8-9 行中的 output_d 和 output_e 是用零填充空格的格式。如果您指定 {:05d}，则您将获得 5 个空格，从后面开始填充数字 52，然后用 0 填充前面剩余的空白。output_d 为正数，output_e 为负数，当有符号时，用符号填充最前面的位置，用 0 填充剩下的空白位置。

接下来，我们来看一个与符号相关的示例。

动手编码

带符号输出 源代码 format03.py

```
01    # 带符号输出
02    output_f = "{:+d}".format(52)  # 正数
03    output_g = "{:+d}".format(-52) # 负数
04    output_h = "{: d}".format(52)  # 正数：符号部分空白
05    output_i = "{: d}".format(-52) # 负数：符号部分空白
06
07    print("# 带符号输出")
08    print(output_f)
09    print(output_g)
10    print(output_h)
11    print(output_i)
```

执行结果

```
# 带符号输出
+52
-52
 52
-52
```

第 2—3 行的代码当中，在 {:+d} 的 d 前写入一个《+》号时，参数为正数时，输出时会自动加上《+》号。从 output_f 的输出结果就很容易理解了。

第 4—5 行的代码当种，在 {:d} 的 d 前写入一个空白时，参数为正数时，输出时会自动空一格，即正数的符号位置将为空。如果原始输出为“52”，则 output_h 输出成“52”。

现在，我们组合整数的上述输出方法，可以编写如下代码：

动手编码

组合应用 源代码 format04.py

```
01  # 组合应用
02  output_h = "{:+5d}".format(52)       # 向后推符号：正数
03  output_i = "{:+5d}".format(-52)      # 向后推符号：负数
04  output_j = "{:=+5d}".format(52)      # 向前推符号：正数
05  output_k = "{:=+5d}".format(-52)     # 向前推符号：负数
06  output_l = "{:+05d}".format(52)      # 用0填充：正数
07  output_m = "{:+05d}".format(-52)     # 用0填充：负数
08
09  print("# 组合应用")
10  print(output_h)
11  print(output_i)
12  print(output_j)
13  print(output_k)
14  print(output_l)
15  print(output_m)
```

执行结果

```
# 组合应用
  +52
  -52
+  52
-  52
+0052
-0052
```

在组合符号和空格时，可以在前面加上“=”符号。这是一个符号，它指定当您有 5 个空格时，符号是在空格之前还是在数字之前。仔细分析输出结果，就很容易理解了。

?! 疑问解答

疑问：组合顺序很重要。

解答：当组合顺序不同时，其输出的结果截然不同。例如，如果把输入{:=+05d}误写为{:=0+5d}时，会输出完全不同的结果，因此要写入代码时要谨慎！

输出浮点数的各种形式

让我们来看看带小数点的 float 数据类型的数字输出形式。使用 {:f} 可强制输出 float 数据类型数字。另外，还可以应用我们在前面所学到的一些形式。

动手编码

float 数据类型的输出 源代码 format05.py

```
01    output_a = "{:f}".format(52.273)
02    output_b = "{:15f}".format(52.273)      # 空15格
03    output_c = "{:+15f}".format(52.273)     # 15个空格加符号
04    output_d = "{:+015f}".format(52.273)    # 15个空格加符号并填充0
05
06    print(output_a)
07    print(output_b)
08    print(output_c)
09    print(output_d)
```

执行结果

```
52.273000
      52.273000
     +52.273000
+0000052.273000
```

此外，对于浮点数，还可以指定小数点后的位数。如下所示，只需输入‘.’并指定后面的数字即可。

动手编码

指定小数位数 源代码 format06.py

```
01    output_a="{:15.3f}".format(52.273)
02    output_b="{:15.2f}".format(52.273)
03    output_c="{:15.1f}".format(52.273)
04
05    print(output_a)
06    print(output_b)
07    print(output_c)
```

执行结果

```
         52.273
          52.27
           52.3
```

这样输入后，抓取 15 格，小数点分别输出为 3 位、2 位和 1 位。此时还会自动进行四舍五入。

删除无意义的小数点

在 Python 当中，输出 0 和 0.0 时，其数据类型是不同的，因此输出的值也不同。但有时希望能删除没有意义的零，然后再进行输出。此时就可以应用 {:g}。

删除无意义的小数点 源代码 format07.py

```
01    output_a = 52.0
02    output_b = "{:g}".format(output_a)
03    print(output_a)
04    print(output_b)
```

执行结果

```
52.0
52
```

替换大小写：upper( )和 lower( )

upper( ) 函数使字符串中的字母变成大写，而 lower( ) 函数使字符串中的字母变成小写。下面是 upper( ) 函数的示例，它使存储在变量 a 中的字符串的字母全部变成大写：

```
>>> a = "Hello Python Programming...!"
>>> a.upper()
'HELLO PYTHON PROGRAMMING...!'
```

下面是 lower( ) 函数的示例，它使存储在变量 a 中的字符串的字母全部变成小写。

```
>>> a.lower()
'hello python programming...!'
```

★ 稍等片刻　关于破坏性函数和非破坏性函数

当您使用与字符串相关的函数时，有可能会有错误的理解，您认为使用upper()函数和lower()函数会改变a的字符串，请记住，绝对不会改变原文。这种不改变原文的函数被称为非破坏性函数。相反的称为破坏性函数，对此我们将在第四章中详细的讨论。

删除字符串两侧的空格："strip( )"

strip( ) 函数可删除字符串两侧的空格。例如，当您在社交媒体上输入评论时，由于输入失误，在输入的内容两边都有空格，就像"　你好　"一样。如果这些空格直接作为评论出现，评论窗口就会显得杂乱。此时，我们可以用它来删除两边的空白，以确保在评论中显示为"你好"。

使用strip( )函数可删除字符串两侧的空格。另外，用lstrip( )函数可删除左侧的空格，也可以使用rstrip( )函数删除右侧的空格。在这里的空格包括"空格""制表符"和"换行符"。

- strip( ): 可删除字符串两侧的空格；
- lstrip( ): 可删除字符串左侧的空格；
- rstrip( ): 可删除字符串右侧的空格。

使用重复三次的双引号或单引号符号输入多行字符串时，为便于查看，编写如下所示的代码时，会在字符串的上下无意间会产生换行符。

```
>>> input_a = """
    你好
了解字符串中的函数
"""
>>> print(input_a)

    你好
了解字符串函数
```

使用strip( )函数，可轻松地删除上述无意间产生的换行符和字符串两侧的空格。

```
>>> print(input_a.strip())
你好
了解字符串函数
```

从代码的执行结果来看，在删除空格之前，在两边都有换行和空格，但是当删除空格之后，这些也都消失了。这些功能也称为 trim。记住，在删除空格时，使用 strip 或 trim。

备注 lstrip()函数和rstrip()函数是很少使用的！

确认字符串的配置：“isOO()”

当确认字符串是否只有由小写字母、字母或数字组成时，请使用名称以 is 开头的函数。以 is 开头的函数种类较多，下面列表中未列出的也有很多。对这些函数无须全部记住，只了解到“这样的名称是否有这种功能？”的程度就可以！

- isalnum( ): 确认字符串是否只有由字母或数字组成；
- isalpha( ): 确认字符串仅由字母组成；
- isidentifier( ): 确认字符串是否可用作标识符；
- isdecimal( ): 确认字符串是否为整数；
- isdigit( ): 确认字符串是否可以识别为数字；
- isspace( ): 确认字符串仅由空格组成；
- islower( ): 确认字符串仅由小写字符组成。
- isupper( ): 确认字符串仅由大写字母组成。

下面，让我们来简单地用几个，输出结果为 True（正确）或 False（不正确），我们称之为布尔（boolean）。与此相关的内容，我们将在第 3 章中进行详细的介绍。

```
>>> print("TrainA10".isalnum())
True
>>> print("10".isdigit())
True
```

isalnum() 是确认字符串是否仅由字母或数字组成的函数，因此“TrainA10”是 True（正确）; isdigit() 是确认字符串是否可以识别为数字的函数，因此“10”也是 True（正确）。

查找字符串函数：“find()”和“rfind()”

使用 find( ) 函数和 rfind( ) 函数可查找指定字符串在该字符串内部的位置。

- find( ): 从左到右查找，查找第一次出现的位置;
- rfind( ): 从右开始查找，以查找出现的第一个位置。

例如，在字符串“你好你好大家好”中，有两个字符串“你好”。因此，从左开始找的时候和从右开始找的时候的位置是不一样的。让我们看看下面这个示例的结果。

```
>>> output_a = "你好你好大家好".find("你好")
>>> print(output_a)
0
```

```
>>> output_b = "你好你好大家好".rfind("你好")
>>> print(output_b)
2
```

同样，字符串将最前面的字母数为第 0 个。第一个“你好”是在第 0 个，第二个“你好”是从第 2 个开始。因此输出结果是 0 和 2。

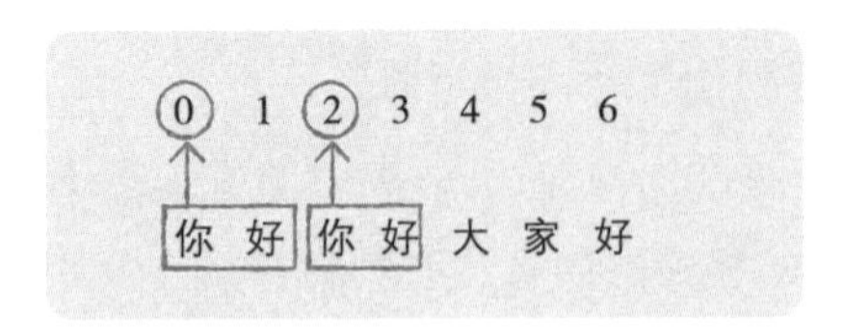

备注 在第4章中，我们将重新讲解有关顺序的内容，在此做一个初步的了解，会有助于后期的理解。首先要记住，“字符串的计数是从第0开始的！”

字符串和in运算符

用 in 运算符可确认构成字符串的字符内容。其输出结果为 True（正确）或 False（不正确）。

如下例所示，使用方式非常简单。因为字符串“大家早上好”当中包含着“早上好”，所以输出结果为 True。

```
>>> print("早上好" in "大家早上好")
True
```

下述示例当中，因为字符串“大家早上好”不包含“晚安”，所以输出结果为 Flase。

```
>>> print("晚安" in "大家早上好")
False
```

备注 in运算符在第4章学习列表时也会出现。到时候再进一步了解。

拆分字符串：“split( )”

使用 split( ) 函数可将字符串拆分为特定字符。下面是，根据 split 函数圆括号中的字符串（空格）进行拆分的示例：

```
>>> a = "10 20 30 40 50".split(" ")
>>> print(a)
['10', '20', '30', '40', '50']
```

运行结果是一个列表 List。关于列表，将在第 4 章进行详细的介绍。在这里请记住，用 split() 函数可以任意拆分字符串。

结论

▶ 以7个关键词汇总的核心内容

- format( ) 函数，以多种形式输出数字和字符串；
- upper( ) 函数和 lower() 函数，可将字符串的字母更改为大写或小写；
- strip( ) 函数，可删除字符串两侧的空格；
- find( ) 函数，用于查找特定字符在字符串内部的位置；
- in 运算符，可确认字构成字符串的字符内容；
- split( ) 函数，可将字符串拆分为特定字符。

▶ 解题

1. 下述 format( ) 函数应用当中，请选择发生错误的情况。

   ① "{ } { }".format(52, 273)

   ② "{ } { }".format(52, type(273))

   ③ "{ } { } { }".format(52, type(273))

   ④ "{ }".format(52, 273)

2. 请把函数和它的功能连接起来。

① split( ) •		• ⓐ 将字符串转换为小写；
② upper( ) •		• ⓑ 将字符串转换为大写；
③ lower( ) •		• ⓒ 删除字符串两侧的空格；
④ strip( ) •		• ⓓ 将字符串拆分为特定字符。

3. 请在空白处填写相应的代码，使得程序输出如右表所示结果。

```
a = input(">第1个数字:")
b = input(">第2个数字:")
print()

print("{} + {} = {}".format(               ))
```

执行结果

```
>第1个数字: 100 Enter
>第2个数字: 200 Enter

100 + 200 = 300
```

4. 请分析下述程序，并写出其执行结果。

```
string = "hello"

# string.upper()执行, string输出
string.upper()
print("A 地点:", string)

# string.upper() 执行
print("B地点:", string.upper())
```

执行结果

提示 1. 如果符号{}的数量大于函数format()中的参数数量，则会引发异常；

2. 函数的功能请参考097~101页；

3. 用input()输入的数字是字符串，因此在进行所需的计算时，必须将其转换为数字；

4. 运行upper()函数使字符串中的字母变成大写，但不会改变原文。相关内容，我们将在第4章中再次进行讨论。

第3章 条件语句

我们在日常生活当中经常要做各种各样的选择，每当这时，我们就会站在选择的十字路口，要考虑选择哪一个。比如，“午餐吃什么？”“这个假期我们去哪儿玩？”等等。程序也是如此，每当遇到条件语句时，它就会处于选择的十字路口，根据所提供条件需要进行相应的选择。

学习目标

- 了解布尔的含义。
- 了解if条件语句的基本用法。
- 了解现实中的条件和编程中的条件是有区别的。

3.1 布尔数据类型与if条件语句

核心关键词

布尔 比较运算符 逻辑运算符 if条件语句

编程语言有一个基本的数据类型，即表示真假的值。我们称之为布尔（Boolean）。下面我们就来了解一下如何构造布尔型数据，以及与之相关的运算符。

在开始之前

Boolean 的发音接近于 Bullin 或 Bullion。在编程中，我们把它简称为 Bool。在中国把 Bool 称为“布尔”，比如 Boolean Algebra 被称为布尔代数，Boolean Operator 被称为布尔运算符。同样，在这本书中我们也把它称为布尔。

在前面我们所学习过的数字和字符串，根据它们的具体形式可生成多种多样的内容。

```
10, 100, 200, 128390, "你好", "Hello", "Welcome to Python"
```

但是，布尔只有 True（真）和 False（假）两个值，运行代码，则如下：

在Python中，True和False的首字母必须是大写。

```
>>> print(True)
True
>>> print(False)
False
```

但是，在代码当中直接输入 True 和 False 并没有多大意义。当 True 和 False 成为“一个命题”的结果时，它会具有意义。

创建布尔：比较运算符

通过比较运算符可创建布尔。Python 有六个比较运算符，是初高中数学课上学过的最基本运算符，虽然形状不同，但其逻辑大致相同，很容易理解。

运算符	说明	运算符	说明
==	等于	>	大于
!=	不等于	<=	小于或等于
<	小于	>=	大于或等于

比较运算符可以应用于数字或字符串。您应该很容易地理解数字大小的比较。我们来看一看下述代码的运行结果：

```
>>> print(10 == 100)
False
>>> print(10 != 100)
True
>>> print(10 < 100)
True
>>> print(10 > 100)
False
>>> print(10 <= 100)
True
>>> print(10 >= 100)
False
```

条件表达式	说明	结果
10 == 100	10等于100	假
10 != 100	10不等于100	真
10 < 100	10小于100	真
10 > 100	10大于100	假
10 <= 100	10小于或等于100	真
10 >= 100	10大于或等于	假

另外，Python 也可以对字符串应用比较运算符。此时，英文按字典顺序（字母顺序），前面的值较小。例如，如果将“bag”和“pencil”进行比较，则“bag”的值将小于“pencil”，因为“bag”是按前序排列的。我们通过下面的代码来查看结果：

```
>>> print("bag" == "bag")
True
>>> print("bag" != "pencil")
True
>>> print("bag" < "pencil")
True
>>> print("bag" > "pencil")
False
```

（在中文或英文当中是按照字典次序对单个字符或字符串进行比较大小的操作，一般都是以 ASCII 码值的大小作为字符比较的标准）

★ 稍等片刻 **比较范围**

在Python当中，使用如下代码可比较变量的范围，运行结果如下：

```
>>> x = 25
>>> print(10 < x < 30)
True
>>> print(40 < x < 60)
False
```

布尔运算：逻辑运算符

我们在前面曾讲过用比较运算符可创建布尔。另外，布尔与布尔之间可以使用逻辑运算符。Python 有如下三个逻辑运算符：

运算符	说明	解释
not	非	对布尔值取非
and	与	当如果两个运算对象都为真，则输出True，否则为False
or	或	如果两个运算对象当中只有一个为真，则输出True；如果两个运算对象都为假，则输出False

★ 稍等片刻 **一元运算符和二元运算符**

一元运算符指的是运算对象为一个时候的运算符，二元运算符指的是运算对象为两个时候的运算符。一元运算符的典型例子就是符号运算符，以-10为例， 为了使10成为负数，而使用了负（-）运算符，此时（-）就是一元运算符。另外，再以+10也例，我们使用加号（+）运算符，把它变成正数10，此时（+）也是一元运算符。

二元运算符的常见例子为，我们经常使用的各种数字运算。例如，10+10，10-10，10*10，10/10，此时所有运算符都持有前后两个运算对象，此时的+、-、*、/、符号为二元运算符。

not运算符

下面，我们从 not 运算符开始学习。not 运算符是一元运算符，用于切换真和假。执行此运算符，则在 True 和 False 之间执行切换。

```
>>> print(not True)
False
>>> print(not False)
True
```

但是，上述代码只是举例说明而已，一般编程时几乎不会对 True 和 False 直接应用 not 运算符。通常，首先用比较运算符创建一个布尔型变量，然后再对此变量应用 not 运算符。详见下述代码：

组合应用not运算符 源代码 boolean.py

```
01    x = 10
02    under_20 = x < 20
03    print("under_20:", under_20)
04    print("not under_20:", not under_20)
```

执行结果

```
under_20: True
not under_20: False
```

and运算符和or运算符

对于 not 运算符通常都会很容易理解，而 and 运算符和 or 运算符对于初学者来说是可能会有一点陌生的感觉。下面，让我们来看一下这两个运算符的执行结果，然后再详细介绍其功能。

对于 and 运算符来说，当两边的值都为 True 时，就会输出 True。

左边	右边	结果
True	True	True
True	False	False
False	True	False
False	False	False

相反，or 运算符来说，即使两者中只有一个为 True 时，也会输出 True。

左边	右边	结果
True	True	True
True	False	True
False	True	True
False	False	False

如果您理解它的逻辑功能，就可以很容易地应用它，但它不是一个很常见的运算符，所以可能会有一点陌生的感觉。下面，让我们把它和现实联系起来，这样应该就能更容易理解它了。

"请把苹果和梨拿过来！"

此时，您应该带些什么呢？“苹果和梨”指的是把前后两个都要拿过来的意思。那么对于下面的句子该怎么理解呢？

"请把苹果或梨拿过来！"

“苹果或梨”指的是在两个当中任意选一个都可以的意思。

编程同样也如此。让我们假设，在编程中，True是非常好的，False是非常不好的。然后，假设最终执行命令为True，否则为False。现在，如果你听到了下述的命令，你该怎么办？

"把炸鸡（True）和垃圾（False）拿来！"

上述命令要求两个都拿过来，但我不想手握垃圾。所以我就拒绝命令，因此结果为False。那么，下面的命令输出结果是什么呢？

"把炸鸡（True）或垃圾（False）拿来！"

此命令要求两个当中任意拿一个也可以，所以我就只拿炸鸡，因为炸鸡很好吃，垃圾非常的不干净。但是我仍然满足了命令要求，因此输出结果为True。

这是一个生活当中很常见的例子，如果您用同样的方法将and运算符和or运算符一一搭配起来，就能很容易记住。

理解上述运算逻辑之后，让我们执行下述代码，看一下会是什么结果：

```
>>> print(True and True)
True
>>> print(True and False)
False
>>> print(False and True)
False
>>> print(False and False)
```

```
False
>>> print(True or True)
True
>>> print(True or False)
True
>>> print(False or True)
True
>>> print(False or False)
False
```

逻辑运算符的运用

在编程时，很多情况下都要用到逻辑运算符。现在让我们来一起看看。

and运算符

首先，我们来看一下 and 运算符是如何应用的。以购买一张某有名演员演出的门票为例；可购买门票的条件为，门票数量为一张，而且是要下午 3 点之后的门票，此时这个条件该怎么表达呢？

就像只有在同时满足这两个条件时才能购票一样，and（并且）运算符也以同样的方式应用。

or运算符

下面，我们再了解一下 or 运算符是如何应用的。假如，您在某商场结账时，如果用建行或工行的卡结算可提供九折优惠。也就是说，建行或工行两个卡当中任意一个卡都可以享受优惠，此时这个条件该怎么表达呢？

逻辑运算符在现实生活当中也会经常用到，在您以后编写程序时，它将被应用到很多不同的领域。因此，希望您在日常生活当中经常去尝试应用逻辑运算符，以便在编程时能熟练应用。

if条件语句

Python 中 if 条件语句指的是，当您希望根据某种条件执行或不执行某个代码时使用的语句。这意味着根据条件语句可更改代码的执行流程。这种基于条件变更执行流程叫作条件分支。

if 条件语句的基本结构如下：

```
If布尔值的条件语句: —> if中的条件语句后面必须加上冒号（:）。
□□□□当布尔值为真时要执行的语句
□□□□当布尔值为真时要执行的语句                □□□□是四个缩进
```

If条件语句的下一行语句输入时先要缩进4个空格。

让我们通过一个简单的示例来了解条件语句的基本形式。由于 if 后面的布尔值为真，下面的示例执行一个缩进（四次缩进）的语句，并输出“True...！”和“真的 True...！”。

```
>>> if True: Enter
        print("True...!") Enter
        print("真的 True...!) Enter
        Enter
True...!
True... !
```

如果 if 后面的布尔值为假，则即使有缩进语句，也不会执行任何操作，如下所示：

```
>>> if False: Enter
        print("False表示...!") Enter
        Enter
>>>
```

备注 如果在交互式shell中输入if条件语句并按Enter键，则在下一行的提示位置会出现“...”，这意味着代码输入未完成。此时，从这个位置缩进4格，然后继续输入可执行语句即可。

下面是一个使用 if 语句输入正数输出“正”，输入负数输出“负”，输入 0 输出“零”的示例：

动手编码

条件语句的最基本应用方法 源代码 condition.py

```
01  # 接收输入
02  number = input("输入正数> ")
03  number = int(number)
04
05  # 正数条件
06  if number > 0:
07      print("正数")
08
09  # 负数条件
10  if number < 0:
11      print("负数")
12
13  # 0 条件
14  if number == 0:
15      print("0")
```

执行结果 1

```
输入正数> 273 Enter
正数
```

执行结果 2

```
输入正数> -52 Enter
负数
```

执行结果 3

```
输入正数> 0 Enter
0
```

★ 稍等片刻 缩进

当您第一次学习编程时，您可能会没想到:“在编程中也会用到缩进（indent）？”缩进指的是代码前面的“4个空格”“2个空格”和“制表符”。在Python开发当中，通常使用“4个空格”。

请记住，在Python当中，一般使用4个空格。

但是，当您输入代码时，每次连续按四次空格键来实现四个空格的操作会很容易出现错误。在Python IDLE编辑器和Visual Studio Code等开发专用编辑器中，有按Tab键自动插入四个空格的功能，此功能叫作“软标签”（soft tab）。当您编程时要输入4个缩进时，只要按一次Tab键就可以，另外，如果要删除缩进，按Shift+Tab键就可以。

如果需要同时缩进多行时，选择相应的行，然后按Tab键，即可实现同时多行缩进操作。同样，您希望同时删除多行缩进，选择多行并按Shift+Tab键。

日期/时间的应用

下面让我们再来看看其他几种条件语句的应用。

首先，我将编写一个程序，以时间为条件进行区分，输出是上午还是下午。在Python中，使用下面第2行和第5行中的代码可以得到日期和时间。像这种程序是经常要用到，建议您把程序储存到某个指定位置，需要时调出并进行复制/粘贴，即可轻松快捷地输入此代码，同时经过多次的反复使用，就会记住该程序。

动手编码

输出日期/时间 源代码 date.py

```
01  # 获取与日期/时间相关的功能
02  import datetime
03
04  # 获取当前日期/时间
05  now = datetime.datetime.now()
06
07  # 输出
08  print(now.year, "年")
09  print(now.month, "月")
10  print(now.day, "日")
11  print(now.hour, "时")
12  print(now.minute, "分")
13  print(now.second, "秒")
```

执行结果

```
2019 年
3 月
3 日
19 时
16 分
39 秒
```

首先，利用您将在第 7 章学习的名为“模块”的功能，获取名为“datetime”的功能（第 2 行）。

然后，使用名为 date time.date time.now() 的函数获取当前时间，并把时间赋值到名为 now 的变量（第 5 行）。最后，使用 now.year（年）、now.month（月）、now.day（日）、now。使用 hour（时）、now.minute（分）和 no.second（秒）输出当前的年、月、日、小时、分钟和秒（第 8—13 行）。

这是基于当前时间输出的结果，因此每次运行的结果都会不一样。

利用之前学过的 format 函数，可以让您一目了然地输出日期。

动手编码

日期/时间打印成一行 源代码 date01.py

```
01  # 获取与日期/时间相关的功能.
02  import datetime
03
04  # 获取当前日期/时间.
05  now = datetime.datetime.now()
06
07  # 输出
08  print("{}年 {}月 {}日 {}时 {}分 {}秒".format(
09      now.year,
10      now.month,
11      now.day,
12      now.hour,
13      now.minute,
14      now.second
15  ))
```

执行结果

```
2019年3月3日19时18分45秒
```

现在，让我们编写一个程序，利用日期 / 时间和条件语句，将当前时间分为 12：00 之前和之后，以区分上午和下午。

★ 稍等片刻　在Python中输出月份

大多数编程语言都将月份输出为0到11。这是为了遵守编程语言的规则，就像我们数字符串的第一个字母是第0个一样。但是对于编程者来说会很容易混淆。

但是，Python是以编程者易于理解的形式输出月份。从目前的运行结果来看，笔者是在3月份运行程序的，所以直接输出3。这是Python不同于其他编程语言的部分。

区分上午和下午的程序 源代码 date02.py

```
01  # 获取与日期/时间相关的功能
02  import datetime
03
04  # 获取当前日期/时间
05  now = datetime.datetime.now()
06
07  # 区分上午
08  if now.hour < 12:
09      print("现在是上午{}时!".format(now.hour))
10
11  # 区分下午
12  if now.hour >= 12:
13      print("现在是下午{}时!".format(now.hour))
```

执行结果

```
现在是下午19点!
```

笔者运行示例的当前时间是晚上7:00。因此，输出如上。如果是在凌晨3点运行该程序，则会输出“现在是上午3点！”。

也可以使用月份来区分季节，如下所示：

区分季节的程序 源代码 date03.py

```
01  # 获取与日期/时间相关的功能
02  import datetime
```

```
03
04  # 获取当前日期/时间
05  now = datetime.datetime.now()
06
07  # 区分为春天
08  if 3 <= now.month <= 5:
09      print("现在是{}月，是春天!".format(now.month))
10
11  # 区分为夏天
12  if 6 <= now.month <= 8:
13      print("现在是{}月，是夏天!".format(now.month))
14
15  # 区分为秋天
16  if 9 <= now.month <= 11:
17      print("现在是{}月，是秋天!!".format(now.month))
18
19  # 区分为冬天
20  if now.month == 12 or 1 <= now.month <= 2:
21      print("现在是{}月，是冬天!".format(now.month))
```

执行结果

```
现在是{3}月，是春天!
```

在上述代码当中，利用如下条件句区分了春、夏、秋、冬。

春天为从 3 月到 5 月，所以使用了大于等于 3，且小于等于 5 的条件语句；

```
3 <= now.month <= 5
```

夏天为从 6 月到 8 月，所以使用了大于等于 6，且小于等于 8 的条件语句；

```
6 <= now.month <= 8
```

秋天为从 9 月到 11 月，所以使用了大于等于 9，且小于等于 11 的条件语句；

```
9 <= now.month <= 11
```

冬天是 12 月和 1—2 月，因此使用 or 运算符连接了两个范围。

```
now.month == 12 or 1 <= now.month <= 2
```

在这里，笔者运行示例的时间是三月，所以输出为“春天”。

计算机中的条件语句

关于 if 条件语句的格式为如下，我们已学习过的。

```
if布尔值的条件语句：→if中的条件语句后面必须加上冒号（:）。
□□□□当布尔值为真时要执行的语句                    □□□□是四个缩进
```

条件语句本身是非常简单的，我觉得您应该会很容易理解。但是，在这里再次提到的原因是，其关键在于如何构造 if 语句的“布尔值的条件语句”。在这里，我们来进一步了解一下条件语句中的布尔值。

下面，我们通过一个区分奇数和偶数的示例来了解一下条件语句。

您是如何区分奇数和偶数的呢？我们在小学课堂里学的是“尾数是 0，2，4，6，8 的话就是偶数”。那么，如果我们把它输入到电脑中，就可以创建如下程序：

动手编码

用尾数分隔偶数和奇数 源代码 condition01.py

```
01  # 接收输入
02  number = input("输入整数> ")
03
04  # 提取最后一位数
05  last_character = number[-1]
06
```

```
07    # 转换为数字
08    last_number = int(last_character)
09
10    # 确认为偶数
11    if last_number == 0 \
12        or last_number == 2 \
13        or last_number == 4 \
14        or last_number == 6 \
15        or last_number == 8:
16        print("偶数")
17
18    # 确认为奇数
19    if last_number == 1 \
20        or last_number == 3 \
21        or last_number == 5 \
22        or last_number == 7 \
23        or last_number == 9:
24        print("奇数")
```

执行结果 1

```
整数输入> 52 Enter
偶数
```

执行结果 2

```
整数输入> 273 Enter
奇数
```

备注 当Python中的行过长时，输入\符号（如第11行），然后换行输入代码。

我通过注释处理说明了每行命令，您是否理解了呢？从第一个执行结果来看，当我们输入 52 时，输出了“偶数”。代码执行具体如下；首先输入整数 52，并把字符串 52 赋给变量 number（第 2 行），然后通过 number[-1] 提取最有一个字符，并把最后一个字符 2 赋给变量 last_character（第 5 行）。在第 7、8 行中，把字符串变量 2 转换为数字型数据之后，与 0、2、4、6、8 和 1、3、5、7、9 进行比较，然后输出“偶数”或“奇数”。由于 2 是偶数，因此在这里输出为“偶数”。

下面我们对代码进行简单修改，使得程序更简单易懂。在前面我们曾学过 in 运算符（第 100 页），用 in 运算符可确认在字符串内部是否含有您要查找的字符串。让我们使用 in 操作符来修改代码。

用in字符串运算符区分偶数和奇数 源代码 condition02.py

```
01  # 接收输入
02  number = input("输入整数> ")
03  last_character = number[-1]
04
05  # 偶数条件
06  if last_character in "02468":
07      print("偶数")
08
09  # 奇数条件
10  if last_character in "13579":
11      print("奇数")
```

执行结果

```
整数输入> 52 Enter
偶数
```

上述代码通过识别第3行中last_character中的字符串是包含在名为“02468”的字符串（第6行）中还是包含在名为“13579”的字符串（第10行）中，并输出奇数或偶数。同样的输出目的，是不是更简单明了了呢？

我们再深入学习一下。因为电脑是用数字来进行计算的，所以数字运算比字符串运算要快一些。在下面示例中，我们将通过数字运算来区分奇数和偶数。

使用求余运算符区分偶数和奇数 源代码 condition03.py

```
01  # 接收输入
02  number = input("输入整数> ")
03  number = int(number)
04
05  # 偶数条件
06  if number % 2 == 0:
07      print("偶数")
```

```
08
09    # 奇数条件
10    if number % 2 == 1:
11        print("奇数")
```

执行结果

整数输入> 52 Enter
偶数

代码为整数除以 2 之后，余数为 0，则输入的整数为“偶数”，如果余数等于 1，则输入的整数为“奇数”。对我们来说，区分偶数和奇数时，如果数字的尾数是 2、4、6、8、0，我们就会判定为偶数，但是对于电脑来说，判定为偶数的依据是除以 2 的余数是否为 0。所以我们要编写条件语句的时候，总是要考虑“如何编写条件语句才能使电脑运行更为简便快捷”。

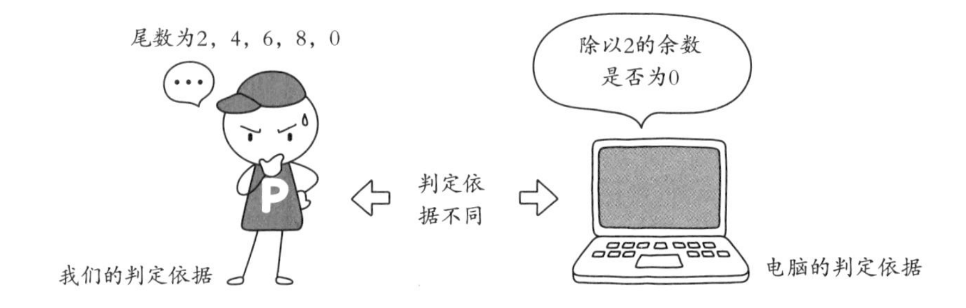

结论

▶ 以4个关键词汇总的核心内容

- 布尔（boolean）是 Python 的基本数据类型，是表示 True 和 False 的值；
- 比较运算符应用于数字或字符串，是比较大小的运算符；
- 逻辑运算符有 not、and 和 or 运算符，用于创建布尔；
- if 条件语句是当您希望根据条件执行或不执行代码时使用的语句。

▶ 解题

1. 下面是使用比较运算符的条件表达式。如果结果为真，请填写“True”，如果结果为假，请填写“False”。

条件表达式	结果
10 == 100	
10 != 100	
10 > 100	
10 < 100	
10 <= 100	
10 >= 100	

2. 在以下三个示例中，哪个示例可输出“True”？

❶
```
x = 2
if x > 4:
    print("True")
```

❷
```
x = 1
if x > 4:
    print("True")
```

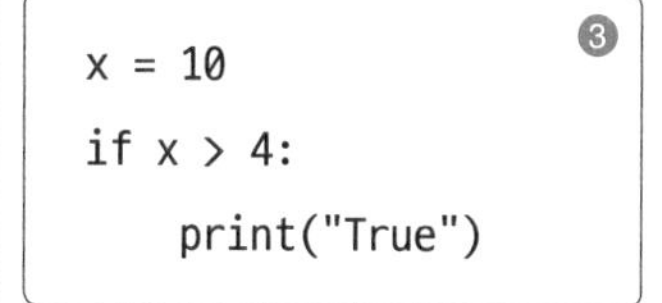
❸
```
x = 10
if x > 4:
    print("True")
```

3. 以下情况应用 and 和 or 运算符作为选择条件，请选择并填写相应的运算符，如果是 and 运算符，请在括号中写上“a”，如果是 or 运算符，请在括号中写上“o”。

① 想吃炸鸡或汉堡包，所以在订餐 APP 当中选择了炸鸡和汉堡包（　　）。

② 想购买 H 品牌推出的 1000 元以下的包，所以选择了 H 品牌和 1000 元以下作为条件进行了搜索（　　）。

③ 进入故宫，65 岁以上的老人和 5 岁以下的儿童可免费入场（　　）。

4. 下面是，输入两个数字之后，比较第一个输入的数字大还是第二个输入的数字大的程序，请填充空白处并完成程序。

```
a =      (input("> 1第一个输入的数字: "))
b =      (input("> 2第二个输入的数字: "))
print()

if      :
    print("第一个输入的数字{}大于第二个输入的数字{}".          )
if      :
    print("第二个输入的数字{}大于第一个输入的数字{}".          )
```

执行结果

```
> 第一个输入的数字: 100 Enter
> 第二个输入的数字: 10 Enter

第一个输入的数字100第一个输入的数字10
```

提示 1. 比较运算符有相同（==）、不同（！=）、小（<）、大（>）、小或等于（<=）、大或等于（>=）等运算符。

2. 如果条件表达式中的布尔值为真，则if条件语句将执行缩进语句；如果条件表达式为假，即使存在缩进语句，也不执行任何内容。

3. 考虑两个条件的结合是否会导致结果的增加或减少。

4. 用户输入的值是字符串，需要转换成数字才能进行数字比较。

3.2 if~else语句和elif语句

核心关键词

else语句 elif语句 False 值 pass

在Python编程时，if条件语句后可以附加else语句，这种语句叫作“if else条件语句”。下面，让我们来了解一下在什么情况下使用此条件语句。

在开始之前

在我们的现实生活当中，有好多事物都会被区分成两种情况，比如要么是上午，要么是下午，白天或者晚上，程序也如此，有好多这样的情况。让我们来看看下面代码中的条件语句：

```
01  # 接收输入
02  number = input("输入整数> ")
03  number = int(number)
04
05  # 偶数条件
06  if number % 2 == 0:
07      print("偶数")
08
09  # 奇数条件
10  if number % 2 == 1:
11      print("奇数")
```

这是在上一节当中接触过的代码 condition03.py，代码当中通过求余运算符来区分奇数和偶数。在代码当中我们使用了两次 if 条件语句来进行比较条件，其实我们知道，对于一个整数来说，如果不是奇数，就一定是偶数；反则，如果是奇数，就一定不是偶数。

在这种只有两种状态的情况下，其实是没必要进行两次比较的。

else条件语句的运用

就因为有如上所述情况，编程语言提供了一个叫作 else 语句的功能。else 语句用于 if 条件语句之后，当 if 条件语句中的条件为假时执行该语句。

```
if条件:
□□□□当条件为真时要执行的语句
else:
□□□□当条件为假时要执行的语句
```

□□□□四个缩进

在前一节中的 condition03.py 示例中，如果加入 else 语句，将奇数和偶数进行比较，可构造如下代码：

动手编码

在if条件语句中应用else语句以区分偶数和奇数 源代码 condition04.py

```
01  # 接受输入
02  number = input("输入整数> ")
03  number = int(number)
04
05  # 条件语句
06  if number % 2 == 0:
07      # 条件为真，即偶数条件
08      print("偶数")
09  else:
10      # 条件为假，即奇数条件
11      print("奇数")
```

执行结果

```
输入整数> 13 Enter
奇数
```

如上述示例，当条件语句只区分两个结果时，if else 语句只进行一次条件比较即可，效率也比之前的代码提高两倍。其实在简单的程序当中，这种差异可能并不大，但是假

设条件比较运算是100万次、甚至达到100亿次的时候，就会产生很大的区别。

elif语句

但也有很多时候也有两个以上结果，比如，一年可分为4个季度，一个星期可分为7天等等。因此，需要一种方法来连接使用三个或更多的条件，这就是elif语句。

elif语句是用在if条件语句和else语句之间，具体格式如下：

```
if条件A:
□□□□当条件A为真时要执行的语句
elif条件B:
□□□□当条件B为真时要执行的语句
elif条件C:
□□□□当条件C为真时要执行的语句
...
else:
□□□□当所有条件为假时要执行的语句
```

□□□□四个缩进

下面，让我们编写一个代码，求出当前月份，并在此基础上求出季节。

动手编码

求得季节 源代码 condition05.py

```
01  # 获取与日期/时间相关的信息
02  import datetime
03
04  # 获取当前日期/时间
05  # 为了便于使用，将月份赋给变量中
06  now = datetime.datetime.now()
07  month = now.month
08
09  # 用条件语句识别季节
```

```
10  if 3 <= month <= 5:
11      print("现在是春天.")
12  elif 6 <= month <= 8:
13      print("现在是夏天.")
14  elif 9 <= month <= 11:
15      print("现在是秋天.")
16  else:
17      print("现在是冬天.")
```

执行结果

现在是春天

由于编写代码的时间是三月，因此运行结果输出为“春天”。执行到第7行，从当前日期中提取月份，并将其赋给month（第1至第7行）；比较第一个条件month中存储的值是否大于或等于3、小于或等于5（3<=month<=5）后（第10行），结果为真，因此输出正下方的执行语句“现在是春天”（第11行），并结束代码执行。

如果是在7月份，那么在第10行判定为假，然后移到第12行，执行比较条件语句，其结果为真，然后输出“现在是夏天”，结束代码执行。冬天的月份是12月和1月、2月，所以最后，我们把它放在else的语句中，使得代码变得简单明了。

备注 在上面我们讨论了else、elif语句，这些语句可以与if条件语句结合而使用。在编程时，大部分情况下都需要使用条件语句，甚至可以形容“编程是用条件语句来装饰的”，因此要熟悉两个语句的使用方法。

高效地使用if条件语句

到目前为止，我们已经学习了条件语句最基本的使用方法。从现在开始，我们将进一步深入研究与条件语句运用相关的内容，如果您尚未熟悉语句基本用法，后面的内容可能会难以理解，因此建议您首先掌握好前面章节的内容。

请看如下示例，这是一个学生学分与每个阶段学分相对应学生自身评价，我们应用条件语句来实现各种情况的输出，具体如下：

条件	评价（学生评价）	条件	评价（学生评价）
4.5	优秀	1.75~2.3	弱
4.2~4.5	优良	1.0~1.75	较弱
3.5~4.2	良好	0.5~1.0	差
2.8~3.5	普通	0~0.5	较差
2.3~2.8	一般	0	极差

首先，代码使用了小数点，因此在输入转换为数字时必须使用float( )函数。注意这一点，我们可以编写如下代码：

用条件语句实现学分与与之相应的评价(1) 源代码 condition06.py

```
01  # 定义变量
02  score = float(input("输入学分> "))
03
04  # 应用条件语句
05  if score == 4.5:
06      print("优秀")
07  elif 4.2 <= score < 4.5:
08      print("优良")
09  elif 3.5 <= score < 4.2:
10      print("良好")
11  elif 2.8 <= score < 3.5:
12      print("普通")
13  elif 2.3 <= score < 2.8:
14      print("一般")
15  elif 1.75 <= score < 2.3:
16      print("弱")
17  elif 1.0 <= score < 1.75:
18      print("较弱")
19  elif 0.5 <= score < 1.0:
20      print("差")
21  elif 0 < score < 0.5:
22      print("较差")
23  elif score == 0:
24      print("极差")
```

执行结果

```
输入学分> 3.4 Enter
普通
```

这种形式的条件语句是初学者们经常会用到的方法，但这种代码运行时效率非常低。if语句的执行是从上到下的顺序，当输入的值不符合上一个条件时，会执行当前

else 语句或 elif 语句。但是，当前条件语句与上一个条件语句有重叠部分，因此在当前语句当中再次比较重复部分是多余的执行。

对于上述的代码，可修改为如下更有效的代码：

用条件语句实现学分与与之相应的评价(2) 源代码 condition07.py

```
01  # 变量定义
02  score = float(input("输入学分> "))
03
04  # 应用条件语句
05  if score == 4.5:
06      print("优秀")
07  elif 4.2 <= score:
08      print("优良")
09  elif 3.5 <= score:
10      print("良好")
11  elif 2.8 <= score:
12      print("普通")
13  elif 2.3 <= score:
14      print("一般")
15  elif 1.75 <= score:
16      print("弱")
17  elif 1.0 <= score:
18      print("较弱")
19  elif 0.5 <= score:
20      print("差")
21  elif 0 < score:
22      print("较差")
23  else:
24      print("极差")
```

执行结果

```
输入学分> 3.4 Enter
普通
```

当您第一眼看到此代码时可能会在想“跟之前代码有什么区别呢？”。condition07.py

代码是 condition06.py 代码的更新版本，它去掉了在 condition06.py 代码当中所发生的重复比较运算的部分。也就是说，在第 5 行中比较 score 是否为 4.5，以确定其为假之后运行第 7 行，在第 7 行当中只比较了下位，忽略了对上位的比较运算。

```
elif 4.2 <= score < 4.5:   →   elif 4.2 <= score:
```

这样改变条件语句之后，代码的运算变成了原先的一半，提高了代码的可读性，同时也提高了代码运行效率。因此，在使用 elif 语句时，您首先要确认在执行当前条件语句时，是否同时在执行之前条件语句所包含的内容。

转换为False的值

如果 if 条件语句中的参数得到的值不是布尔型，则自动将其转换为布尔型。因此，您必须了解哪些值要转换为 True，哪些值要转换为 False，才能分析代码。转换为 False 的值为 None、数字 0 和 0.0、空值（空字符串、空字节列、空列表、空元组、空字典等），除此之外都会转换为 True，所以您只要记住这三项就可以。

通过下面的示例来看一下，当数字 0 和空字符串放入 if else 条件语句的参数中，会执行什么操作？

转换为False的值 源代码 false_value.py

```
01  print("# 在if条件语句中放入0")
02  if 0:
03      print("0转换为True")
04  else:
05      print("0转换为 False")
06  print()
07
08  print("# 在#if条件语句中放入空字符串")
09  if "":
```

执行结果

```
# 在if条件语句中放入0
0转换为 False

# 在if条件语句中放入空字符串
空字符串转换为False
```

```
10        print("空字符串转换为True")
11    else:
12        print("空字符串转换为False")
```

正如您看到的结果，由于第2行中的条件语句中存在0，因此它将转换为False，然后转到第5行中的else语句，并输出“0将转换为False”。然后，第9行中的条件语句包含空字符串“ ”，所以它也将转换为False，然后转到第12行中的else语句，并输出“空字符串将转换为False”。

★ 稍等片刻　比较范围

当if条件语句中没有比较运算符而只包含某个变量时，通常会使用这种转换。但也有很多开发人员建议不要使用这种转换，因为只有知道哪些值会转换为False（需要事先了解），才能理解代码。但是，许多代码已经使用了这些转换，因此您要想解析其他人已编写的代码，还是需要掌握一定程度转换相关的知识。在这里，让我们先记住“好像没有什么东西是False”，然后在以后使用过程当中逐步的再深入掌握。

pass关键字

在编写某个程序时，首先通常会搭起程序的主框架，然后在思考如何去实现程序各个详细环节。在这里主框架里会有条件语句、循环语句、函数、类等的基本语句。

```
if zero == 0
    插入空行
else:
    插入空行
```

我们来看一下如下示例，会是什么结果呢？

先保持空格，供后期在使用　源代码 pass_keyword.py

```
01    # 接受输入
02    number = input("输入整数> ")
```

```
03    number = int(number)
04
05    # 使用条件语句
06    if number > 0:
07        # 正数时:尚未实施状态
08    else:
09        # 负数时:尚未实施状态
```

在其他编程语言中，即使没有编写任何内容（如上面的第7行和第9行），代码也会正常运行，但在 Python 中 if 条件语句之间必须使用四个缩进格来编写代码，否则就会导致 Indentation Error。

Indentation Error 指的是“缩进错误”的意思，所以 if 语句之间必须包含某种内容。如下所示，哪怕是如果输入个 0，则也能运行正常。

```
if number > 0:
    0
else:
    0
```

但是，当其他开发人员看到这样一个 0 状态的代码时，他们可能会觉得奇怪，“为什么会有零？”所以 Python 提供了一个关键词 pass 来解决此烦恼。当您在查看代码时遇到 pass 关键字时，您可以把它理解为“暂时什么都不做”或“即将开发”。

使用pass关键字输入未实施部分 源代码 pass_keyword01.py

```
01    # 接受输入
02    number = input("输入整数> ")
03    number = int(number)
04
05    # 使用条件语句
```

```
06  if number > 0:
07      # 正数时:尚未实施
08      pass
09  else:
10      # 负数时:尚未实施
11      pass
```

扩展知识 raise Not Implement Error

即使是输入了 pass 关键词，到了明天也可能会忘记程序中存在这样的部分。如果将 raise 关键字与表示未实施状态的 NotImplementedError 结合使用，则能强制导致“尚未实施！”错误，此部分后期会详细介绍。

让我们将 raise NotImplementedError 语句放入到在前面所创建的 passkeyword01.py 代码当中，看一下会是什么结果：

```
01  # 接受输入
02  number = input("输入整数> ")
03  number = int(number)
04
05  # 使用条件语句
06  if number > 0:
07      # 正数时:尚未实施
08      raise NotImplementedError
09  else:
10      # 负数时:尚未实施
11      raise NotImplementedError
```

代码修改为如上所示状态之后，可正常执行。但是，当进入未实施的部分时，它会引发一个名为 Not Implemented Error 的错误。当下次再翻看此部分时，您就可以很轻松地回想起程序中存在“昨天未实施这个部分”。

错误

```
输入整数> 10 Enter
Traceback (most recent call last):
  File "passkeyword01.py", line 8, in <module>
    raise NotImplementedError
NotImplementedError
```

结论

▶ 以4个关键词汇总的核心内容

- else 语句用于 if 条件语句之后，当 if 条件语句中的条件为 false 时执行该语句；
- elif 语句在 if 和 else 语句之间使用，用于连接三个或更多条件；
- if 条件语句中的条件表达式转换为 False 的值包括 None、0、0.0 和空字符串、空字节列、空列表、空元组、空字典等；
- 编程时先搭起主框架之后，各环节细节部分后期再研究时，暂时写入 pass 关键字，以免程序出现错误。

▶ 解题

1. 下面是同一个代码，输入三个不同值时的状态，请预测以下代码的执行结果，并在空白处输入其结果。

```
x = 2
y = 10

if x > 4:
    if y > 2:
        print(x * y)
else:
    print(x + y)
```

```
x = 1
y = 4

if x > 4:
    if y > 2:
        print(x * y)
else:
    print(x + y)
```

```
x = 10
y = 2

if x > 4:
    if y > 2:
        print(x * y)
else:
    print(x + y)
```

提示 如果if条件语句为真，则执行紧接其后的缩进语句；如果为假，则执行紧接其后的缩进语句。当第一次接触if条件语句时，要认真分析代码的每一行条件语句以及相应代码的执行流程，即使未执行代码，也要能正确分析出代码的执行结果。

2. 请对以下重复条件语句应用逻辑运算符，使其成为一个 if 条件语句。

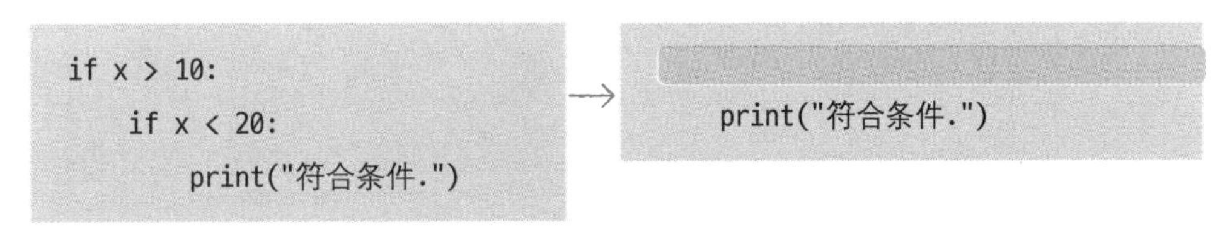

3. 请编写一个根据出生年份输出生肖的程序。创建时应用输入的年份除以 12 的余数。其余为 0、1、2、3、4、5、6、7、8、9、10、11 时，分别为属猴、鸡、狗、猪、鼠、牛、虎、兔、龙、蛇、马、羊。

```
str_input = input("请输入出生年份> ")
birth_year =

if
    print("属猴.")
elif
    print("属鸡.")
elif
    print("属狗.")
elif
    print("属猪.")
elif
    print("属鼠.")
elif
    print("属牛.")
elif
    print("属虎.")
elif
    print("属兔.")
elif
    print("属龙.")
elif
    print("属蛇.")
elif
    print("属马.")
elif
    print("属羊.")
```

执行结果

```
请输入出生年份> 2019 Enter
属猪.
```

第4章 循环语句

就如条件语句，用于改变程序的执行流程，循环语句能让您轻松地循环类似的操作。循环语句的形式比条件语句更复杂一点，学习时您可能会觉得有点难，但当您多次反复应用之后，就会发现，您已经能熟练地应用循环语句了！

学习目标

- 了解列表、字典和范围的含义。
- 学习如何组合for循环语句和列表、字典和范围。
- 学习while循环语句。
- 学习break关键字和continue关键字。

4.1 列表和循环语句

核心关键词

列表　元素　索引　for循环语句

在前面我们所学过的字符串、数字、布尔等都是代表某一个值的数据类型。除此之外，有一种数据类型可以表示多个值，其中列表、元素、字典等就是最为代表性的类型。在本节当中，我们先了解列表，并了解这些数据是如何被“循环语句”利用的。“循环语句”被认为是电脑比人类更出色的能力之一。

在开始之前

什么是列表（list）呢？列表，我们从汉字单词上理解的直观的含义是“目录、清单”，而在Python中，列表的含义是可以存储多种数据的数据。这么解释，您可能会又再问“可以存储数据的数据”是什么意思？如果说我们在前面学过的数字、字符、公式等是单独的、独立的“数据”，那么列表是一种特殊的数据形式，它可以将这些数据集合起来并供您使用。

下述代码是定义含有6个数据列表的示例。定义列表时，在方括号“[ ]”内可存储多个类型的数据。对已定义的列表执行输出，可输出方括号内所有数据。

```
>>> array = [273, 32, 103, "字符串", True, False]
>>> print(array)
[273, 32, 103, '字符串', True, False]
```

定义列表并访问元素

Python中，通过在方括号“[ ]”中输入以逗号分隔的数据，可定义列表，如下所示。

在方括号“[ ]”内的数据称为元素，在英语中称为 element。请记住这两个术语，它们都是经常提到的。

```
[元素，元素，元素...]
```

下面我们简单地生成一个列表。列表可以只包含一种数据类型，也可以包含多种数据类型。如果在提示下输入列表，则可看到列表中的所有数据都将输出。

```
>>> [1, 2, 3, 4]                              # 仅由数字组成的列表
[1, 2, 3, 4]
>>> ["大", "家", "早", "上", "好"]            # 仅由字符串组成的列表
['大', '家', '早', '上', '好']
>>> [273, 32, 103, "字符串", True, False]  # 由多个数据类型组成的列表
[273, 32, 103, '字符串', True, False]
```

如果要使用列表中的每个元素，则在列表名称后面紧跟一个方括号“[ ]”，然后在方括号中输入表示数据位置的数字即可。

假如，您定义了如下列表：

```
list_a = [273, 32, 103, "字符串", True, False]
```

每个元素的存储形式如下，在现实生活中，计数通常从 1 开始，但 Python 从 0 开始计数，就像字符串一样。那么，包含每个元素的位置如下所示：

list_a	273	32	103	字符串	True	False
	[0]	[1]	[2]	[3]	[4]	[5]

在这里，列表符号方括号“[ ]”中的数字称为索引（index）。“元素”和“索引”这两个术语，后期会用得非常多，请一定要记住。

```
>>> list_a = [273, 32, 103, "字符串", True, False]
>>> list_a[0]
273
>>> list_a[1]
32
>>> list_a[2]
103
>>> list_a[1:3]
[32, 103]
```

关于 list_a [1:3] 中的 [1:3]，在学习字符串范围选择运算符时曾讲过，它所选择的范围不是第 1 到第 3 个字母，而是选择到 3 前面一个字符，也就是第 1 到第 2 个之间的字母，因此其结果是 [32，103]。

列表也可以更改特定的元素。如果输入以下内容，则会将用字符串“更改”替换第 0 个元素：

```
>>> list_a = [273, 32, 103, "字符串", True, False]
>>> list_a[0] = "变更"
>>> list_a
['变更', 32, 103, '字符串', True, False]
```

第0个元素变更

list_a	变更	32	103	字符串	True	False
	[0]	[1]	[2]	[3]	[4]	[5]

除了以上这些常见用法之外，列表还有很多其他的应用方法，让我们来看看吧。

首先，我们可以在方括号中输入一个负数，从后面开始选择元素。

我们在学习字符串的时候曾学过，可以从字符串的后面开始选择字符。列表也一样，您可以在方括号中输入一个负数，并根据其数字从列表的后面开始计数选择元素。

```
>>> list_a = [273, 32, 103, "字符串", True, False]
>>> list_a[-1]
False
>>> list_a[-2]
True
>>> list_a[-3]
'字符串'
```

273	32	103	字符串	True	False
[-6]	[-5]	[-4]	[-3]	[-2]	[-1]

其次，您可以双重使用访问列表运算符，如下所示：

对于下面的列表，如果指定 array[3]，则会输出“字符串”；如果指定 array[3][0]，则会从第 3 个“字符串”中重新再选择第 0 个字符并输出。

```
>>> list_a = [273, 32, 103, "字符串", True, False]
>>> list_a[3]
'字符串'
>>> list_a[3][0]
'字'
```

然后，您也可以在列表中再使用列表。

如下所示，list_a 将被定义为具有三个列表的列表。

```
>>> list_a = [[1, 2, 3], [4, 5, 6], [7, 8, 9]]
>>> list_a[1]
[4, 5, 6]
>>> list_a[1][1]
5
```

列表中的Index Error异常：索引异常

我们在学习字符串时曾接触过 Index Error 异常。在这里我们来了解一下列表中的 Index Error 异常。当您试图以超过列表长度的索引来访问元素时，会发生此异常。由于要从不存在的位置取出元素，所以会发生异常。

如果您运行下面的代码，

```
>>> list_a = [273, 32, 103]
>>> list_a[3]
```

则会发生如下所示 Index Error 异常：

错误

```
Traceback (most recent call last):
  File "<pyshell#3>", line 1, in <module>
IndexError: list index out of range
```

列表运算符：连接（+）、重复（*）、len()

我们在前面曾提到过，应用于字符串的运算符也可以在列表中应用，所以一定要记住。字符串和列表是非常相似的数据类型，它们具有相似的运算符和函数。下面，我们通过如下动手编码来看一下列表运算符的应用。

列表运算符定义列表 源代码 list01.py

```
01  # 定义列表
02  list_a = [1, 2, 3]
03  list_b = [4, 5, 6]
04
05  # 输出
06  print("# 列表")
```

```
07    print("list_a =", list_a)
08    print("list_b =", list_b)
09    print()
10
11    # 基本运算符
12    print("# 列表基本运算符")
13    print("list_a + list_b =", list_a + list_b)
14    print("list_a * 3 =", list_a * 3)
15    print()
16
17    # 函数
18    print("# 求长度")
19    print("len(list_a) =", len(list_a))
```

执行结果

```
# 列表
list_a = [1, 2, 3]
list_b = [4, 5, 6]

# 列表基本运算符
list_a + list_b = [1, 2, 3, 4, 5, 6]
list_a * 3 = [1, 2, 3, 1, 2, 3, 1, 2, 3]

# 求长度
len(list_a) = 3
```

在第 2 行和第 3 行中，定义列表 list_a 和 list_b，

```
list_a = [1, 2, 3]
list_b = [4, 5, 6]
```

第 7 行和第 8 行输出定义的列表，

```
print("list_a = ", list_a)→ list_a = [1, 2, 3]
print("list_b = ", list_b)→ list_b = [4, 5, 6]
```

然后，在第 13 行中，通过字符串连接运算符“+”来连接 list_a 和 list_b 中的数据。在第 14 行中，通过字符串重复运算符“*”将 list_a 中的数据重复 3 次。

```
print("list_a + list_b =", list_a + list_b) → [1, 2, 3, 4, 5, 6]
print("list_a * 3 =", list_a * 3) → [1, 2, 3, 1, 2, 3, 1, 2, 3]
```

len( ) 函数将字符串放在括号内时，它会计数字符串中的字符数（= 长度），而将列表变量放在括号内时，它会计数元素的数量。代码中第 19 行将计算 list_a 中元素的数量。

```
print("len(list_a) = ", len(list_a)) → len(list_a) = 3
```

上述代码输出的结果类似于对字符串应用运算符时的结果，因此应该会很容易理解。

列表当中添加元素："append"，"insert"

在已定义列表当中添加元素有两种方法。一种方法是利用 append() 函数，在列表最后端添加元素。

```
列表名.append (元素)
```

另一种方法是利用 insert( ) 函数，在列表中指定的位置插入元素。

```
列表名.insert (位置 , 元素)
```

下面我们通过详细代码来了解它是如何使用的：

列表运算符 源代码 list02.py

```
01    # 定义列表
02    list_a = [1, 2, 3]
03
04    # 在列表最后端添加元素
05    print("# 在列表最后端添加元素")
```

```
06    list_a.append(4)
07    list_a.append(5)
08    print(list_a)
09    print()
10
11    # 在列表中间位置添加元素
12    print("# 在列表中指定的位置插入元素")
13    list_a.insert(0, 10)
14    print(list_a)
```

执行结果

```
# 在列表最后端添加元素
[1, 2, 3, 4, 5]

# 在列表中指定的位置插入元素
[10, 1, 2, 3, 4, 5]
```

通过第 2 行语句，定义存放在 list_a 中的数据。数据存放之后，每个数据将以如下形式存放：

```
list_a = [1, 2, 3]
```

1	2	3
[0]	[1]	[2]

函数 append( ) 的功能是，在当前列表的最后端添加一个元素，因此，当执行第 6 行时，list_a 将添加 4，而当执行第 7 行时，list_a 将添加 5。因此，此时结果是:list_a=[1，2，3，4，5]。

```
list_a.append(4)
list_a.append(5)
```

1	2	3	4	5
[0]	[1]	[2]	[3]	[4]

与此相反，第 13 行中函数 insert( ) 的功能是，将在括号中指定的位置插入元素，此时，该位置的元素将被逐个向后推移。因此，此时结果是：list_a=[10，1，2，3，4，5]。

```
list_a.insert(0, 10)
```

0 → 插入位置；10 → 要插入的值

10	1	2	3	4	5
[0]	[1]	[2]	[3]	[4]	[5]

在第0位置插入10

append( ) 函数和 insert( ) 函数只能插入一个元素。当我们想一次添加多个元素时，则可以使用 extend() 函数。extend( ) 函数输入一个列表作为参数，并将新列表中的所有元素插入到原始列表当中。

```
>>> list_a = [1, 2, 3]
>>> list_a.extend([4, 5, 6])
>>> print(list_a)
[1, 2, 3, 4, 5, 6]
```

在上述示例当中的 extend( ) 函数的效果，相当于重复三次使用 append( ) 函数。

列表连接运算符与插入元素之间的区别

列表连接运算符和 extend( ) 函数的功能非常相似，连接列表与列表的功能是相同的，但有一个很大的区别。

我们来看看如下代码：

```
>>> list_a = [1, 2, 3]
>>> list_b = [4, 5, 6]
>>> list_a + list_b —>用列表连接运算符进行连接
[1, 2, 3, 4, 5, 6] —>运行结果为[1、2、3、4、5、6]
>>> list_a  —>list_a和list_b没有任何变化（非破坏性处理）。
[1, 2, 3]
>>> list_b
[4, 5, 6]
```

列表连接运算符运算之后，其输出结果为 [1，2，3，4，5，6]。此时，我们可以发现，原始对象没有任何变化。接下来，我们将使用 extend( ) 函数。

```
>>> list_a = [1, 2, 3]
>>> list_b = [4, 5, 6]
>>> list_a.extend(list_b) ⟶运行结果没有输出任何内容。
>>> list_a  ⟶前面输入的list_a本身有直接的变化（破坏性处理）。
[1, 2, 3, 4, 5, 6]
>>> list_b
[4, 5, 6]
```

当使用列表连接运算符（list_a+list_b）时，list_a 没有发生任何变化，但是，使用 extend( ) 函数时会导致列表 List_a 的发生变化。

将不影响原始状态（如列表）叫作非破坏，将直接影响列表的函数或运算（如 append( )、insert( ) 和 extend( ) 函数等）叫作破坏。

使用原始数据时非破坏性使用较为方便。以非破坏性方式使用时，还可以利用原始数据，也可以利用新的结果，这样就会有更多的选择。所以使用最基本原始数据时都要以非破坏方式应用。

但是，列表的容量可能非常大。从编程语言的角度来说，将一个连多大的容量都不知道的数据生成为"原始"和"结果"这两种状态是非常危险的。所以 Python 编程语言就通过提供直接操作原始数据的功能来避免这种风险。

事实上，每当开始编程的时候，我们会经常去考虑哪些已破坏，哪些还保留原始数据？这时候最好像上述代码一样，直接逐个输入，以确认原始数据有没有变化。

从列表中删除元素

Python 有许多方法可以从列表中删除元素。即使是经验丰富的 Python 开发人员，也往往只知道诸多方法中的一部分，而且经常会无法充分利用各种功能。下面我们来详细了解一下。

从列表中删除元素的方法主要分为两种：

- 根据索引值删除列表元素；
- 根据值删除列表元素。

用索引删除列表元素："del"，"pop( )"

根据索引值删除列表元素指的是，根据元素的位置信息删除元素，比如"删除列表中的第一个元素"或"删除列表中的第二个元素"。此时，引用 del 关键字或 pop() 函数。

del 关键字使用格式如下，代码执行时可删除索引值指定位置中的元素：

```
del 列表名称[索引]
```

pop( ) 函数也删除索引值指定位置中的元素，如果未输入参数，则删除最后一个元素。

```
列表名.pop (索引)
```

列表连接运算符与插入元素操作的区别 源代码 list03.py

```
01    list_a = [0, 1, 2, 3, 4, 5]
02    print("# 从列表中删除一个元素")
03
04    # 删除方法[1] - del
05    del list_a[1]
06    print("del list_a[1]:", list_a)
07
08    # 删除方法[2] - pop()
09    list_a.pop(2)
10    print("pop(2):", list_a)
```

执行结果

```
# 从列表中删除一个元素
del list_a[1]: [0, 2, 3, 4, 5]
pop(2): [0, 2, 4, 5]
```

执行代码时，删除了第一个和第二个元素。下面，我们来分析一下它是如何被删除的。首先，运行第 1 行时，数据赋值到列表 list_a 当中，如下所示：

```
list_a = [0, 1, 2, 3, 4, 5]
```

0	1	2	3	4	5
[0]	[1]	[2]	[3]	[4]	[5]

第 5 行中的 del 关键字所指的索引值为 1，因此列表 list_a 当中的第 1 个元素 1 被删除，并输出 [0，2，3，4，5]。

```
del list_a[1]
```

0	2	3	4	5
[0]	[1]	[2]	[3]	[4]

然后就在第 9 行当中，索引值为 2，因此要求删除第 2 个元素，即删除元素 3，并输出 [0，2，4，5]。虽然有微小的区别，但还是以删除元素为目的而用得较多，所以可以忽略“当使用 pop() 函数时，输出的是该索引位置的元素”等情况。

```
list_a.pop(2)
```

0	2	4	5
[0]	[1]	[2]	[3]

备注 如果在pop()函数的参数中没有输入任何内容时，则默认为-1，并删除最后一个元素。

此外，如果您使用 del 关键字，您还可以指定范围以一次性删除列表中的元素。在这里再次强调，当指定范围为 [3:6] 时，则不包含最后一个元素。

```
>>> list_b = [0, 1, 2, 3, 4, 5, 6]
>>> del list_b[3:6]
>>> list_b
[0, 1, 2, 6]
```

如果未输入范围的一侧，则可以根据指定的位置删除该范围的一侧。比如，指定 [:3] 时，则基于 3（不包括第三个）删除左侧所有元素。

```
>>> list_c = [0, 1, 2, 3, 4, 5, 6]
>>> del list_c[:3]
>>> list_c
[3, 4, 5, 6]
```

当指定 [3:]，则删除右侧所有元素（包括第三个）。

```
>>> list_d = [0, 1, 2, 3, 4, 5, 6]
>>> del list_d[3:]
>>> list_d
[0, 1, 2]
```

根据值删除：remove

用值删除列表指的是，通过指定的一个值来删除列表中的元素，比如“从列表中删除 2”或“从列表中删除 4”，此时引用 remove( ) 函数。

```
列表.remove(值)
```

下面，我们通过简单的应用来进一步了解一下。

```
>>> list_c = [1, 2, 1, 2]    # 定义列表
>>> list_c.remove(2)         # 在列表中删除函数所指定的值
>>> list_c
[1, 1, 2]
```

即使列表中有多个由 remove( ) 函数指定的值，也只删除最先找到的一个值。在上面的示例中，列表中有两个 2，但此时只删除了一个，即只删除了先找到的元素 2。

如果要删除列表中的所有相同值，此时可结合应用循环语句。

备注 我们将在学习循环语句时进一步了解如何删除列表中的多个相同值。

删除全部："clear"

要删除列表中的所有元素时，使用 clear() 函数。

```
列表.clear()
```

这是一个非常简单的函数，所以很容易理解。

```
>>> list_d = [0, 1, 2, 3, 4, 5]
>>> list_d.clear()
>>> list_d
[] ⟶所有元素都已删除。
```

在所有编程语言中，当删除内部所有数据时，都会使用 clear 这个名称。这不仅适用于列表，也适用于将在后面学习的字典，而且在进行网页开发、人工智能开发等领域也会用到，所以请您一定记住 clear 是在删除的时候使用的。

目前为止所了解的有关列表的函数都具有破坏性。请重新翻看在前面所讲到的代码，并了解一下代码是如何变化的。

确认列表中是否存在：in/not in运算符

Python 提供了一种方法来确认某特定的值是否在列表当中。此时，应用 in 运算符，具体使用格式如下：

```
值 in 列表
```

下面是经常使用的代码，我们一起来看一下，并分析它是如何执行的：

```
>>> list_a = [273, 32, 103, 57, 52]
>>> 273 in list_a
True
>>> 99 in list_a
```

```
False
>>> 100 in list_a
False
>>> 52 in list_a
True
```

我们很容易发现，当列表中存在特定的值时，则输出为True，如果不存在，就输出为False。另外还有not in运算符，not in运算符也可确认列表当中是否存在某特定值，但它的功能与in运算符恰好完全相反。

```
>>> list_a = [273, 32, 103, 57, 52]
>>> 273 not in list_a
False
>>> 99 not in list_a
True
>>> 100 not in list_a
True
>>> 52 not in list_a
False
>>> not 273 in list_a
False
```

备注 当然，您也可以使用in操作符并用not包裹整个运算符，但使用not in运算符更容易阅读。

以上就是有关列表的基本内容。除此之外，列表还有非常多的功能。比如，有排列和组合相关的数学功能，也有矩阵运算相关的数学功能。

因此，要把目前所学的基本内容掌握好，以后学习人工智能等的时候才能进一步学习列表相关知识。

for循环语句

如果要说计算机有比人更出色的能力，那就是“循环”。不管你怎么使它循环，电脑都不会觉得疲劳，也不会失去效率。使得电脑能循环的方法，就是循环语句。

让计算机循环工作的方法很简单。只需“复制”带有要循环执行的工作内容的代码，并“粘贴”任意数量的代码即可。例如，下面的代码循环输出了五次。

```
print("输出")
print("输出")
print("输出")
print("输出")
print("输出")
```

但是，当您想要进行 100 次、1000 次或无限次的循环操作时，继续粘贴代码是很不现实的。这时候使用循环语句就非常方便了。例如，下面的代码将输出重复 100 次：

```
for i in range(100):
    print("输出")   └→ 可用于循环的数据
```

备注 range(100)是与for循环语句一起使用的范围数据类型。在4.3中进一步学习。

列表是可代表多个值的数据，把这种数据应用于循环语句是循环语句的基础。

下面我们进一步了解循环语句的使用方法。

for循环语句：与列表一起使用

for 循环语句的基本格式如下：

```
for循环体 in可循环的:
    代码
```

可循环的数据有字符串、列表、字典和范围等等。到目前为止我们所接触的只有列表，下面我们将其与列表组合应用。

for循环语句和列表 源代码 for_list.py

```
01    # 定义列表
02    array = [273, 32, 103, 57, 52]
03
04    # 列表应用循环语句
05    for element in array:
06        # 输出
07        print(element)
```

执行结果

```
273
32
103
57
52
```

for 循环语句会将列表中的每个元素存放到名为 element 的变量中，然后依次循环。print( ) 函数将输出 element，所以列表中的元素是按顺序输出的。

★ 稍等片刻 for循环语句和字符串

for循环语句也可以使用字符串。如果将字符串放在for循环语句的后面，则循环将应用于每个字符。看一下执行结果，您就会很容易理解它是如何执行的了。

```
for character in "大家早上好":
    print("–", character)
```

执行结果

```
– 大
– 家
– 早
– 上
– 好
```

结论

▶ 以4个关键词汇总的核心内容

- 列表 list 是指可以存储多种数据的数据；
- 元素 element 指的是列表中每个内容；
- 索引 index 指的是在列表中值的位置；
- for 循环语句是循环执行特定代码时使用的基本语法。

▶ 解题

1. list_a=[0，1，2，3，4，5，6，7]，请写出运行下表中的函数时，list_a 的结果。

函数	list_a的值
list_a.extend(list_a)	
list_a.append(10)	
list_a.insert(3, 0)	
list_a.remove(3)	
list_a.pop(3)	
list_a.clear( )	

提示 1.extend()、append()、insert()函数是用于添加元素的函数，remove()和pop()函数是用于删除元素的函数。

2. 尝试将 if 条件语句中的条件表达式填充到下一个循环语句中，使其只输出大于 100 的数字。组合 if 条件语句和 for 循环语句的代码非常多。

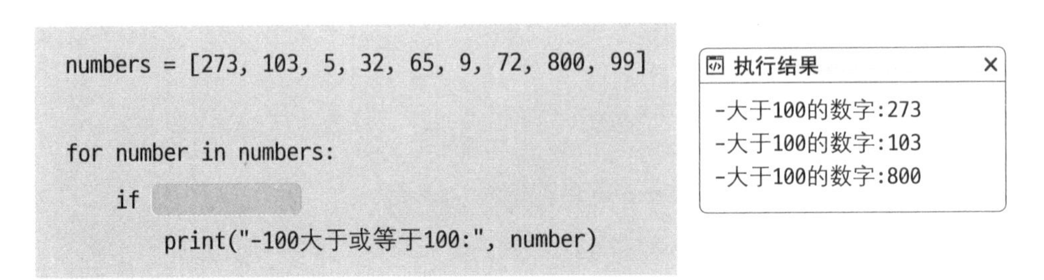

3. 请填写下列空白，完成与执行结果相对应的程序。

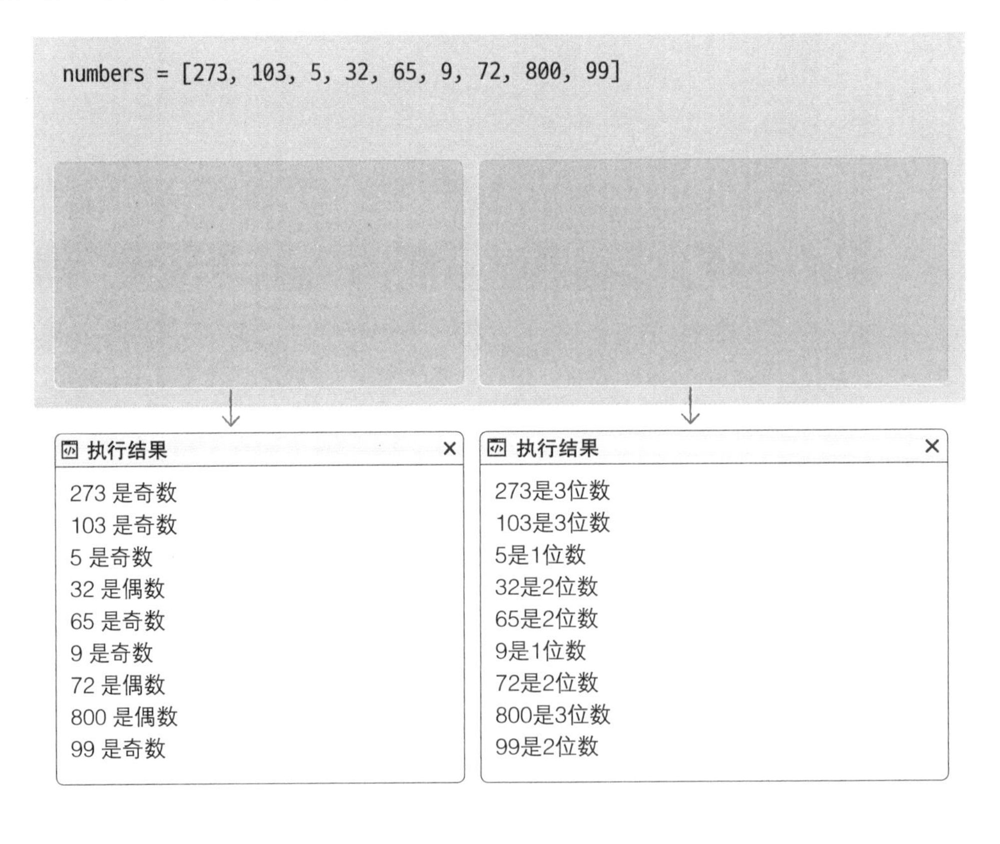

4. 请填写下列空白，完成与执行结果相对应的程序。

```
list_of_list = [
  [1, 2, 3],
  [4, 5, 6, 7],
  [8, 9],
]
```

执行结果

```
1
2
3
4
5
6
7
8
9
```

5. 请填写下面代码中的空白处，完成代码，使其输出时与执行结果一样。

```
numbers = [1, 2, 3, 4, 5, 6, 7, 8, 9]
output = [[], [], []]

for number in numbers:
    output[          ].append(number)

print(output)
```

执行结果

```
[[1, 4, 7], [2, 5, 8], [3, 6, 9]]
```

提示 2. 只需要一个大于100的条件；

3. 求奇偶的条件表达式以前学过。要求得位数可能有点难。想想我们是如何计算位数的，然后用代码来实现；
4. 在输出一个列表中的所有值时，我们使用了一次循环语句，如果列表嵌套并被绕过两次，则必须使用两次；
5. 列表中的索引可以输入1、2、3、4等数字，也可以输入1+2、3+4等公式。想想应该输入什么公式。第一眼看的时候可能会有点无从下手。这是用于取消嵌套列表的嵌套时常用技术。

4.2 字典和循环语句

核心关键词

在上一节中我们曾讲过可表示多个值的数据类型有列表和字典，而且把它们作为循环项可放置于循环语句的in关键字后面。上一节讲的是有关列表的内容，这节当中我们将对字典（Dictionary）进行详细的介绍。

在开始之前

如果列表 list 是“基于索引存储值”，那么字典 Dictionary 就是“基于键存储值”。让我们来看看下面的例子。

```
{     键      值
    "键A": 10,         # 使用字符串作为键
    "键B": 20,
    "键C": 30,
    1:     40,         # 使用数字作为键
    False: 50          # 使用布尔作为键
}
```

数据类型	含义	指向位置	定义格式
列表	基于索引存储值	索引	变量=[]
字典	基于键存储值	键	变量={}

定义字典

定义字典使用大括号“{}”，并使用逗号（,）连接“Key:Value”形式。键可以用字符串、数字、布尔等类型定义，但是通常用作字符串定义的较多。

下面，我们来看一下定义字典的具体示例：

```
变量 = {
    键: 值,
    键: 值,
    ...
    键: 值
}
```

应用具体代码，您会更容易理解。

```
>>> dict_a = {
        "name": "复仇者端游",
        "type": "英雄电影"
        }
```

备注 在交互式shell中创建字典时，只能像上面的代码那样编写右括号，并将其置于缩进之后。在文件中创建字典时，不必在右括号前加缩进。

访问字典中的元素

我们来试一下输出在前面定义的字典：

```
>>> dict_a
{'name': '复仇者端游', 'type': '英雄电影'}
```

也可以单独输出特定的键值。访问字典中的元素时，请在字典后面键入方括号“[]”（类似于列表），然后在内部输入键（类似于索引）。但需要注意的是定义字典时要使用大括号“{}”，但访问字典中的元素时，要在字典后面输入方括号“[]”，就像列表一样，然后在方括号“[]”内部输入键，就像索引一样。

```
>>> dict_a["name"]
'复仇者端游'
>>> dict_a["type"]
'英雄电影'
```

您还可以在字典内部的值中加入各种数据，如字符串、数字、布尔等。因为列表和字典也是一个数据，所以您也可以将列表和字典作为值。

```
>>> dict_b = {
        "director": ["安东尼·卢梭" , "乔·卢梭"],
        "cast": ["钢铁侠" , "塔诺斯" , "雷神" , "奇异博士" , "绿巨人"]
        }
```

您可以看到以下结果：

```
>>> dict_b
{'director': ['安东尼·卢梭' , '乔·卢梭], 'cast': ['钢铁侠' , '丹诺斯' , '雷神' , '奇
异博士' , '绿巨人']}
>>> dict_b["director"]
['安东尼·卢梭' , '乔·卢梭']
```

访问元素的方式与列表类似，因此很容易理解。

区分	定义格式	应用示例	错误示例
列表	list_a = []	list_a[1]	
字典	dict_a = {}	dict_a["name"]	dict_a{"name"}

第一次学习Python时经常出现的错误，请注意

让我们通过如下示例来深入了解一下。

访问字典中的元素 源代码 dict01.py

```
01  # 定义字典
02  dictionary = {
03      "name": "7D干杧果" ,
04      "type": "糖腌制",
05      "ingredient": ["杧果" , "糖" , "偏亚硫酸钠" , "栀子黄色素"],
06      "origin": "菲律宾"
07  }
08
09  # 输出
10  print("name:", dictionary["name"])
11  print("type:", dictionary["type"])
12  print("ingredient:", dictionary["ingredient"])
13  print("origin:", dictionary["origin"])
14  print()
15
16  # 变更值
17  dictionary["name"] = "8D干杧果"
18  print("name:", dictionary["name"])
```

执行结果

```
name: 7D 干杧果
type: 糖腌制
ingredient: ['杧果', '糖', '偏亚硫酸钠', '栀子黄色素']
origin: 菲律宾

name: 8D 干杧果
```

在上面的示例中，ingredient 既是 dictionary 的键，也是一个具有多个数据的列表，因此也可以通过指定索引来输出列表中的特定值，如下所示：

```
>>>dictionary["ingredient"]
["杧果","糖","偏亚硫酸钠","栀子黄色素"]
>>>dictionary["ingredient"][1]
'糖'
```

与字典中的字符串键相关错误：异常处理

如下所示，在创建字典时，经常会出现输入相关错误。执行这些代码时，将出现名为 NameError 的错误。

```
>>> dict_key = {
        name: "7D 干杧果",
        type: "糖腌制"
        }
```

错误

```
Traceback (most recent call last):
  File "<pyshell#5>", line 2, in <module>
    name: "7D 干杧果",
NameError: name 'name' is not defined
```

上述内容是由于未定义 name 而导致的错误。在 Python 里把标识符输入到字典中的键中，就会把它识别为变量。此时，创建一个名为 name 的变量，则可以解决此错误，如下所示。另外，type 有一个名为 type( ) 函数的基本标识符，所以把它输入键值时，就不会导致错误。

```
>>> name = "名称"
>>> dict_key = {
        name: "7D 干杧果",
        type: "糖腌制"
        }
>>> dict_key
{'名称':"7D干杧果",<class'type'>:"糖腌制"}
```

但是，通常很少以这种形式使用代码。因此，在使用键作为字符串时，请务必加上引号。

向字典中添加/删除值

向字典中添加值时，只需根据键输入要添加的值即可。

```
字典[新键]=新值
```

如下所示，对前面编写过的代码 < 动手编码 dict01.py> 当中的 dictionary 添加新数据时，确定键并输入值就可以。

```
>>> dictionary["price"] = 5000
>>> dictionary
{'name':'8D干杧果','type':'糖腌制','ingredient':['杧果','糖','偏亚硫酸钠',
'栀子黄色素'],'origin':'菲律宾','price':5000}
```

→添加了“price”键

另外，指定字典中已经存在的键并输入了新值，则会用新值替换现有值，如下所示：

```
>>> dictionary["name"] = "8D 干菠萝"
>>> dictionary
{'name':'8D干菠萝','type':'糖腌制','ingredient':['杧果','糖','偏亚硫酸钠',
'栀子黄色素'],'origin':'菲律宾','price':5000}
```

已替换为新值

删除字典的元素也很简单。与列表一样，如果使用 del 关键字并指定特定键，则会删除该元素。

```
>>> del dictionary["ingredient"]
>>> dictionary
{'name':'8D干菠萝','type':'腌糖','origin':'菲律宾','price':5000}
```

下面我们来编写一个空字典中添加元素并将其输出的示例：

将元素添加到字典py 源代码 dict02.py

```
01  # 定义字典
02  dictionary = {}
03
04  # 在添加元素之前尝试输出内容
05  print("添加元素之前:", dictionary)
06
07  # 将元素添加到字典
08  dictionary["name"] = "新名称"
09  dictionary["head"] = "新精神"
10  dictionary["body"] = "新身体"
11
12  # 输出
13  print("添加元素后:", dictionary)
```

执行结果

```
添加元素之前:{}
添加元素之后:{'name': '新名称', 'head':'新精神', 'body': '新身体'}
```

这次，我们来编写一个具有两个元素的字典删除元素并将其输出的示例：

删除字典中的元素 源代码 dict03.py

```
01  # 定义字典
02  dictionary = {
03      "name": "7D 干杧果",
04      "type": "糖腌制"
05  }
06
07  # 输出删除元素之前的内容
08  print("删除元素之前:", dictionary)
```

```
09
10    # 删除字典中的元素
11    del dictionary["name"]
12    del dictionary["type"]
13
14    # 输出删除元素之后的内容
15    print("删除元素后:", dictionary)
```

执行结果

```
移除元素之前:{'name': '7D干杧果', 'type': '糖腌制'}
移除元素之后:{}
```

Key Error异常：异常处理

如果访问超过列表长度的索引，则会发生 Index Error。字典也如此，当访问字典中不存在的键时，会发生 Key Error。

```
>>> dictionary = {}
>>> dictionary["Key"]
```

错误

```
Traceback (most recent call last):
  File "<pyshell#7>", line 1, in <module>
    dictionary["Key"]
KeyError: 'Key'
```

列表是基于“索引”存储值的，此时错误是 Index Error，而字典是基于“键”存储值的，所以发生的错误是 Key Error。另外，删除值时也同样如此。

```
>>> del dictionary["Key"]
Traceback (most recent call last):
  File "<pyshell#8>", line 1, in <module>
    del dictionary["Key"]
KeyError: 'Key'
```

检查字典中是否存在键

正如我们刚才提到的，字典中没有您要访问的键时会发生 Key Error。因此我们需要一种方法来确认它是否存在于字典内。

in关键字

我们在上一节曾讲过，确认列表中是否含有某特定值时引用 in 关键字，在字典中也同样如此，确认字典是否含有某特定键时使用 in 关键字。

我们来看看下面的代码，当代码使用者输入要访问的键时，仅在存在的情况下访问并输出值。

检查键是否存在并访问值 源代码 key_in.py

```
01  # 定义字典
02  dictionary={
03      "name":"7D干杧果",
04      "type":"糖腌制",
05      "ingredient":["杧果","糖","偏亚硫酸钠","栀子黄色素"],
06      "origin":"菲律宾"
07  }
08
09  # 接收输入
10  key=input (">要访问的键:")
11
12  # 输出
13  if key in dictionary:
14      print (dictionary[key])
15  else:
16      print("您正在访问不存在的键")
```

执行结果

```
>要访问的键:name Enter
7D干杧果
>要访问的键:000% Enter
您正在访问一个不存在的键。
```

get()函数

对于访问不存在的键的情况，第二种应对方法是使用字典中的 get() 函数。以前，我们曾讲过字符串内部有很多函数。字典也可以在后面加上“.”(点号)，然后用自动完成功能进行检查，你会发现它有很多不同的功能。

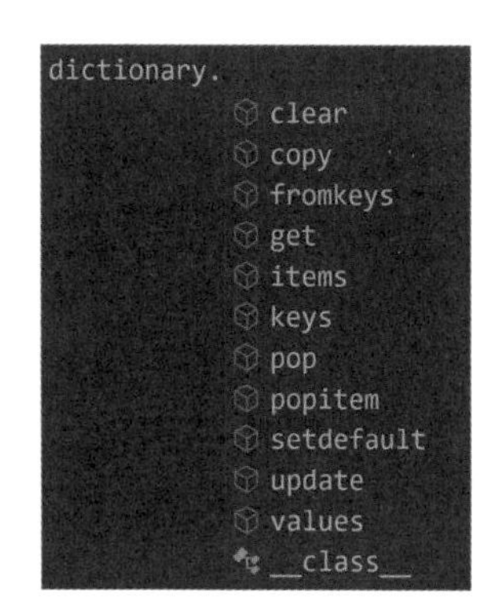

与此相关的内容在第 4.4 节中进行了详细的了解，而在这里我们先了解与键的存在相关的 get( ) 函数。get( ) 函数可以将值提取到字典中的键，其功能与输入字典 [键] 时相同，但如果访问不存在的键，则输出 None，而不导致 Key Error。

动手编码

确认键不存在时是否输出None 源代码 get01.py

```
01  # 定义字典
02  dictionary = {
03      "name": "7D 干杧果",
04      "type": "糖腌制",
05      "ingredient": ["杧果"，"糖"，"偏亚硫酸钠"，"栀子黄色素"],
06      "origin": "菲律宾"
07  }
08
09  # 尝试访问不存在的键
10  value = dictionary.get("不存在的键")
11  print("值:", value)
12
13  # None 确认方法
14  if value == None:──→只需要确认它是否等于None。
15      print("访问不存在的键")
```

执行结果

```
值:None
访问不存在的键。
```

for循环语句：与字典一起使用

这次，我们来看看如何组合for循环语句和字典。for循环语句和字典的组合使用格式如下，这里需要注意的是，在字典内部的键将进入变量。

```
for键变量in字典:
    代码
```

使用字典并不难，但重要的是如何灵活应用。我们来分析一下下述“动手编码”的执行结果。

动手编码

for循环语句和字典 源代码 for_dict.py

```
01  # 定义字典
02  dictionary = {
03      "name": "7D 干杧果",
04      "type": "糖腌制",
05      "ingredient": ["杧果" , "糖" , "偏亚硫酸钠" , "栀子黄色素"],
06      "origin": "菲律宾"
07      }
08
09  # for 使用循环语句
10  for key in dictionary:
11      # 输出
12      print(key, ":", dictionary[key])
```

执行结果

```
name:7D干杧果
type:糖腌制
ingredient:['杧果', '糖', '偏亚硫酸钠', '栀子黄色素']
origin:菲律宾
```

结论

▶ 以3个关键词汇总的核心内容

- 字典 dictionary 是一种基于键存储多个数据的数据类型；
- 键 key 用于在字典中访问值；
- 值 value 表示字典中的每个内容。

▶ 解题

1. 请填写空白处，使得 dict_a 得到表中的结果。

dict_a的值	应用于dict_a的代码	dict_a的结果
{}		{ "name": "云" }
{ "name": "云" }		{}

2. 将字典和列表组合应用，可储存各种各样的信息，就像下面代码中的变量 pets。请将循环语句和 print( ) 函数组合应用并填写到空白处，使得代码执行如下结果。

```
# 定义字典
pets = [
  {"name":"云" , "age":5} ,
  {"name":"巧克力" , "age":3} ,
  {"name":"阿吉" , "age":1} ,
  {"name":"老虎" , "age":1}]
]

print("# 我们小区的宠物们")
```

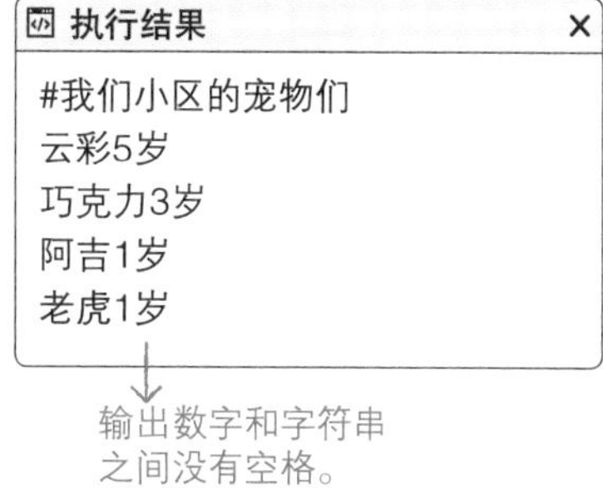

3. 请填写下述代码空白处，完成一个代码，使得代码输出包含在numbers内部的数字出现次数。

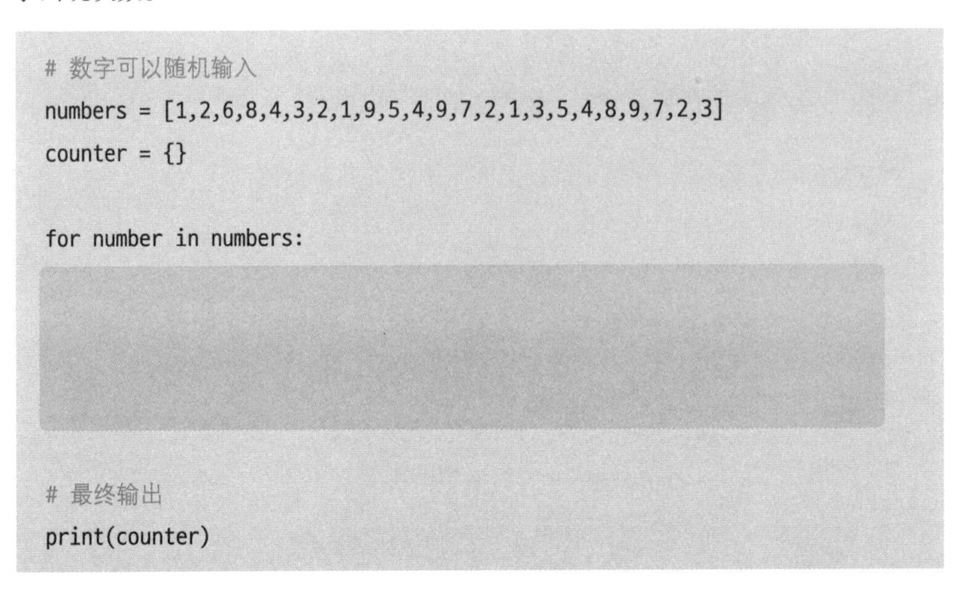

```
# 数字可以随机输入
numbers = [1,2,6,8,4,3,2,1,9,5,4,9,7,2,1,3,5,4,8,9,7,2,3]
counter = {}

for number in numbers:



# 最终输出
print(counter)
```

执行结果

```
{1: 3, 2: 4, 6: 1, 8: 2, 4: 3, 3: 3, 9: 3, 5: 2, 7: 2}
```

提示

1. 字典的基本操作。
2. 不用想得太复杂，只需两行就可以。其实本题的重点是对第二章所学内容的复习，也可以理解为"输出时数字和字符串之间没有空格"。我们该怎样完成呢?
3. 这是一个使用列表和字典组合的典型示例。请组合应用条件语句、列表、字典和循环语句。
4. 在4.1的第4当中曾讲过，如果列表是重叠的，则必须应用两次循环语句。字典也如此，如果字典和列表是重叠的，则必须应用两次循环语句。

4. Python 可以通过以下方式确定某特定值是什么数据类型。

```
type("字符串") is str        # 字符串
type([]) is list            # 列表
type({}) is dict            # 字典
```

应用上述内容，填写下述代码空白处，使得输出如下执行。

```
# 定义字典
character = {
    "name": "骑士",
    "level": 12,
    "items": {
        "sword": "火焰之剑",
        "armor": "完整版"
        },
    "skill": ["砍人","猛砍人","非常猛砍人"]
    }

# for 使用循环语句
for key in character:
```

执行结果

```
name:骑士
level:12
sword:烈焰之剑
armor:全板
skill:砍人
skill:猛砍人
skill:非常猛砍人
```

4.3 循环语句和while循环语句

核心关键词

范围 while循环语句 break关键字 continue关键字

到目前为止，我们已经基于某个对象应用了循环。在本节当中，我们将进一步了解“循环到特定次数”“循环到特定时间”或“循环到某种条件”等情况下的应用。

在开始之前

到目前为止，您已经了解了列表和字典，并学习了如何在for循环语句中使用它们。与for循环语句一起使用的另一个数据类型是范围range。当您想要循环特定次数时，把for循环语句和范围组合使用就可以了。

- 第一，在参数中加入一个数字的方法；
- 第二，在参数中加入两个数字的方法；
- 第三，在参数中加入三个数字的方法。

仅从上述描述，我们很难理解是什么意思，下面我们逐步详细地了解一下！

范围

下面，我们来了解一下范围 range 数据类型的用法，除了列表、字典之外，范围也是经常与 for 循环语句组合应用的数据类型。

第一，在参数中加入一个数字的方法；

定义从 0 到 A–1 的整数构成的范围。

```
range(A)—>A是数字
```

第二，在参数中加入两个数字的方法；

定义从 A 到 B–1 的整数构成的范围。

```
range(A, B)—>A和B是数字
```

第三，在参数中加入三个数字的方法。

定义从 A 到 B–1 的整数构成，且前后的数字之差等于 C 的范围。

```
range(A, B, C)—>A和B、C是数字
```

我们来看一下具体代码，下面是参数中加入一个数字的方法来定义范围的示例。

```
>>> a = range(5)
```

输入范围名称时，输出格式如下：

```
>>> a
range(0, 5)
```

为了查看对应的值有哪些，我们用 list( ) 函数将其进行输出。用 list( ) 函数可将范围更改为列表，此时能查看范围内包含的值。

```
>>> list(range(10))
[0, 1, 2, 3, 4, 5, 6, 7, 8, 9]
```

下面是，在参数中加入两个数字的方法来定义范围的示例。

```
>>> list(range(0, 5))—>创建从0到（5-1）的整数范围。
[0, 1, 2, 3, 4]
>>> list(range(5, 10))—>创建从5到（10-1）的整数范围。
[5, 6, 7, 8, 9]
```

下面是，在参数中加入三个数字的方法来定义范围的示例。

```
>>> list(range(0, 10, 2))—>创建从0到（10-1），且增幅为2的范围。
[0, 2, 4, 6, 8]
>>> list(range(0, 10, 3))—>创建从0到（10-1），且增幅为3的范围。
[0, 3, 6, 9]
```

★ 稍等片刻　range（0，10）当中不包括10

第一次学习范围时，如果是range（10）或range（0，10）的时候，很多人会认为是[0，1，2，3，4，5，6，7，8，9，10]，其实但不包括10。其实，当我们输入string[0:2]或list_a[0:2]的时候，也不包含最后输入的2，不知您还记不记得？在Python中的所有功能在指定范围时，后面输入的数字是不包含在内的，请一定要记住。

另外，在定义范围时，根据需要通常在参数内部使用公式。例如，如果您定义了一个范围（从0到10），并且想强调必须包含10，则可以定义为如下内容：

```
>>> a = range(0, 10 + 1)
>>> list(a)
[0, 1, 2, 3, 4, 5, 6, 7, 8, 9, 10]
```

这样编写，虽然看起来效率很低，但其实这是一种强调说明的方式。比如“每天都吃一个的营养剂”和“周一、周二、周三、周四、周五、周六、周日每天都必须吃的营养剂”，通过准确的表达对应用程序当事人进行强调。当事人可以是其他人，但也可以是将来再次看到代码的自己。那么，为什么要这样用呢？以后通过做题您就更容易理解了。

下面，让我们来看一下在公式中使用除法运算符的情况。

```
>>> n = 10
>>> a = range(0, n / 2)——>如果使用除法作为参数，则会发生错误。
Traceback (most recent call last):
  File "<pyshell#10>", line 1, in <module>
TypeError: 'float' object cannot be interpreted as an integer
```

出现了 TypeError，这是因为 range( ) 函数的参数必须要输入整数。其实，也可以用 int( ) 函数等方法将实数转换为整数，但是使用较多的还是整除运算符，具体如下所示：

```
>>> a = range(0, int(n / 2))——>比起把实数变成整数的方法
>>> list(a)
[0, 1, 2, 3, 4]

>>> a = range(0, n // 2)——>使用较多的还是整除运算符!
>>> list(a)
[0, 1, 2, 3, 4]
```

for循环语句：与范围一起使用

我们来看一下如何组合使用 for 循环语句和范围。for 循环语句和范围的组合使用格式如下：

```
for数字变量in范围:
    代码
```

我们来看看下述“动手编码”的执行结果。

动手编码

for循环语句和范围 源代码 for_range.py

```
01  # for 组合使用for循环语句和范围
02  for i in range(5):
03      print(str(i) + "= 循环变量")
04  print()
05
06  for i in range(5, 10):
07      print(str(i) + "= 循环变量")
08  print()
09
10  for i in range(0, 10, 3):
11      print(str(i) + "= 循环变量")
12  print()
```

执行结果

```
0=重复变量
1=重复变量
2=重复变量
3=重复变量
4=重复变量

5=重复变量
6=重复变量
7= 重复变量
8=重复变量

9=重复变量
0=重复变量
3=重复变量
6=重复变量
9=重复变量
```

第一个循环句为 [0, 1, 2, 3, 4]，第二个循环句为 [5, 6, 7, 8, 9]，第三个循环句为 [0，3，6，9]。

for循环语句：列表和范围组合应用

在第 155 页当中，列表和循环语句组合使用时，我们使用了如下 for_list.py 代码。但是当您应用循环时，有时需要知道“这是第几次循环？”。

```
# 声明列表
array = [273, 32, 103, 57, 52]
# 对列表应用循环语句
for element in array:
    # 输出
    print(element)
```

有时您可能需要知道这是第几个输出，而不是您正在输出什么。

分析第几次的方法有很多种，最简单的方法是组合使用范围，如下所示：

组合使用列表和范围 源代码 list_range01.py

```
01  # 定义列表
02  array = [273, 32, 103, 57, 52]
03
04  # 对列表应用循环语句
05  for i in range(len(array)):
06      # 输出
07      print("{}第{}个循环: {}".format(i, array[i]))
```

执行结果

```
第0次循环:273
第1次循环:32
第2次循环:103
第3次循环:57
第4次循环:52
```

这是基本应用方法，也是最常用的形式。在本节的确认问题当中我们再复习一次。其实，也有更为方便的方法。我们将在 4.4 节中了解相关内容。

for循环语句：反向循环

到目前为止，我们所看到的循环是从小到大的顺序。但是，在编程过程中，有时需要将循环语句从大的数字应用到小的数字，这种循环语句也被称为反向循环语句。反向循环主要有两种方法。

第一种方法是 range( ) 函数使用三个参数。

反向循环（1） 源代码 reversed_for01.py

```
01  # 反向循环语句
02  for i in range(4, 0 - 1, -1):
03      # 输出
04      print("当前循环变量: {}".format(i))
```

执行结果

```
当前循环变量:4
当前循环变量:3
当前循环变量:2
当前循环变量:1
当前循环变量:0
```

我们在 range( ) 函数的参数中加入了一个公式 0-1。如前所述，您也可以输入 -1，但是在这里为了强调“我使用这段代码要循环到 0”，而输入了一个 0-1 公式。

第二种方法是使用 reversed( ) 函数。

反向循环（2） 源代码 reversed_for02.py

```
01    # 反向循环语句
02    for i in reversed(range(5)):
03        # 输出
04        print("当前循环变量: {}".format(i))
```

执行结果

```
当前循环变量:4
当前循环变量:3
当前循环变量:2
当前循环变量:1
当前循环变量:0
```

如果应用 reversed( ) 函数，则 [0，1，2，3，4] 形式的范围将翻转为 [4，3，2，1，0]。所以我们可以从 9 到 0 反推循环语句。

reversed( ) 函数也可以应用于列表等。但是 reversed( ) 函数是一个非常需要谨慎的函数，当我们刚开始应用它时经常会觉得“代码这样就可以了，但又感觉有问题”。关于此部分，我们将在 4.4 节中进一步了解。

我们已经讨论了 for 循环语句的各种基本用法。将列表放在参数中，将字典放在参数中，将范围放在参数中，对这三种情况区分对比，您就会能更容易理解了。

while循环语句

如果循环列表或字典中的所有元素，即循环特定次数时，可以使用 for 循环语句。除了 for 循环语句之外，Python 还有一个通用的 while 循环语句。基本格式如下：

```
while布尔表达式:
    语句
```

它与 if 条件语句非常相似，当“布尔表达式”为真时，它会不断循环该语句。下面，把 True 放入布尔表达式中时，看一下代码是如何执行的。

无限循环 源代码 infinite_loop.py

```
01  使用#while循环语句。
02  while True:
03      输出#"."
04      #默认情况下，end为"\n"，发生换行。
05      #替换为空字符串""以防止发生换行。
06      print(".", end="")
```

执行结果

```
.......................................................................................
.......................................................................................
.......................................................................................
.......................................................................................
.......................................................................................
.......................................................................................
.......................................................................................
.............................................................
```

代码运行后，屏幕上将输出无限个“.”。当代码无限循环时，程序就不会终止。此时，按 Ctrl+C 强制退出。如果在开发程序时遇到类似的无限循环现象，可以按 Ctrl+C 键强制退出。

while循环语句：像for循环语句一样使用

让我们来看一个典型示例，并了解 while 循环语句的基本用法。

while循环语句作为for循环语句使用 源代码 while_as_for.py

```
01    # 基于循环变量进行循环
02    i = 0
03    while i < 10:
04        print("{}这是第{}个循环.".format(i))
05        i += 1
```

执行结果

```
这是第0次循环.
这是第1次循环.
这是第2次循环.
这是第3次循环.
这是第4次循环.
这是第5次循环.
这是第6次循环.
这是第7次循环.
这是第8次循环.
这是第9次循环.
```

那么，您是不是在想什么时候使用 for 循环？什么时候使用 while 循环？先说答案的话，除了在讲 for 循环语句的时候提到的情况之外，我们都使用 while 循环语句。最典型的例子就是我们之前做过的无限循环。for 循环语句是无法实现无限循环。另外，在 while 循环语句中最重要的关键词是“条件”。如果需要灵活应用条件来使用循环时，建议使用 while 循环语句。让我们看一下条件很重要的情况。

while循环语句：根据状态进行循环

列表中的 remove( ) 函数从列表中只能删除一个对应的值。利用 while 循环语句可以删除多个要素。将 while 循环语句的条件做成“当列表中存在元素时”。

删除所有的值 源代码 while_with_condition.py

```
01    # 定义变量
02    list_test = [1, 2, 1, 2]
03    value = 2
```

```
04
05  # 如果在list_test存在value，则循环
06  while value in list_test:
07      list_test.remove(value)
08
09  # 输出
10  print(list_test)
```

执行结果

```
[1, 1]
```

循环操作，直到删除列表中所有的 2 为止，因此输出结果为删除所有 2 的结果。

while循环语句：根据时间进行循环

我们来看一个基于时间循环的例子。要学习解基于时间进行循环，需要了解一个叫作 UNIX Time 的概念。UNIX Time 指的是世界标准时间（UTC），它以 1970 年 1 月 1 日 0 点 0 分 0 秒为基准，用整数表示过去的秒数。从 Python 中通过如下所示的代码可获取 UNIX 时间。

首先，获取与时间相关的功能。

```
>>> import time
```

然后求 UNIX 时间。

```
>>> time.time()
1557241486.6654928
```

组合使用 UNIX 时间和 while 循环语句，可以使程序在特定时间内停止。我们来看看下面的代码。

循环5秒 源代码 while_with_time.py

```
01  # 获取与时间相关的功能
02  import time
03
04  # 定义变量
05  number = 0
06
07  # 循环5秒
08  target_tick = time.time() + 5
09  while time.time() < target_tick:
10      number += 1
11
12  # 输出
13  print("5秒之内循环了{}次.".format(number))
```

执行结果

5秒之内循环了14223967次

当然，根据电脑的性能和情况，循环次数也会随之发生变化。利用它，您可以等待五秒钟其他用户的响应。请记住这通信时经常会使用的代码，在基于时间的条件时可使用 while 循环语句。

★ 稍等片刻　如何去选择应用for循环语句或while循环语句呢？

我们已学习了for循环语句和while循环语句，对于两个循环语句我们已详细介绍了其不同的使用方法，但重要的是您自己要多次反复去应用，在此过程当中要有体会并有判断for循环语句（或while循环语句）比while循环语句（或for循环语句）更为方便。在编写或开发各种代码过程当中，希望您能有这种体会以及判断！

while循环语句：break关键字/continue关键字

有两个特殊的关键字 break 和 continue，它只能在循环语句内部使用。break 关键字是用于跳出循环语句的关键字。通常在创建无限循环语句，并跳出内部循环时用得较多。

break关键字 源代码 break.py

```
01  # 定义变量
02  i = 0
03
04  # 无限循环
05  while True:
06      # 输出是第几次循环
07      print("{}"第{}次循环.".format(i))
08      i = i + 1
09      # 结束循环
10      input_text = input("> 是否退出?(y): ")
11      if input_text in ["y", "Y"]:
12          print("确定退出 。")
13          break
```

执行结果

```
这是第0个循环
>是否退出，(y/n):n Enter
这是第1个循环
>是否退出，(y/n):n Enter
这是第2个循环
>是否退出，(y/n):n Enter
这是第3个循环
>是否退出，(y/n):n Enter
这是第4个循环
>是否退出，(y/n):y Enter
确实退出
```

执行代码，则会输出“这是第 0 个循环语句”，并询问是否退出程序。此时，如果输入“y”或“Y”，则会遇到 break 关键字，并跳出循环语句，从而退出程序。除此之外，会继续执行循环语句。

continue关键字是用于跳过省略当前循环，直接进入下一个循环时使用的关键字。您可能不明白“省略当前的循环”是什么意思，让我们看一下示例。

continue关键字 源代码 break01.py

```
01  # 定义变量
02  numbers = [5, 15, 6, 20, 7, 25]
03
04  # 进行循环
05  for number in numbers:
06      # 如果number小于10，则进入下一个循环
07      if number < 10:
08          continue
09      # 输出
10      print(number)
```

执行结果

```
15
20
25
```

当然，对于上述代码，您也可以使用if else语句。但是，当您一开始就对循环设置条件并想使用continue关键字，则可以减少后续处理一个缩进，如下所示：

未使用continue关键字

```
# 进行循环
for number in numbers:
    # 限定循环目标
    if number >= 10:
        # 语句
        # 语句
        # 语句
        # 语句
        # 语句
```

使用continue关键字

```
# 进行循环
for number in numbers:
    # 将其排除在循环对象之外
    if number < 10:
        continue
    # 语句
    # 语句
    # 语句
    # 语句
    # 语句
```

结论

▶ 以4个关键词汇总的核心内容

- 范围 range 是表示整数范围的值，用 range() 函数可定义范围；
- while 循环语句是根据条件表达式循环执行特定代码的一种语法；
- break 关键字是用于跳出循环语句时使用的语法；
- continue 关键字是用于省略循环语句的当前循环的语法。

▶ 解题

1. 请填写下表。如果可能出现多个代码，请填写最简单的答案。例如 range（5）、range（0，5）、range（0，5，1）都代表相同的值，此时填写 range（5）。

代码	表示的值
range(5)	[0, 1, 2, 3, 4]
range(4, 6)	
range(7, 0, -1)	
range(3, 8)	[3, 4, 5, 6, 7]
	[3, 6, 9]

→ 只需输入大于9的第二个参数即可

最后一个 [3，6，9] 是有陷阱的，这是在实际编写代码时经常出现的错误。解答问题之后要重新再确认是否正确。

提示 1. 当输入range（1，5）时不包含5，只要注意这一点就很容易解答。

2. 请填写空白处，使得代码输出与执行结果一致的内容。

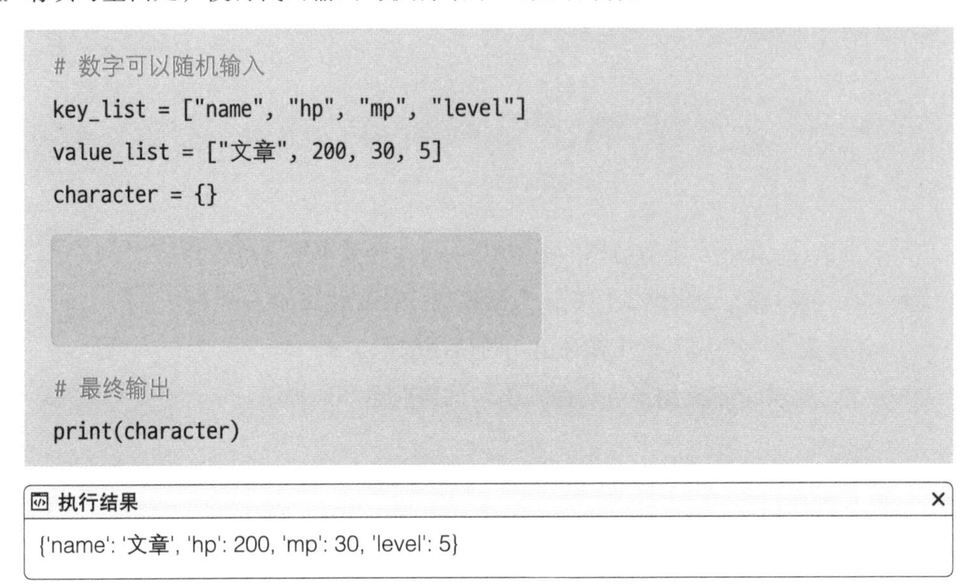

```
# 数字可以随机输入
key_list = ["name", "hp", "mp", "level"]
value_list = ["文章", 200, 30, 5]
character = {}



# 最终输出
print(character)
```

执行结果

{'name': '文章', 'hp': 200, 'mp': 30, 'level': 5}

3. 让我们从 1 开始，依次增加一个数字，然后把这些数字进行相加。当数字达到多少时，相加总和会超过 1000，请输出这个数字。下面是，相加总和超过 10 000 时的示例，请填写空白处。

```
1, 1 + 2 = 3, 1 + 2 + 3 = 6, 1 + 2 + 3 + 4 = 10...
```

```
limit = 10000
i = 1
# sumsum是Python内部使用的标识符，因此使用变量名称sum_value



print ("相加到{}时超过{}，其值为{}.".format (i , limit , sum_value))
```

执行结果

相加到142时超过10000，其值为10011。

4. 对于从 1 到 100 的数字，进行如下相乘运算，请问在什么情况下得到的结果最大？请完成下述代码，并输出其结果。

```
1 * 99, 2 * 98, 3 * 97, ..., 98 * 2, 99 * 1
```

执行结果

```
当达到最大值时的情况为：50 * 50 = 2500
```

在通过过编程求解某些数学题时，主要有两种方法：一个是基于数学知识求解，另一个是假设不知道相关公式的情况下使用循环语句来找到您想要的条件值。

在这里，请使用循环语句找出所有情况的方法来解这道题！

```
max_value = 0
a = 0
b = 0

for i in 
    j = 100 - i

    # 求最大值



print("当达到最大值时的情况为: {} * {} = {}".format(a, b, max_value))
```

提示 2. 当前，这两个列表具有相同的长度。因此，根据列表长度使用循环语句，则可以访问所需的索引。

3. “循环到超过1000为止”，所以在这里使用while循环语句。

4. 因为有两个范围，所以很容易首先想到重叠循环语句。但是此题是不需要重叠循环语句。如果您还记得解决4.2节中求得最大值的代码，这道题就很容易解答了。

4.4 与字符串、列表和字典相关的基本函数

核心关键词

enumerate( ) items( ) 嵌套列表

我们已经学习了与循环语句相关的最基本知识。这种基本知识，在其他编程语言种也以相同的方法使用。但Python当中的循环语句也有其他编程语言当中没有的独特的使用功能。在本节中，我们将了解这些独特的功能。

在开始之前

本章节主要是与 Python 特有功能相关的内容，这些功能在其他编程语言中是很难见到的。另外，即使没有这些功能，对于 Python 编程开发也不会存在太大的问题。也就是说，不应用这些特有功能前提下，灵活应用在前面学到的基本知识，也能实现在本章节中所提及的所有程序。

但是，熟练掌握本章节的内容并用这些知识编写代码时，您会发现代码具有“Python 的风范”，下面我们逐一来了解一下。

- 适用于列表的基本函数：min( )、max( )、sun( )；
- 翻转列表：reversed( )；
- 确认当前索引为第几个索引：enumerate( )；
- 使用字典轻松创建循环语句：item( )；
- 在列表中使用 for 语句：嵌套列表。

可应用于列表的基本函数："min()"、"max()"、"sum()"

min()、max() 和 sum() 函数是以列表为参数的非常基本的函数。这是一个常用的函数，所以一定要熟练掌握。

函数	说明
min( )	在列表中查找最小值
max( )	在列表中查找最大值
sum( )	将列表中的所有值进行相加

我们通过一个简单的示例来了解一下。

```
>>> numbers = [103, 52, 273, 32, 77]
>>> min(numbers)                    ⟶在列表中查找最小值
32
>>> max(numbers)                    ⟶在列表中查找最大值
273
>>> sum(numbers)                    ⟶将列表中的所有值进行相加
537
```

★稍等片刻 不使用列表，求得最小值、最大值的方法

在参数中使用列表时，利用min()函数和max()函数在列表中可查找最小值和最大值。但是，在参数中直接列出多个数字，也可以在其中查找最小值和最大值。

```
>>> min(103, 52, 273)
52
>>> max(103, 52, 273)
273
```

使用reversed()函数翻转列表

如果要在列表中翻转元素的顺序，可利用 reversed( ) 函数。将列表放入 reversed( ) 函数的参数中，就可以翻转该列表。

备注 在179页讲反向循环语句的时候提到过类似内容，在这里通过如下编码重新了解一下。

动手编码

reversed()函数 源代码 reversed.py

```
01  # 定义列表，并对其进行反转
02  list_a = [1, 2, 3, 4, 5]
03  list_reversed = reversed(list_a)
04
05  # 输出
06  print("# reversed() 函数")
07  print("reversed([1, 2, 3, 4, 5]):", list_reversed)
08  print("list(reversed([1, 2, 3, 4, 5])):", list(list_reversed))
09  print()
10
11  # 利用循环语句
12  print("# reversed() 函数与循环语句")
13  print("for i in reversed([1, 2, 3, 4, 5]):")
14  for i in reversed(list_a):
15      print("-", i)
```

执行结果

```
# reversed() 函数
reversed([1, 2, 3, 4, 5]): <list_reverseiterator object at 0x031F21D0>
list(reversed([1, 2, 3, 4, 5])): [5, 4, 3, 2, 1]

# reversed() 函数与循环语句
for i in reversed([1, 2, 3, 4, 5]):
- 5
- 4
- 3
- 2
- 1
```

在第204页当中详细介绍

但是，笔者刚开始学习 Python 的时候，有一段代码让人费解，那就是下面这段代码。请您分析一下执行结果。

```
temp = reversed([1, 2, 3, 4, 5, 6])

for i in temp:
    print("第一个循环语句: {}".format(i))

for i in temp:
    print("第二个循环语句: {}".format(i))
```

执行代码时，只执行“第一个循环语句”部分，不会输出“第二个循环语句”部分。

```
第一个循环语句: 6
第一个循环语句: 5
第一个循环语句: 4
第一个循环语句: 3
第一个循环语句: 2
第一个循环语句: 1
```

这是因为 reversed( ) 函数的结果是生成器（generator）。生成器是 Python 的一个特殊功能，当您将组合 reversed( ) 函数与循环语句时，请记住，不要多次使用函数的结果，而是直接将 reversed( ) 函数放入 for 语法中，如下所示。

```
numbers = [1, 2, 3, 4, 5, 6]

for i in reversed(numbers):
    print("第一个循环语句: {}".format(i))

for i in reversed(numbers):
    print("第二个循环语句: {}".format(i))
```

→ 在需要时使用reversed()函数。

★ 稍等片刻 扩展切片

翻转列表的另一种方法是扩展切片。如果将[::−1]附加到列表中，则会翻转列表的内容，如下所示：

```
>>> numbers = [1, 2, 3, 4, 5]
>>> numbers
[1, 2, 3, 4, 5]
>>> numbers[::−1]
[5, 4, 3, 2, 1]
```

这是非破坏性代码，所以对源numbers没有影响。另外，这也适用于字符串。

```
>>> "大家早上好"[::−1]
'家早上好大'
```

组合应用enumerate()函数和循环语句

假设有以下列表：

```
example_list = ["元素A" , "元素B" , "元素C"]
```

如果想输出如下的结果，该怎么做呢？

```
第0个元素是元素A
第一个元素是元素B
第二个元素是元素C
```

当然会有很多种方法，但是我们把在前面学过的方法组合应用，就可以编写如下代码：

方法（1）

```
example_list = ["元素A", "元素B", "元素C"]
i = 0
for item in example_list:
    print("第{}个元素是{}.".format(i, item))
    i += 1
```

方法（2）

```
example_list = ["元素A", "元素B", "元素C"]
for i in range(len(example_list)):
    print("第{}个元素是{}".format(i, example_list[i]))
```

像这样，当您循环列表中的元素时，您通常需要确认当前的索引是多少。Python 提供了 enumerate() 函数来帮助您编写这些代码。

动手编码

enumerate()函数和列表 源代码 enumerate.py

```
01    # 定义变量
02    example_list = ["元素A", "元素B", "元素C"]
03
04    # 直接输出
05    print("# 输出")
06    print(example_list)
07    print()
08
09    # 应用enumerate()函数进行输出
10    print("# 应用enumberate() 函数的输出")
11    print(enumerate(example_list))
12    print()
13
```

```
14    # list() 强制转换为#list()函数并输出
15    print("# 强制转换为list() 函数并输出")
16    print(list(enumerate(example_list)))
17    print()
18
19    # 组合使用for循环语句和enumerate()函数
20    print("# 组合使用循环语句")
21    for i, value in enumerate(example_list):
22        print("第{}个要素是{}.".format(i, value))
```

使用enumerate()函数可以将循环变量放入这种形式。

执行结果

```
# 输出
['元素A', '元素B', '元素C']

# 应用enumerate() 函数的输出
<enumerate object at 0x02A43CB0>

# 强制转换为list() 函数并输出
[(0, '元素A'), (1, '元素B'), (2, '元素C')]

# 组合使用循环语句
第0个元素是元素A。
第1个元素是元素B。
第2个元素是元素C。
```

★ 稍等片刻 迭代器iterator和元组tuple

在上述示例中，您可以看到reversed()函数和enumerate()函数的结果不是列表，而是<list_reverse iterator object at 0x031F21D0>和<enumerate object at 0x02A43CB0>。与此相关的详细内容将在第204页的《扩展知识②：迭代器》当中详细介绍。另外，像（0，‘元素A’）这种被称为‘元组’，我们将在第5章进行详细介绍。

组合应用字典中的items()函数与循环语句

enumerate( ) 函数和循环语句的组合可以创建 for i value in enumerate（列表）的循环语句一样，字典也可以与 items( ) 函数一起使用，通过组合键和值轻松创建循环语句。

字典中的items()函数和循环语句 源代码 items.py

```
01  # 定义变量
02  example_dictionary = {
03      "键A": "值A",
04      "键B": "值B",
05      "键C": "值C",
06  }
07
08  # 输出字典中items()函数的结果
09  print("# 字典中items()函数")
10  print("items():", example_dictionary.items())
11  print()
12
13  # 组合应用for循环和items()函数
14  print("# 组合应用for循环和items()函数")
15
16  for key, element  in example_dictionary.items():
17      print("dictionary[{}] = {}".format(key, element))
```

执行结果

```
# 字典中的items()函数
items(): dict_items([('键 A', '值A'), ('键 B', '值 B'), ('键 C', '值 C')])

# 组合应用for循环和items()函数
dictionary[键A]=值A
dictionary[键B]=值B
dictionary[键C]=值C
```

列表嵌套

在创建程序时，应用循环语句经常会重新组合列表。例如，我们来看一下下述代码。代码是，用 range（0，20，2）求一个介于 0 和 20 之间的偶数，然后将其平方以创建一个新列表。

应用循环语句生成新的列表 源代码 for_list01.py

```
01  # 定义变量
02  array = []
03
04  # 应用循环语句
05  for i in range(0, 20, 2):
06      array.append(i * i)
07  # 输出
08  print(array)
```

执行结果

```
[0, 4, 16, 36, 64, 100, 144, 196, 256, 324]
```

有很多这种类型的代码，Python 编程语言提供了一种在一行中编写它们的方法。

动手编码

在列表中使用for语句 源代码 list_in.py

```
01  # 定义变量
02  array = [i * i for i in range(0, 20, 2)]
03                 把最终结果写在前面
04  # 输出
05  print(array)
```

代码是“当 range（0，20，2）的元素称为 i 时，请将列表重新组合为 i*i”。这种语句称为列表嵌套（list comprehensions）。列表嵌套的应用格式如下：

```
列表名称=[表达式for循环器in可循环的]
```

还可以通过后跟 if 语句来创建条件。通过如下动手编码了解一下！

灵活应用条件的列表嵌套 源代码 array_comprehensions.py

```
01  # 定义列表
02  array = ["苹果"、"李子"、"巧克力"、"香蕉"、"樱桃"]
03  output = [fruit for fruit in array if fruit != "巧克力"]
04
05  # 输出
06  print(output)
```

执行结果

```
['苹果', '李子', '香蕉', '樱桃']
```

代码是“当你把 array 的元素叫作 fruit 时，请用不是巧克力的 fruit 来重新组合列表”。因此，当运行代码时，它将创建一个仅包含元素（非巧克力）的列表。使用包含 if 语句的列表嵌套的形式如下：

```
列表名称=[表达式for循环器in可循环的if条件语句]
```

扩展知识① 在语句中使用串时的问题

对条件语句和重复语句进行缩进。但是，如果在语句内部创建多行字符串时，则会产生意想不到的执行结果。下面，我们来看看会发生什么。

让我们来分析执行下述代码会是什么结果？

动手编码

if条件语句和多行字符串（1） 源代码 if_string.py

```
01  # 定义变量
02  number = int(input("输入整数> "))
03
04  # 用if条件语句区分奇数和偶数
05  if number % 2 == 0:
06      print("""\
07          输入的字符串为{}.
08          {}为偶数.""".format(number, number))
09  else:
10      print("""\
11          输入的字符串为{}.
12          {}为奇数.""".format(number, number))
```

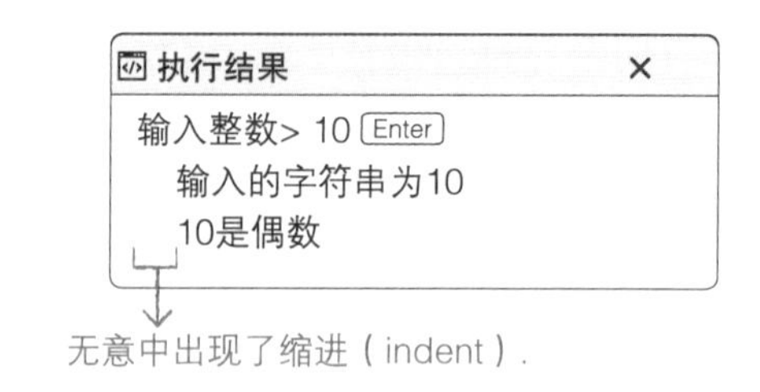

当运行该程序时，多行字符串前面的缩进会包含在该字符串中。若要防止这种缩进现象，代码可改写为如下：

if条件语句和多行字符串（2） 源代码 if_string01.py

```
01  # 定义变量
02  number = int(input("输入整数>"))
03
04  # 用if条件语句区分奇数和偶数
05  if number % 2 == 0:
06      print("""输入的字符串为{}.
07  {}为偶数.""".format(number, number))
08  else:
09      print("""输入的字符串为{}.
10  {}为奇数.""".format(number, number))
```

执行结果

```
输入整数> 10 Enter
输入的字符串为10
10是偶数
```

代码执行倒是没什么问题，但其结构有点奇怪。如果将多行字符串与 if 条件语句、for 循环语句和 while 循环语句等组合使用时都会出现此类现象。因此，语句当中很少使用多行字符串。但是，如果将字符串写成一行很长的内容，代码也会变得很复杂。如下所示：

动手编码

if条件语句和长字符串 源代码 if_string02.py

```
01  # 定义变量
02  number = int(input("输入整数> "))
03
04  # 用if条件语句区分奇数和偶数
05  if number % 2 == 0:
06      print("输入的字符串为{}.\n{}为偶数.".format(number, number))
07  else:
08      print("输入的字符串为{}.\n{}为奇数.".format(number, number))
```

其实，有很多种方法可以解决多行字符串与语句结合使用时出现的这种问题。下面我们来看一下都有哪些解决方法，与此同时进一步了解 Python 的各种功能。

用括号连接字符串

在 Python 当中，创建字符串时也可以使用如下格式，在括号中输入多个字符串时，则将创建一个连接所有字符串的新的字符串。

用括号连接字符串 源代码 string01.py

```
01    # 定义变量
02    test = (
03        "即使是这么输入"
04        "也能连接成"
05        "一个字符串."
06    )
07
08    # 输出
09    print("test:", test)
10    print("type(test):", type(test))
```

执行结果

```
test:即使是这么输入也能连接成一个字符串.
type(test ) :<class 'str'>
```

字符串数据类型

当代码运行时，输出连接所有字符串的新的字符串。另外，可以看出变量 test 是字符串数据类型。

★ 稍等片刻　元组tuple数据类型的区分

很多Python初学者会认为变量test的数据类型就是将在下一章当中要学习的“元组”。但是，圆括号内的字符串必须用逗号连接（如右所示），才是元组。因此，在上述代码中变量test的数据类型不是元组。

```
test = (
  "即使是这么输入",
  "也能连接成",
  "一个字符串"
)
```

应用上述功能之后，代码 if_string02.py 可改写为如下。另外，代码中有换行部分，因此在字符串后要输入 \n（最后一个字符串除外）。

多行字符串与if语法组合时的疑难解答（1） 源代码 string02.py

```
01  # 定义变量
02  number = int(input("输入整数> "))
03
04  # 用if条件语句区分奇数和偶数
05  if number % 2 == 0:
06      print((
07          "输入的字符串为{}.\n"
08          "{}为偶数."
09      ).format(number, number))
10  else:
11      print((
12          输入的字符串为{}.\n"
13          "{}为奇数."
14      ).format(number, number))
```

疑问解答

\n的常见输入错误：经常会发生在某个字符串中不输入\n，或者在最后一个字符串中输入\n的错误，用此方法时一定要注意。

字符串中的join()函数

有时，也可以用字符串的 join( ) 函数解决多行字符串和 if 语句组合时的问题。join( ) 函数的使用格式如下：

```
字符串.join (由字符串组成的列表)
```

join( ) 函数将列表中的元素连接成字符串。

```
>>> print("::".join(["1", "2", "3", "4", "5"]))
1::2::3::4::5
```

利用它可以解决多行字符串和 if 语句组合时的问题。

动手编码

多行字符串与if语法组合时的疑难解答（2） 源代码 string03.py

```
01  # 定义变量
02  number = int(input("输入整数>"))
03
04  # 用if条件语句区分奇数和偶数
05  if number % 2 == 0:
06      print("\n".join([
07          "输入的字符串为{}.",
08          "{}为偶数."
09      ]).format(number, number))
10  else:
11      print("\n".join([
12          "输入的字符串为{}.",
13          "{}为奇数."
14      ]).format(number, number))
```

除此之外也有很多解决方法，但只要能掌握好这几种方法，对以后使用 Python 也不会有太大的问题。

扩展知识② 迭代器（iterator）

迭代语句的基本格式为：

```
for迭代器in可迭代的对象
```

在这里“可迭代的对象”在编程术语中被称为迭代对象 iterable。迭代对象指的是从内部依次可以取出元素的对象。列表、字典、字符串元组（请参见第 5 章）等都是迭代对象，因为它们都可以从内部依次取出元素。

在迭代对象当中，用 next( ) 函数逐个取出的元素称为迭代器（iterator）。下面，我们来看一下有关迭代器的示例。

reserved()函数和迭代器 源代码 iterator01.py

```
01  # 定义变量
02  numbers = [1, 2, 3, 4, 5, 6]
03  r_num = reversed(numbers)
04
05  # 输出reversed_numbers.
06  print("reversed_numbers :", r_num)
07  print(next(r_num))
08  print(next(r_num))
09  print(next(r_num))
10  print(next(r_num))
11  print(next(r_num))
```

执行结果

```
reversed_numbers: <list_reverseiterator object at 0x034D21D0>
6
5
4
3
2
```

还记得在列表中使用 reserved( ) 函数时，输出为 <list_reversed iterator object at(地址)> 吗？（第 192 页）reversed( ) 函数的返回值就是“reversed iterator”，即“迭代器”。像这样的迭代器可以作为迭代语句的参数传递，并且可以像当前代码一样，用 next( ) 函数逐个取出内部的元素。

在 for 循环语句的参数中，每次循环都使用 next( ) 函数逐个取出元素。那么，为什么 reversed( ) 函数不直接返回列表，而是返回一个迭代器呢？

这是为了提高内存效率。因为，相比复制包含 1 万个元素的列表再将其翻转回来，直接利用现有的列表效率会更高。

结论

▶ 以3个关键词汇总的核心内容

- enumerate() 函数是一个，将列表作为参数时，利用索引和值创建循环语句的函数；
- items( ) 函数是一个，将字典作为参数时，利用键和值创建循环语句的函数；
- 列表嵌套是 Python 的一种特殊语法，它使用方括号 [] 中的循环语句和条件语句来生成列表。还需要记住‘list comprehensions’。

▶ 解题

1. 下列种正确使用 enumerate() 函数和 items() 函数的是？

   （1）列表 .enumerate( )　（2）enumerate（列表）

   （3）字典 .items()　（4）items（字典）

2. 转换为二进制、八进制和十六进制的代码经常会用到。通过下述代码可转换十进制数：

十进制和二进制转换

```
>>> "{:b}".format(10)
'1010'—>如果转换后用引号括起来，则为字符串数据类型。
>>> int("1010", 2)
10
```

十进制和八进制转换

```
>>> "{:o}".format(10)
'12'
>>> int("12", 8)
10
```

十进制和十六进制转换

```
>>> "{:x}".format(10)
'a'
>>> int("10", 16)
16
```

除此之外，也有使用 bin( )、oct( ) 和 hex( ) 函数的方法，但应用 format( ) 函数通常更灵活，易于使用。

另外，可循环对象（字符串、列表、范围等）的 count( ) 函数的应用如下：

```
>>> "你好你好".count("你")
2
```
→将字符串作为参数放入。

利用它来寻找在 1–100 之间的数字中转换成二进制时只包含一个零的数字，然后编写一个代码来求这些数字之和。

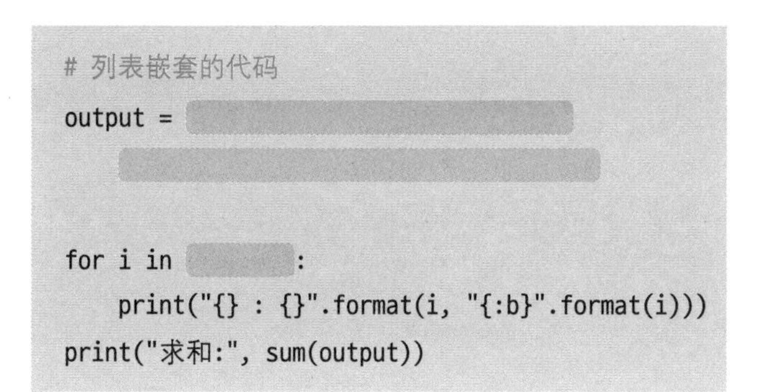

执行结果

```
2 : 10
5 : 101
6 : 110
11 : 1011
...
62 : 111110
95 : 1011111
合计: 539
```

提示 1. enumerate()和items()函数是非常重要的函数，请一定要掌握好应用格式。
2. 组合应用循环语句、条件语句、列表、范围等，就很容易解。

第5章 函数

目前为止，我们介绍了有关python的数据、条件语句和循环语句，这些内容是编程逻辑中最核心的部分，从第五章开始学习的内容是“如何让编程变得更容易”。

学习目标

- 学习函数的创建方法。
- 理解函数的使用方法。
- 学习什么是元组，理解元组的运用方法。

5.1 创建函数

核心关键词

调用 参数 返回值 可变参数 默认参数

我曾经说过，在标识符后面加一个圆括号，这个标识符就是“函数”，你们还记得吗？目前为止，我们使用了很多函数，最常用的就是print()函数，除此之外，还有len()、str()、int()函数，下面来学习怎么创建和运用这些函数。

在开始之前

先看一下整理的几种函数术语。调用函数即执行函数，调用函数时在圆括号里填入几种数据（标识符），这些数据（标识符）叫作参数，最后调用函数运行出的最终结果被称为返回值。

您可能很难理解返回值是什么，如果您使用 len（“hello”）的代码，运行的结果是数字 5，这个结果就叫作“返回值”。

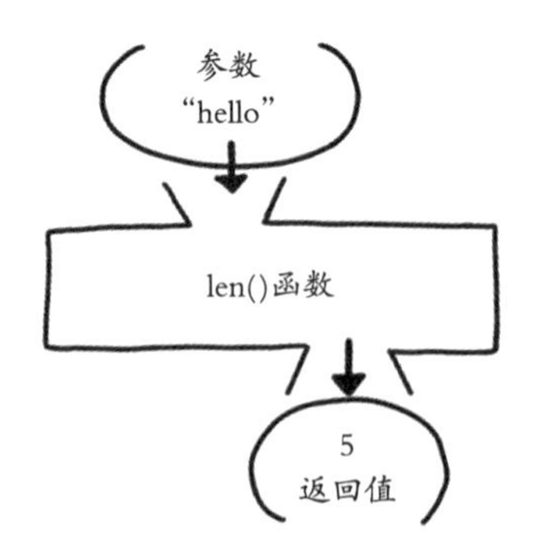

由于函数缩进的原因，在交互界面上（interactive shell）编程有些不便捷，因此在本章节中将更多地使用创建文档的形式。

函数的基本格式

函数用一句话表示就是“代码的集合”，定义函数的基本格式如下：

```
def 函数名():
    函数体代码
```

首先，从基本的函数开始，基本函数是运用“代码的集合”运行，下面这个简单的示例是创建 print_3_times 函数后并调用函数，代码中包含三句话。

基本函数 源代码 fun_basic.py

```
01  def print_3_times():
02      print("你好")
03      print("你好")
04      print("你好")
05
06  print_3_times()
```

执行结果

```
你好
你好
你好
```

创建函数参数

使用函数的同时会自动生成下图的内容（Visual Studio Code）。

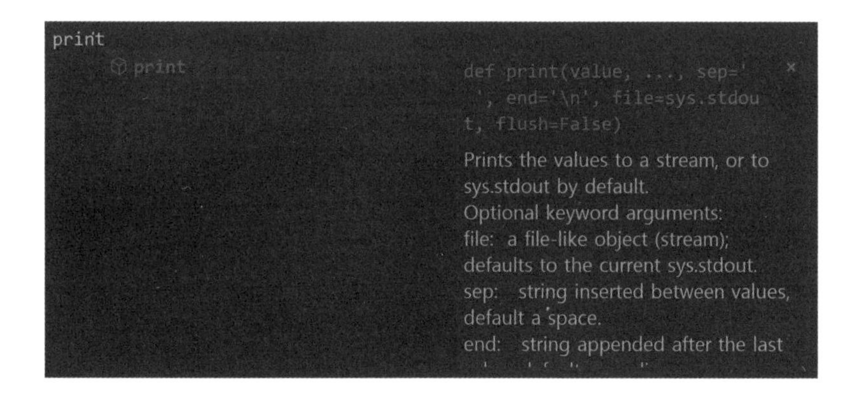

创建 print( ) 函数时，可以看到生成了 print(value, ..., sep= ‘ ’ , end= ‘\n’ , file=sys.stdout, flush=False)，圆括号里有很多内容，这些内容就是参数。参数就是下面圆括号里的标识符：

```
def函数名(参数, 参数, ...):
    函数体代码
```

举个简单的示例。

基本参数 源代码 param_basic.py

```
01  def print_n_times(value, n):
02      for i in range(n):
03          print(value)
04
05  print_n_times("你好", 5)
```

执行结果

```
你好
你好
你好
你好
你好
```

在函数的圆括号里输入标识符 value 和 n，它们就是参数。这样创建参数后，在调用函数时就可以给函数传递参数了。

现在把参数 value 换成“你好”，参数 n 换成“5”，调用 print_n_times(“你好”, 5) 函数，运行结果是五个 “你好”。

参数的类型错误TypeError：异常处理

定义函数并创建参数后，在调用函数时，没有输入参数或是输入的参数过多，会怎么样呢？看一下没有输入参数的情况：

```
def print_n_times(value, n):—>指定了2个参数
    for i in range(n):
print(value)

# 调用函数
print_n_times("你好")—>只输入了1个参数
```

运行代码显示如下错误，函数 print_n_times( ) 没有输入参数 n，一定要注意这是初次编程时经常犯的错误。

错误

```
Traceback (most recent call last):
  File "test5_01.py", line 6, in <module>
    print_n_times("你好")
TypeError: print_n_times() missing 1 required positional argument: 'n'
```

那么，这次输入更多的参数会怎么样呢？

```
def print_n_times(value, n):—>指定了2个参数
    for i in range(n):
        print(value)

# 调用函数
print_n_times("你好", 10, 20)—>输入了3个参数
```

运行代码显示如下错误，函数 print_n_times( ) 只需要 2 个参数，却出现了输入 3 个参数的错误。所以，在调用函数时，应输入与定义函数时对应个数的参数。

错误

```
Traceback (most recent call last):
  File "test5_02.py", line 6, in <module>
    print_n_times("你好", 10, 20)
TypeError: print_n_times() takes 2 positional arguments but 3 were given
```

可变参数

前面讲到的函数是定义时的参数和调用函数时的参数是一致的，少了不行，多了也不行。但是，大家最常用的 print( ) 函数的圆括号里是可以输入任意想要的参数的，这种任意想要的参数被称为可变参数，这意味着参数可以改变。

可变参数函数的格式如下：

```
def 函数名(参数, 参数, ..., *可变参数):
    函数体代码
```

使用可变参数的规则如下：

- 可变参数后面不能再有其他一般参数。
- 只能使用一个可变参数。

您可能觉得这些规则有点困难，但是若没有规则，从哪里到哪里是可变参数我们就不得而知，因此必须要制定这些规则。下面让我们创建一个可变参数。

可变参数函数 源代码 variable_param.py

```
01 def print_n_times(n, *values):
02     # 循环n次
03     for i in range(n):
04         # 运用values列表
05         for value in values:
06             print(value)
07         # 换行
08         print()
09 
10 # 调用函数
11 print_n_times(3, "你好", "愉快", "python编程")
```

执行结果

```
你好
愉快
Python编程

你好
愉快
Python编程

你好
愉快
Python编程
```

一般情况，可变参数后面不能有一般参数，如果换成 print_n_times (“你好”，“愉快”，“python 编程”，3)，哪个是可变参数，哪个是参数 n 就无法区分了。所以，python 编程语言中可变参数后不能有一般参数。

因此，参数 n 在前，*values 在后，可变参数 *values 可以像列表一样，循环句反复使用了两次。

默认参数

再来看看创建 print( ) 函数时，自动生成的内容。

```
print(value, ..., sep=' ', end='\n', file=sys.stdout, flush=False)
```

最前面的 value 是“可变参数”，根据可变参数后不能放一般参数的原则，后面却出现了其他参数，是“参数 = 值”的一种特别格式，这叫作默认参数，也就是不提供参数就会使用默认值。默认参数的规则如下：

- 默认参数后面不能有一般参数。

举个例子？

默认参数 源代码 default_param.py

```
01  def print_n_times(value, n=2):
02      # 循环n次
03      for i in range(n):
04          print(value)
05
06  # 调用函数
07  print_n_times("你好")
```

执行结果

```
你好
你好
```

沿用 212 页“动手编码 源代码 param_basic.py”，输入参数 n=2，若不输入 n，默认值就是 2，所以运行的结果是两个“你好”。

★ 稍等片刻 默认参数后不能出现一般参数的原因

若可以使用print_n_times(n=2, value)的格式，输入print_n_times（“你好”）时，“你好”应该分配给第一个参数，是否能分配给第二个参数就无法确定了。因此，python编程语言要求默认参数后不能出现一般参数。

关键字参数

您可能想知道可变参数和默认参数是否可以同时使用呢？我们分别看看以下情况。

当默认参数在可变参数前面时

当默认参数在可变参数前面时，默认参数就丧失了它的意义。预测下面运行会得出什么结果，参数 n 应该输入什么值呢？

```
def print_n_times(n=2, *values):
    # 循环n次
    for i in range(n):
        # 运用values列表
        for value in values:
            print(value)
        # 换行
        print()

# 调用函数
print_n_times("你好", "愉快", "Python编程")
```

因为参数是按照顺序输入，n 是“你好”，values 是 [“你好”，“愉快”，“Python 编程”]，但是 range( ) 函数的参数只能输入数字，因此会出现下面的错误。

错误

```
Traceback (most recent call last):
  File "test5_03.py", line 11, in <module>
    print_n_times("你好", "愉快", "Python编程")
  File "test.py", line 3, in print_n_times
    for i in range(n):
TypeError: 'str' object cannot be interpreted as an integer
```

因此，请记住默认参数在可变参数前面使用是没有意义的。

当可变参数在默认参数前面时

相反，当可变参数在默认参数前面时会怎样呢？预测下面的运行结果。

```
def print_n_times(*values, n=2):
    # 循环n次
    for i in range(n):
        # 运用values列表
        for value in values:
            print(value)
        # 换行
        print()

# 调用函数
print_n_times("你好", "愉快", " Python编程" , 3)
```

可以做出两种预测：

- 输出三次 [“你好” ,“愉快” ,“Python 编程”]
- 输出两次 [“你好” ,“愉快” ,“Python 编程”, 3]

实际运行结果与第二种预测结果相同，可变参数在前面是成立的。

```
你好
愉快
Python编程
3
你好
愉快
Python编程
3
```

那么，有没有两种参数可以同时使用的方法呢？ Python 编程语言针对这种情况开发了关键字参数。

关键字参数

再来看看 print( ) 函数的默认格式。

```
print(value, ..., sep=' ', end='\n', file=sys.stdout, flush=False)
```

由于可以输入很多个 value，可变参数放在前面，默认参数放在后面，这种用默认参数指定的函数格式如下。沿用在 180 页介绍的“while 循环语句”，infinite_loop.py 是一个很短的代码，直接指定参数名称并输入值。

```
# while 使用循环语句
while True:
    # 输出"."
    # end的功能默认等于输出中的 "\n" (换行符)
    # 换成空字符串""表示不换行
    print(".", end="")→关键字参数
```

因此，若要得出输出三次[“你好”,“愉快”,“Python 编程”]的运行结果，如下文所示，指定参数名并输入值。

关键字参数 源代码 param_keyword01.py

```
01  def print_n_times(*values, n=2):
02      # 循环n次
03      for i in range(n):
04          # 运用values列表
05          for value in values:
06              print(value)
07          # 换行
08          print()
09
10  # 调用函数
11  print_n_times("你好", "愉快", " Python编程", n=3)
```

执行结果

```
你好
愉快
Python编程

你好
愉快
Python编程

你好
愉快
Python编程
```

像这样指定参数名输入的参数称为**关键字参数**。

在默认参数中只输入所需值

关键字参数也常被用在由默认参数组成的函数中，仔细观察下面这个代码的运行结果。

多个调用函数的格式 源代码 param_examples.py

```
01  def test(a, b=10, c=100):
02      print(a + b + c)
03
04  # 1) 默认格式
05  test(10, 20, 30)
06  # 2) 全部参数都是关键字参数的格式
07  test(a=10, b=100, c=200)
08  # 3) 指定任意顺序关键字参数格式
09  test(c=10, a=100, b=200)
10  # 4) 部分参数是关键字参数的格式
11  test(10, c=200)
```

执行结果

```
60
310
310
220
```

第一个参数 a 作为一般参数一定要输入在相应的位置，虽然是一般参数但也可以像关键字参数一样使用（1 和 2 的格式）。

您会发现第 8 行的 3 有些奇怪，参数的顺序被打乱了，如果用关键字来输入参数，可以任意输入参数的顺序。

第10行的4是省略了b的格式，如果使用关键字参数，只可以把值传递给所需参数。

通常情况下，必须输入“一般参数”，并按正确的顺序输入即可，“默认参数”通常只输入所需的关键字。

至此，我们已经介绍了各种格式的参数，这些都是我直接创建的函数，我们也来看看其他人创建的函数。

★ 稍等片刻　Python资料库文件

请大家抽空阅读python官方网站提供的资料文件。

Python资料库文件https://docs.python.org/3/library/index.html

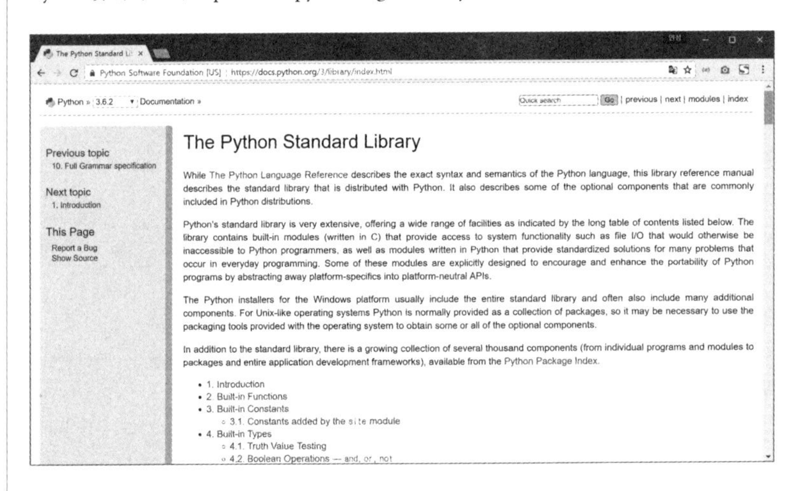

在官网上收集一些资料，虽然不知道具体是什么函数，但是可以理解输入的是什么格式的参数。

- send_error(code, message=None, explain=None)
- timedelta(days=0, seconds=0, microseconds=0, milliseconds=0, minutes=0, hours=0, weeks=0)
- urllib.parse.urlsplit(urlstring, scheme='', allow_fragments=True)
- urllib.parse.urljoin(base, url, allow_fragments=True)

返回（Return）

以 input( ) 函数为例，input( ) 函数进行运行处理后会出现下面的结果，这个函数的结果被称为返回值（Return value）。

```
# input()函数的返回值赋值给变量
value = input("> ")

# 输出
print(value)
```

为什么叫“返回”呢？我们分别介绍一下。

无数据返回

函数内可以使用 return 这个关键字，这个关键字的意思是回到函数执行的位置，也就是函数结束的位置。

看一个简单的示例。

无数据返回 源代码 return_only.py

```
01  # 定义函数
02  def return_test():
03      print("A 位置")
04      return              # 返回
05      print("B 位置")
06
07  # 调用函数
08  return_test()
```

执行结果

```
A位置
```

从函数内输出了两次，中间放入了 return 关键字，return 关键字具有回到执行函数的位置和函数在此结束的意思。因此，在遇到 return 的瞬间就表示函数被结束，结果只有“A 位置”，程序结束。

返回数据

如果在 return 后面输入数据就会返回该数据，下面示例中 return 后面输入了数字 100，可以看到函数的执行结果就是 100。

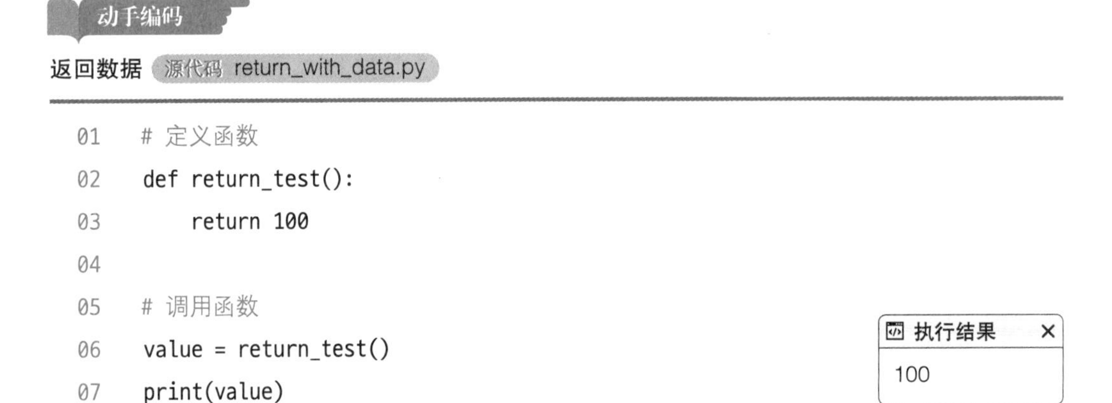


```
01  # 定义函数
02  def return_test():
03      return 100
04
05  # 调用函数
06  value = return_test()
07  print(value)
```

返回空值（None）

什么也没返回时会出现什么结果呢?

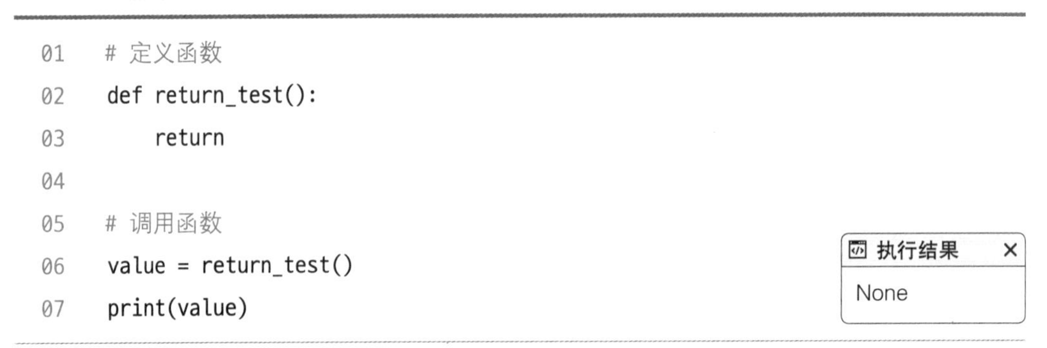


```
01  # 定义函数
02  def return_test():
03      return
04
05  # 调用函数
06  value = return_test()
07  print(value)
```

运行的结果是 None，在 python 中 None 表示“没有”的意思。

★ 稍等片刻 **None返回的警告**

当python解释器出现“E1128: Assigning to function call which only returns None”的警告时，表示“没有返回任何值分配给函数（返回none）”的意思。

```
# 调用函数
value = return_test()
 [pylint] E1128:Assigning to function call which only returns No
 ne
 [pylint] C0103:Invalid constant name "value"
 value
 value = return_test()
```

基本函数的运用

我们已经简单介绍了 return 的语法格式，只看语法不能清晰地理解如何运用，在这里我们介绍一下函数的运用方法。一般情况，函数常以创建和返回值的形式使用，格式如下：

```
Def 函数 (参数)
    变量=初始值
    # 函数体代码1
    # 函数体代码2
    # 函数体代码n
    return 变量
```

运用一个简单的函数示例，创建一个函数计算整数的总和。

计算整数总和的函数 源代码 sum_all_basic.py

```
01    # 声明函数
02    def sum_all(start, end):
03        # 声明变量
04        output = 0
```

```
05        # 循环，数字累加
06        for i in range(start, end + 1):
07            output += i
08        # return.
09        return output
10
11    # 调用函数
12    print("0 to 100:", sum_all(0, 100))
13    print("0 to 1000:", sum_all(0, 1000))
14    print("50 to 100:", sum_all(50, 100))
15    print("500 to 1000:", sum_all(500, 1000))
```

执行结果

```
0 to 100: 5050
0 to 1000: 500500
50 to 100: 3825
500 to 1000: 375750
```

通常，当变量被初始化为0时，即便再怎么运行，值也不会发生变化。例如，加法运行时是0，任何值再加0也不会有变化，所以把第4行的output初始化为0。

使用默认参数会让函数更加方便，以上代码中的参数如果使用默认值，可以运用以下的代码格式：

动手编码

运用默认参数和关键字参数计算整数的总和 源代码 sum_all_with_default.py

```
01    # 定义函数
02    def sum_all(start=0, end=100, step=1):
03        # 定义变量
04        output = 0
05        # 循环，数字累加
06        for i in range(start, end + 1, step):
07            output += i
08        # return.
09        return output
10
11    # 调用函数
12    print("A.", sum_all(0, 100, 10))
13    print("B.", sum_all(end=100))
14    print("C.", sum_all(end=100, step=2))
```

执行结果

```
A. 550
B. 5050
C. 2550
```

如何很好地创建函数，事实上只有多看代码，就像我之前所提到的，如果你自己有了学习的方向（比如 web 开发、机器学习等），就要多看一些相关的资料库代码；如果还没有确定自己的学习方向，一边了解简单的代码，一边了解创建代码时运用的便捷的、高效的方法也是有帮助的。

结论

▶ 以5个关键词汇总的核心内容

- 调用是执行函数的意思；
- 参数是指函数圆括号里面的标识符；
- 返回值是表示函数的最终结果；
- 可变参数函数是可以接受任意参数的函数；
- 默认参数是不放入任何参数的值。

▶ 解题

1. 用 python 函数表示下面的方程式。

例：f(x)=x

```
def f(x):
    return x
print(f(10))
```

① f(x)=2x+1

```
def f(x):
    return 
print(f(10))
```

② f(x)=x^2+2x+1

```
def f(x):
    return 
print(f(10))
```

提示 1. 此为热身练习，如果您理解函数的基本语法格式，就可以很容易地解答。

2. 在函数中变量的初始值非常重要，题目中因为是加法，所以是0，任何值和0相加都不受影响。相乘时，初始值是什么呢？

3. Python不能以模棱两可的格式定义函数，如果您是一个程序解释器，请想一想，在调用函数时会如何处理参数呢？

2. 请将以下空格处补充完整，要求创建一个可变参数函数，将所有传递的值相乘并返回。

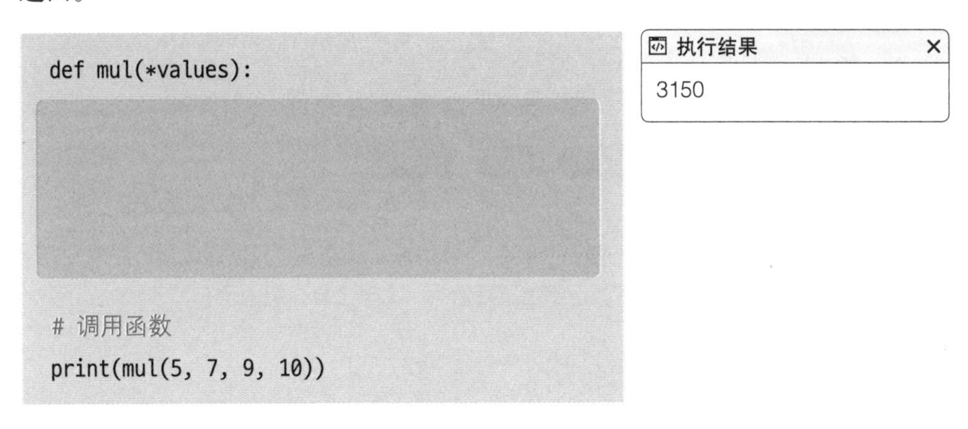

3. 请选出下列代码中错误的选项。

①

```
def function(*values, valueA, valueB):
    pass
function(1, 2, 3, 4, 5)
```

②

```
def function(*values, valueA=10, valueB=20):
    pass
function(1, 2, 3, 4, 5)
```

③

```
def function(valueA, valueB, *values):
    pass
function(1, 2, 3, 4, 5)
```

④

```
def function(valueA=10, valueB=20, *values):
    pass
function(1, 2, 3, 4, 5)
```

5.2 函数的运用

核心关键词

递归函数　缓存　提前return

虽然了解了函数的基本创建方法，但是如果不经常使用这些函数的话，也不能灵活运用，本节主要介绍的是有关函数的运用方式。

在开始之前

在5.1节，我们了解了创建函数的基本方法，在学习完本节创建函数方式的内容后，像这样简单的 $f(x)=2x+1$ 的数学公式就很容易被解开。

在学习英语时，我们虽然学习过英语的五种句型，但是就像只学习了英语的句型也不能流利地说英语一样，即使了解了函数的基本语句也不一定能够灵活运用。那么，让我们一起看看函数的用法吧！

了解函数的基本语句和灵活运用完全是两码事！

递归函数

中学数学课上，我们学习过阶乘 factorial 的运算公式，以防有些读者忘记，我再简单说明一下。

```
n! = n * (n - 1) * (n - 2) * ... * 1
```

这种阶乘的组成方法分为两种：

- 用循环语句组成阶乘
- 用递归函数组成阶乘

用循环语句组成阶乘

首先看用循环语句组成的阶乘，在 5.1 节中介绍过，从 start 到 end 相加的函数，在这里换成相乘就可以了，请大家直接创建一个阶乘函数，并确认下面的代码。

用循环语句组成阶乘 源代码 factorial_for.py

```
01  # 定义函数
02  def factorial(n):
03      # 定义变量
04      output = 1
05      # 反复循环，数字累加
06      for i in range(1, n + 1):
07          output *= i
08      # return.
09      return output
10
11  # 调用函数
12  print("1!:", factorial(1))
13  print("2!:", factorial(2))
14  print("3!:", factorial(3))
15  print("4!:", factorial(4))
16  print("5!:", factorial(5))
```

执行结果

```
1!: 1
2!: 2
3!: 6
4!: 24
5!: 120
```

因为任何值乘以 1 都没有变化，固设定初始值是 1。请牢记，根据运算符号的不同，设定的初始值也应该不同。

用递归函数组成阶乘

第二种方法是使用递归函数，递归 recursion 的意思就是在函数内部调用函数本身。刚才提及过，阶乘的运算公式如下：

```
n! = n * (n - 1) * (n - 2) * ... * 1
```

也可以用以下公式表示：

```
factorial(n) = n * factorial(n - 1) (n >= 1 时)
factorial(0) = 1
```

使用递归来求 factorial(4)（factorial 可以用 f 表示），方法如下：

```
f(4) = 4 * f(3)
     = 4 * 3 * f(2)
     = 4 * 3 * 2 * f(1) * f(0)  → f(0)是1,立刻变成了1
     = 4 * 3 * 2 * 1 * 1
```

这样就很容易理解吧？用代码表示如下：

动手编码

用递归函数组成阶乘 源代码 factorial_recursion.py

```
01  # 定义函数
02  def factorial(n):
03      # 若n是0，则返回1
04      if n == 0:
05          return 1
```

```
06      # 若n不是0，则返回n * (n-1)!
07      else:
08          return n * factorial(n - 1)
09
10  # 调用函数
11  print("1!:", factorial(1))
12  print("2!:", factorial(2))
13  print("3!:", factorial(3))
14  print("4!:", factorial(4))
15  print("5!:", factorial(5))
```

执行结果

```
1!: 1
2!: 2
3!: 6
4!: 24
5!: 120
```

对于factorial来说，创建什么格式都没有太大关系，开发一个程序有多种方法，最后编写自己认为容易理解的格式即可。但是，递归函数有一点需要注意，我们继续往下看。

递归函数的缺点

由于递归函数经常会出现几何级数反复调用自身的问题，所以不建议开发人员大量使用递归函数，然而在恰当的地方合理运用，也能使代码非常简单和便于理解。了解了递归函数的这个缺点，稍后我将介绍解决这个问题的缓存（memoization）技术。

再看一个递归函数——斐波那契数列，斐波那契数列以“兔子如何迅速繁殖”做研究，有以下规律：

- 开始只有一对兔子
- 两个月后兔子可以繁殖
- 繁殖后的兔子每个月生一对兔宝宝
- 假设兔子不会死

如下：

记录每个月兔子的数量：“1对、1对、2对、3对、5对、8对、13对……”，规律如下：

- 第1数列=1
- 第2数列=1
- 第n数列=$(n-1)$数列+$(n-2)$数列

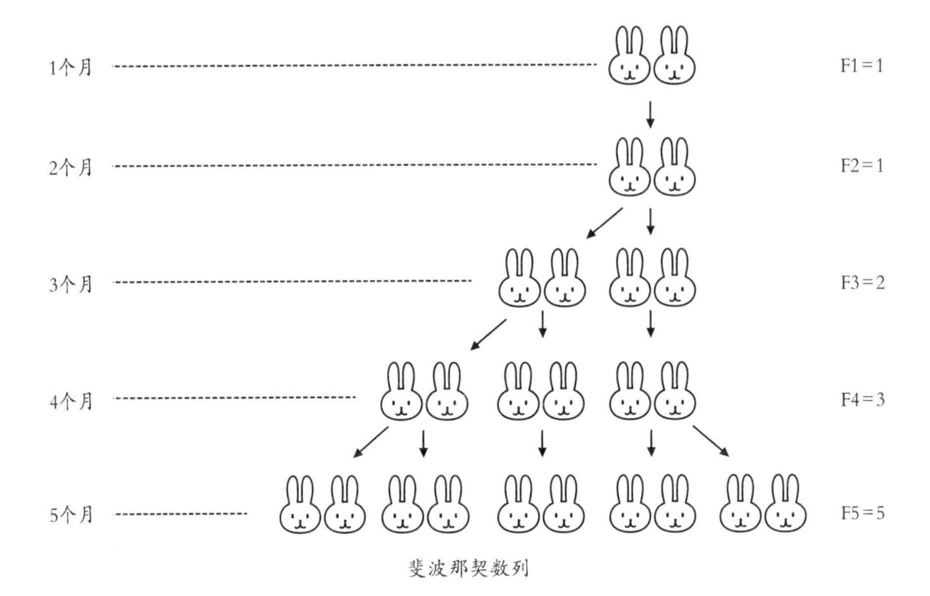

斐波那契数列

用代码表示，内容如下：

动手编码

用递归函数表示斐波那契数列（1） 源代码 fibonacci_recursion01.py

```
01  # 定义函数
02  def fibonacci(n):
03      if n == 1:
04          return 1
05      if n == 2:
06          return 1
07      else:
08          return fibonacci(n - 1) + fibonacci(n - 2)
09
10  # 调用函数
11  print("fibonacci(1):", fibonacci(1))
12  print("fibonacci(2):", fibonacci(2))
13  print("fibonacci(3):", fibonacci(3))
14  print("fibonacci(4):", fibonacci(4))
15  print("fibonacci(5):", fibonacci(5))
```

执行结果

```
fibonacci(1): 1
fibonacci(2): 1
fibonacci(3): 2
fibonacci(4): 3
fibonacci(5): 5
```

斐波那契数列也被用来计算花的花瓣数量。看似结构完好的函数也是有问题的，输入 fibonacci(35)，求第 35 位斐波那契数，不会花费很长时间对吧？我在电脑上花了大约 4 秒，运算第 50 位 fibonacci(50) 花费了大约一个小时。

为什么花了这么长时间呢？我们来修改一下代码，确认一下。

用递归函数表示斐波那契数列（2） 源代码 fibonacci_recursion02.py

```
01  # 定义变量
02  counter = 0
03
04  # 定义函数
05  def fibonacci(n):
06      # 输出要求的斐波那契数列
07      print("求fibonacci({})".format(n))
08      global counter
09      counter += 1
10      # 求斐波那契数列
11      if n == 1:
12          return 1
13      if n == 2:
14          return 1
15      else:
16          return fibonacci(n - 1) + fibonacci(n - 2)
17
18  # 调用函数
19  fibonacci(10)
20  print("---")
21  print("使用fibonacci(10)运算的加
    法次数为{}次.".format(counter))
```

执行结果

```
求fibonacci(10)
求fibonacci(9)
...省略...
求fibonacci(1)
求fibonacci(2)
---
使用fibonacci(10) 运算的加法次数为109次
```

当您运行代码时，会发现同样的东西运行了很多遍，使用 fibonacci(10) 运算的加法次数为 109 次。

修改数字再运行几遍，当运算第 35 次斐波那契数时，加法的次数是 18454929 次，电脑运算也需要更长时间。

```
fibonacci(35) 使用加法次数为18454929次
```

看一看为什么加法的运算次数呈几何级数增长，为了便于看懂下图，我整理了几个术语：下图的图形称为树 tree，树上的各个支点叫作结点 node，最后一个节点称叶子 leaf。

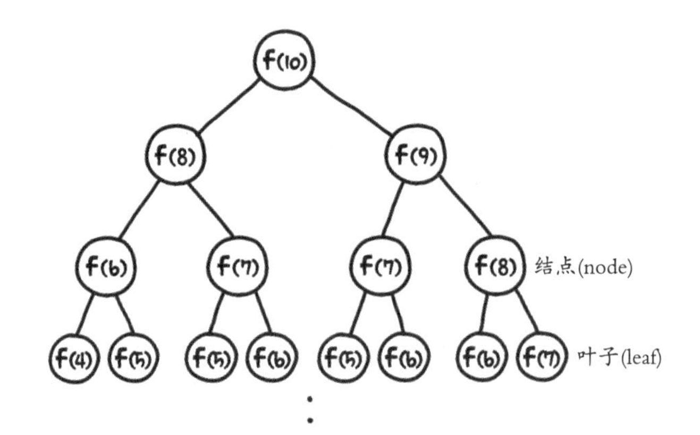

要运算 tree 中各个 node 的值，需要用加法运算一次，每个 node 分出了两个 leaf。一次性运算出结果固然很好，即使已经求过一次值了，但当前代码的递归函数必须从头开始运算，所以运算次数会呈几何级数增长。

有关UnboundLocalError的处理：异常处理

查找第 233 页代码的第 8 行 global counter，为了弄懂为什么使用这个代码，我们删除相应的内容后运行：

动手编码

用递归函数表示斐波那契数列（3） 源代码 fibonacci_recursion03.py

```
01  # 定义变量
02  counter = 0
03
04  # 调用函数
05  def fibonacci(n):
06      counter += 1
07      # 求斐波那契数列
08      if n == 1:
09          return 1
10      if n == 2:
11          return 1
12      else:
13          return fibonacci(n - 1) + fibonacci(n - 2)
14
15  # 调用函数
16  print(fibonacci(10))
```

运行代码后，输出了 Unbound Local Error 这个异常。

错误

```
Traceback (most recent call last):
  File "fibonacci_recursion03.py", line 16, in <module>
    print(fibonacci(10))
  File "fibonacci_recursion03.py", line 6, in fibonacci
    counter += 1
UnboundLocalError: local variable 'counter' referenced before assignment
```

Python 在函数内部不能引用函数外部的变量，引用这个词看似有些难，把访问变量叫作引用 reference。下面的内容是解释函数内部和函数外部变量。

```
global 变量名
```

global 关键字是 python 编程语言中特有的词语，因此作者在写代码时，也没有想到 global 是关键字，当出现红色下划线时，把鼠标放上，弹出了 W0621: Redefining name ‘counter’ from outer scope 或是 E0602: Undefined variable ‘counter’，然后才意识到应该用 global 关键字。

缓存

鉴于递归函数的这些缺点，建议程序员一般不要使用递归函数，但是在必要的时候运用，代码会变得简洁、易于阅读。那么，鉴于这样的情况，怎么使用递归函数才能快速地运行代码呢？

当前的问题是因为反复在做求值造成的，所以我们只需要修改代码，相同的值只让它运算一次。让我们来看看下面的代码：

动手编码

缓存 源代码 fibonacci_memo.py

```
01  # 创建缓存的变量
02  dictionary = {
03      1: 1,
04      2: 2
05  }
06  
07  # 定义函数
08  def fibonacci(n):
09      if n in dictionary:
10          # 若有缓存，就return 缓存的值
11          return dictionary[n]
12      else:
13          # 若没有缓存，则求值并将求得结果放入缓存，返回该结果
14          output = fibonacci(n - 1) + fibonacci(n - 2)
15          dictionary[n] = output
16          return output
```

```
17
18  # 输出函数
19  print("fibonacci(10):", fibonacci(10))
20  print("fibonacci(20):", fibonacci(20))
21  print("fibonacci(30):", fibonacci(30))
22  print("fibonacci(40):", fibonacci(40))
23  print("fibonacci(50):", fibonacci(50))
```

执行结果

```
fibonacci(10): 89
fibonacci(20): 10946
fibonacci(30): 1346269
fibonacci(40): 165580141
fibonacci(50): 20365011074
```

用字典（dictionary）存储已运算的值，这叫作缓存（memo）。被存储在字典里的值不会被处理，它会立刻返回，同时也会加快代码的运行速度。

之前我们运算 fibonacci(50) 时花费了很长时间，若用缓存运行，则可以立即运算出结果，极大地提升了运行速度。这个功能是与递归函数一样经常被使用，请牢记！

提前返回（return）

在过去编程时，变量一定要集中放在最前面，return 一定要在最后面是一种不成文的规定。但如今，大家都普遍认为只要是需要哪里都可以，那么让我们来看看在函数中间使用 return 的格式。

过去为了在函数末尾写 return，我们使用了如下格式的代码，创建 if else 条件语句，在每个末尾 return。

```
# 定义函数
def fibonacci(n):
    if n in dictionary:
        # 若有缓存，就return 缓存的值
        return dictionary[n]
    else:
        # 若没有缓存，则求值并将求得结果放入缓存，返回该结果
        output = fibonacci(n - 1) + fibonacci(n - 2)
        dictionary[n] = output
        return output
```

但是，如果我们把代码更改为下面这样呢？由于缩进的步骤减少了，代码更容易被读懂。在函数中间使用 return 关键字叫作提前返回（early returns）。

```
# 定义函数
def fibonacci(n):
    if n in dictionary:
        # 若有缓存，就return 缓存的值
        return dictionary[n]
    # 若没有缓存，则求值并将求得结果放入缓存，返回该结果
    output = fibonacci(n - 1) + fibonacci(n - 2)
    dictionary[n] = output
    return output
```

扩展知识① 给代码命名

至此，我们已经了解了函数的基本内容，在实际编程中，函数被频繁运用，这正是由于它具有“可读性”的原因。可读性的定义是指代码具有很容易被读取的特性。即，可读性高的代码很容易被读取。

可读性是编程时最重要的因素，编程中如果只看重性能和运算速度的话，那么所有的程序都可以用C语言开发。然而，C语言的缺点是“学习难度大”“可读性高的代码编写难度大”，不是做不到，只是编写可读性高的代码需要花费更多的时间和精力。

让我们来看看如何用函数编写可读性高的代码，观察下面的代码，2*3.14*radius 和 2*radius*radius 可以把它作为是求圆的周长和面积的等式，但也需要时间思考。

没有任何说明的代码

```
radius = input("输入数字> ")
radius = float(number_input_a)

print(2 * 3.14 * radius)
print(2 * radius * radius)
```

由于没有做任何说明，所以要写注释。如果写了以下注释，即使不分析代码内容，我们也能很容易地理解它。

代码注释

```
# 接收输入的数字
radius = input("输入数字> ")
radius = float(number_input_a)

# 输出圆的周长和面积
print(2 * 3.14 * radius)
print(3.14 * radius * radius)
```

也有这样的说法"擅长使用注释的人才是擅长编程的人",因为注释用的越好,和其他人一起编程时的可读性就越高,但也不能乱添加注释,"多使用注释"和"正确使用注释"绝对是两个不同的概念,只有在真正需要的情况下正确使用注释才是对的。

更好的格式是创建和使用函数,如下所示:创建函数就可以给代码命名,命名后就很容易被读懂。下面的代码即使没有注释也很容易被读取(当然,若您不知道 area 和 circumference 这两个词的意思,可能会感到有些难)。

运用函数代码

```
#  定义函数
def number_input():
    output = input("输入数字> ")
    return float(output)
def get_circumference(radius):
    return 2 * 3.14 * radius
def get_circle_area(radius):
    return 3.14 * radius * radius

# 代码正文
radius = number_input()
print(get_circumference(radius))
print(get_circle_area(radius))
```

您会因为代码过长而感到慌张吗?您可能认为代码长了反而变得更复杂,那我们跳过函数的部分只看代码正文,即使没有任何注释,只读取代码也能很容易知道它是做什么的。

```
radius = number_input()
print(get_circumference(radius))
print(get_circle_area(radius))
```

即使您只知道一行代码的含义也可把它创建成函数,可以将上面"运用函数代码"中的函数部分简化为一个名为模块(module)的功能,这个内容我们将在下一章学习。

扩展知识② 代码保护

创建函数后，代码保护会带来很大的帮助，从给代码命名这一点来看，函数和变量比较相似，先从保护变量的有效方法开始学习，再尝试运用于函数。

下面代码是刚才介绍过的示例，这里的3.14是什么意思呢？有人会说，当然是圆周率了！有些人可能会不知道。

输入3.14的情况

```
def get_circumference(radius):
    return 2 * 3.14 * radius
def get_circle_area(radius):
    return 3.14 * radius * radius
```

我们可以创建一个变量，提高它的可读性。

把3.14设置成变量PI

```
PI = 3.14

def get_circumference(radius):
    return 2 * PI * radius
def get_circle_area(radius):
    return PI * radius * radius
```

代码又变长了，有些人会不喜欢，但这样写代码会有一个优点。

例如，假设有这样一个要求，“想提高运算的精准度，请换成3.1415926”。就需要在现有状态下，找到数字3.14，一个个更换或是全部修改，但是在这个过程中出错的可能性非常大。

当代码中包含日期2017.03.14时，若把3.14换成3.1415926，就会出现2017.03.1415926这样奇怪的日期，导致程序出现错误。但是把它设定为变量，就不会出现这样的错误，只把变量PI的值从3.14改为3.1415926就可以了。

函数也如此，假设您输入了一个个功能。

不使用函数的情况

```
# 输出
print("<p>{}</p>".format("你好."))
print("<p>{}</p>".format("创建一个简单的HTML示例"))
```

可以看到以下运行结果：

```
<p>你好.</p>
<p>创建一个简单的HTML示例</p>
```

突然要求不使用 <p></p> 包裹，而改成 <p class='content-line'></p> 包裹，如果接受修改要求，应该怎么做呢？假如不使用函数，就需要一个个修改，当然可能会发生错误；若使用函数就能很容易地修改了，只需要改变函数，代码虽然变长了，当有修改要求时可以非常容易地实现。

```
# p 标签包裹的函数
def p(content):
    # 现存代码注释处理
    # return "<p>{}</p>".format(content)
    # 2017.08.15 - 请求反映
    return "<p class='content-line'>{}</p>".format(content)

# 输出
print(p("你好"))
print(p("创建一个简单的HTML示例"))
```

结论

▶ 以3个关键词汇总的核心内容

- 递归函数（recursion function）是指在函数内部调用自己本身的函数。
- 缓存（memoization）是指一种储存运算过的值，之后就不再运算便可灵活运用的技术。
- 提前 return（early returns）是指在函数中间使用 return 关键字，起到减少代码缩进等的技术。

▶ 解题

1. 试着用递归函数表述下面空格，创建一个列表扁平化函数。列表扁平化（flatten）是指当有重叠列表时，把所有重叠列表解开，变成一维列表。请参考以下运行结果。

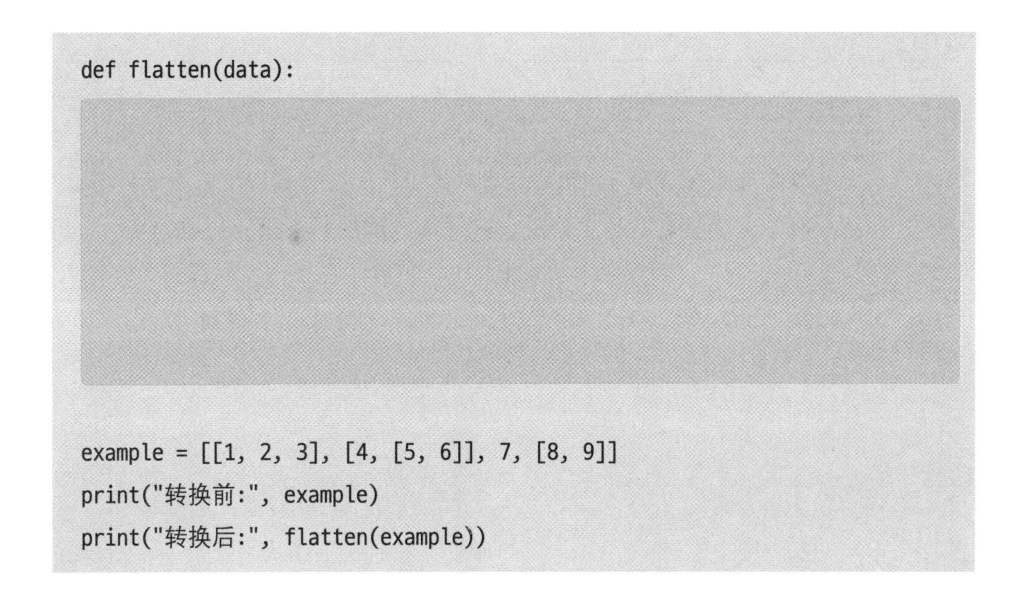

```
def flatten(data):



example = [[1, 2, 3], [4, [5, 6]], 7, [8, 9]]
print("转换前:", example)
print("转换后:", flatten(example))
```

执行结果

```
转换前: [[1, 2, 3], [4, [5, 6]], 7, [8, 9]]
转换后: [1, 2, 3, 4, 5, 6, 7, 8, 9]
```

解决这个问题的关键是区分列表元素本身是否是列表，运用 type( ) 函数识别数据类型时，使用以下代码：

```
>>> type(10) == int
True
>>> type("10") == str
True
>>> type([]) == list
True
```

2. 在家庭餐厅，打算在几张桌子前分开坐，为了不是一个人独坐，我们要组建集体小组，只需要划分人数就可以，不用考虑谁坐在哪儿。例如，假如有六个人，可以按照下列四种方法划分。

2名+2名+2名	2名+4名	3名+3名	6名

一张桌子最多可以坐 10 人，请运算 100 人在一张以上的桌子，怎么分开坐。在源代码中的变量名是为了帮助大家理解，请按照标识符规则命名。

注释 这个问题是作者在翻译《运行猜谜69》（Pulike，2019）中出现的热身问题，是探索所有案例的典型问题。

```
能坐下的最小人数=2
能坐下的最大人数=10
全体人数=100
Memo={}

Def 问题 (剩余人数，坐下人数) :
    Key=str ([剩余人数，坐下人数])
    # 结束条件
    if key in memo:

    if 剩余人数 < 0:
                          # 无效, return 0
    if 剩余人数 == 0:
                          # 有效， return 1
    # 递归处理

    # 缓存处理

    # 结束


print(问题(全体人数，能坐下的最少人数))
```

执行结果

```
437420
```

提示 1. 从第223页基本函数的运用开始，运用初始值经过怎样处理后return,在列表中取出一个元素后，若是一个列表则会循环搜索，若不是列表则可以使用。

2. 使用递归函数可以解决问题，不使用缓存则会运行很长时间，所以必须使用缓存。初次遇到这样的问题会很难解决，在思考了一段时间后，如果还不能确定，请立即检查并分析您的答案，如果您理解了，建议回去再看一看。

5.3 高阶函数

核心关键词

元组 lambda with语句

在我进行机器学习时，被问到最多的问题就是元组、lambda和文件处理，这是python特有的语句，即使您学过其他编程语言，若不单独学习也很难读懂代码。在本节中，我们将介绍python的特殊语句和功能，它们是元组、lambda和文件处理。

在开始之前

与循环语句一样，目前为止所学的有关函数的内容在所有的编程语言中都可以类似的形式使用。但是，python 为了更加便利地使用函数，提供了各种各样的功能，最具有代表性的就是元组（tuple）和 lambda。

- 元组：元组是和列表类似的数据型，与列表不同的一点是元组的元素不能修改。
- Lambda: lambda 是一种方便参数传递、只能定义简单函数的方法。

元组

元组（tuple）是和列表类似的数据型，与列表不同的一点是元组的元素不能修改。通常，元组通常是与函数同时使用的数据型，元组的生成方法如下：

```
( 数据, 数据, 数据, …… )
```

看看元组的基本使用方法，定义元组后输出各元素。

```
>>> tuple_test = (10, 20, 30)

>>> tuple_test[0]
10
>>> tuple_test[1]
20
>>> tuple_test[2]
30
```

看到这里，元组和列表并没有什么差异，然而修改元素后就会出现差异了。尝试在第 0 个元素填上 1，发生了一个错误。故而，元组内部不能修改元素。

```
>>> tuple_test[0] = 1
Traceback (most recent call last):
  File "<pyshell#1>", line 1, in <module>
    tuple_test[0] = 1
TypeError: 'tuple' object does not support item assignment
```

第一次看到元组时，和列表非常相似，所以只使用列表就可以，那为什么要用元组呢。事实上，上面的示例只是一个简单的例子，那么，我们来仔细地介绍一下元组什么时候能派上用场。

★ 稍等片刻 只包含一个元素的元组

只包含一个元素列表的格式如下：

```
[273]
```

那么，只包含一个元素的元组该如何创建呢？

```
(273)
```

（×）

很可惜，上面的格式错误。定义只包含一个元素的元组，在圆括号内填入273，加上逗号，格式如下。

```
(273,)
```

（○）

在机器学习时，经常使用只包含一个元素的元组，这是经常被遗忘的内容，请牢记。

没有圆括号的元组

Python 的列表和元组可以作为一种特殊格式的语句来使用，有什么特别之处呢？预测下面代码的运行结果。

动手编码

列表和元组的特殊使用 源代码 tuple_basic.py

```
01  # 列表和元组的特殊使用
02  [a, b] = [10, 20]
03  (c, d) = (10, 20)
04
05  # 输出
06  print("a:", a)
07  print("b:", b)
08  print("c:", c)
09  print("d:", d)
```

执行结果

```
a: 10
b: 20
c: 10
d: 20
```

在使用列表和元组时，可以以这种格式定义和分配变量，但元组有很特别的特性，若可以识别元组，则可省略圆括号。用以下代码举例：

不含圆括号的元组 源代码 tuple_use01.py

```
01  # 不含圆括号的元组
02  tuple_test = 10, 20, 30, 40
03  print("# 输出不含圆括号的元组的值和数据型")
04  print("tuple_test:", tuple_test)
05  print("type(tuple_test:)", type(tuple_test))
06  print()
07
08  # 运用不含圆括号的元组
09  a, b, c = 10, 20, 30
10  print("# 运用不含圆括号的元组分配")
11  print("a:", a)
12  print("b:", b)
13  print("c:", c)
```

→ 输入元组。

执行结果

```
# 输出不含圆括号的元组的值和数据
Tuple_test:(10,20,30,40)
Type(tuple_test:)<class 'tuple'>

# 运用不含圆括号的元组分配
a: 10
b: 20
c: 30
```

由于这种格式很方便，所以经常被使用，这种特别语句的便利性可以在下面代码中看出来，这是修改变量值的程序。

动手编码

修改变量值的元组 源代码 tuple_use02.py

```
01    a, b = 10, 20
02
03    print("# 修改前的值")
04    print("a:", a)
05    print("b:", b)
06    print()
07
08    # 修改值
09    a, b = b, a
10
11    print("# 修改后的值")
12    print("a:", a)
13    print("b:", b)
14    print()
```

执行结果

```
# 修改前的值
a: 10
b: 20

# 修改后的值
a: 20
b: 10
```

更换值的代码，a,b=b,a，这是个便利的更换值的方法，一定要牢记这个元组的功能并尝试运用。

元组和函数

元组常运用于函数的 return, 这是因为元组运用在函数的 return 时，可以返回和分配多个值。预测以下代码的运行结果，领悟元组的使用及分配方法，便可很容易地理解下面代码。

返回多个值 源代码 tuple_return.py

```
01    # 定义函数
02    def test():
03        return (10, 20)
04
```

```
05    # 返回多个值
06    a, b = test()
07
08    # 输出
09    print("a:", a)
10    print("b:", b)
```

执行结果

```
a: 10
b: 20
```

元组像列表一样，可以与“+”和“*”同时使用，但是这和写列表时没有太大差异，几乎不使用元组，像在本节中看到的，可以使用不含圆括号分配多个值的元组，因此，请与元组一起牢记。

★ 稍等片刻　返回元组的函数示例

在第4章，使用enumerate()函数和item()函数时，可以输入的循环变量如下，此时，i, value是（i, value）去掉圆括号格式的元组。

→ 不含圆括号的元组

```
for i, value in enumerate([1, 2, 3, 4, 5, 6]):
    print("{}个元素是{}.".format(i, value))
```

还有，divmod()函数求商数和余数也是返回元组的代表函数，使用以下基本运算符的方法，求商数和余数。

```
>>> a, b = 97, 40
>>> a // b      # 商数
2
>>> a % b       # 余数
17
```

出现了商数和余数两个值，divmod()函数以元组的格式返回商数和余数，所以，使用不含圆括号的元组时，很容易地分配给变量。

```
>>> a, b = 97, 40
>>> divmod(a, b)
(2, 17)
>>> x , y = divmod(a, b)
>>> x
2
>>> y
17
```

Lambda

最近，在编程语言中，函数作为参数的代码经常被使用，为了更高效地编写这些代码，python 提供了 lambda 功能。

把函数作为参数传递

介绍一下 lambda 作为参数。

以下就是把函数作为参数的代码。

把函数作为参数 源代码 func_as_param.py

```
01  # 调用函数10次
02  def call_10_times(func):
03      for i in range(10):
04          func()
05
06  # 输出函数
07  def print_hello():
08      print("你好")
09
10  # 组合
11  call_10_times(print_hello)
```

以函数作为参数传递

执行结果

```
你好
你好
你好
你好
你好
你好
你好
你好
你好
你好
```

运行程序时，print_hello( ) 函数运行 10 次，所以输出了 10 次“你好”。

filter()函数和map()函数

map( ) 和 filter( ) 是 python 的两个标准函数。

注释 python把“标准函数”也称作“内置函数”。

map ( ) 函数是把列表 list 的元素放入函数中，把返回的值构成新的列表函数。

```
map(函数 , 列表)
```

filter( ) 函数是把列表 list 的每个元素放入函数中，将函数返回值是 true 的元素构成新的列表。

```
filter(函数 , 列表)
```

filter()函数和map()函数 源代码 call_with_func.py

```
01  # 定义函数
02  def power(item):
03      return item * item
04  def under_3(item):
05      return item < 3
06
07  # 定义函数
08  list_input_a = [1, 2, 3, 4, 5]
09
10  # 使用map()函数
11  output_a = map(power, list_input_a)
12  print("# map() 函数的运行结果")
13  print("map(power, list_input_a):", output_a)
14  print("map(power, list_input_a):", list(output_a))
15  print()
16
17  # 使用filter()函数
18  output_b = filter(under_3, list_input_a)
19  print("# filter()函数的运行结果")
20  print("filter(under_3, output_b):", output_b)
```

放入函数作为参数

```
21    print("filter(under_3, output_b):", list(output_b))
```

执行结果

```
# map()函数的运行结果
map(power, list_input_a): <map object at 0x03862270>
map(power, list_input_a): [1, 4, 9, 16, 25]

# filter()函数的运行结果
filter(under_3, output_b): <filter object at 0x03862290>
filter(under_3, output_b): [1, 2]
```

map( ) 函数和 filter( ) 函数的第一个参数都是函数，第二个参数都是列表。观察 map( ) 函数，第一个参数是 power( ) 函数，该函数的返回值是参数的平方。

第二个参数是 [1,2,3,4,5] 列表，列表中的每个元素都通过 power( ) 函数计算，得到的结果是 [1, 4, 9, 16, 25]。

接着，观察 filter( ) 函数，第一个参数是判定参数是否小于 3 的函数 under_3( )，第二个参数是 [1,2,3,4,5] 列表，列表中的每个元素都要通过 under_3( ) 函数进行判断，把满足条件的元素形成新的列表，结果是 [1, 2]。

运行结果是 <map object> 和 <filter object>，这叫作生成器（generator）。与此相关的内容可以参考第 266 页“扩展知识生成器”。在此，list( ) 函数把生成器转换成列表后输出，第一次看到这两个函数会感觉很慌张，若不能理解的话我再仔细地说明一下代码及运行结果。

Lambda的概念

为函数传递参数使用的函数语句比较麻烦，可能会觉得浪费代码空间，很多开发者产生过这样的想法，因此想到了 lambda 的概念。

Lambda 是一种“简便地定义简单函数的方法”，格式如下：

```
lambda 参数：返回值
```

用 lambda 修改之前的代码看看，修改 power( ) 函数和 under_3( ) 函数，代码如下，看看用 lambda 替换 def 关键字，及没有写 return 关键字的差别。

动手编码

Lambda 源代码 lambda01.py

```
01  # 定义函数
02  power = lambda x: x * x
03  under_3 = lambda x: x < 3
04
05  # 定义变量
06  list_input_a = [1, 2, 3, 4, 5]
07
08  # 使用map()函数
09  output_a = map(power, list_input_a)
10  print("# map()函数的运行结果")
11  print("map(power, list_input_a):", output_a)
12  print("map(power, list_input_a):", list(output_a))
13  print()
14
15  # 使用filter()函数
16  output_b = filter(under_3, list_input_a)
17  print("# filter()函数的运行结果")
18  print("filter(under_3, output_b):", output_b)
19  print("filter(under_3, output_b):", list(output_b))
```

执行结果

```
# map()函数的运行结果
map(power, list_input_a): <map object at 0x03862270>
map(power, list_input_a): [1, 4, 9, 16, 25]

# filter()函数的运行结果
filter(under_3, output_b): <filter object at 0x03862290>
filter(under_3, output_b): [1, 2]
```

lambda 是一种简便地定义简单函数的方法，但为什么使用时的复杂程度令人质疑呢？可以将 lambda 直接放入下面函数的参数中，代码就会变得非常简单。

动手编码

内置lambda 源代码 lambda02.py

```
01    # 定义变量
02    list_input_a = [1, 2, 3, 4, 5]
03
04    # 使用map()函数
05    output_a = map(lambda x: x * x, list_input_a)
06    print("# map()函数的运行结果")
07    print("map(power, list_input_a):", output_a)
08    print("map(power, list_input_a):", list(output_a))
09    print()
10
11    # 使用filter()函数
12    output_b = filter(lambda x: x < 3, list_input_a)
13    print("# filter()函数的运行结果")
14    print("filter(under_3, output_b):", output_b)
15    print("filter(under_3, output_b):", list(output_b))
```

不定义power()函数，直接放入参数

不定义under_3()函数，直接放入参数

运行结果与之前相同，lambda 可以帮助我们更好地编写代码，确保函数被作为参数传入，并且不需要费力查看它是什么函数。

现在，我们学习了一个参数的 lambda，下面是多个参数的 lambda。

```
lambda x, y: x * y
```

文件处理

默认处理和文件有关的函数是标准函数，文件大致可分为文本和二进制文件，这里只介绍“二进制文件”的有关内容。

处理文件时需要先打开文件（open），打开文件后才能读取文件（read），然后是写文件（write）。

打开、关闭文件

打开文件时，使用 open() 函数。

```
文件对象=open (字符串：文件路径，字符串：阅读模式)
```

在 open( ) 函数的第一个参数是文件路径 path，第二个参数处指定模式 mode，模式如下：

模式	说明
W	Write模式（写模式）
A	Append模式（追加模式）
R	Read模式（只读模式）

关闭文件时，使用 close() 函数。

```
文件对象.close()
```

打开文件，编写一个简单的示例。

打开文件然后关闭 源代码 file_open.py

```
01    # 打开文件
02    file = open("basic.txt", "w")
03
04    # 在文件中测试
05    file.write("Hello Python Programming...!")
06
07    # 关闭文件
08    file.close()
```

运行程序，在程序文件夹中生成一个名为‘basic.txt’的文件。

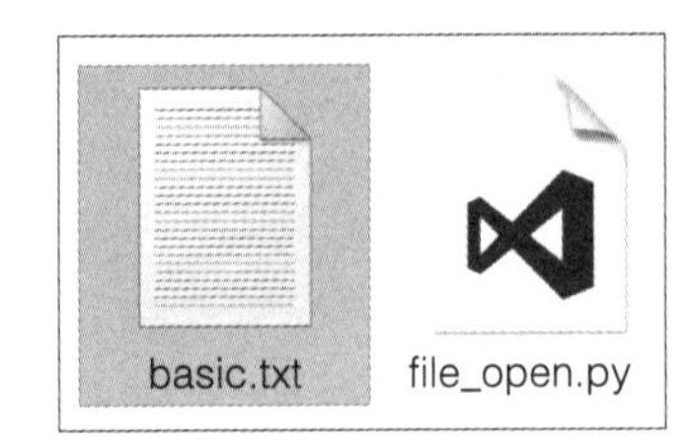

以文本格式打开这个文件，可以看到如下的文字：

如果使用 open( ) 函数打开文件，就需要使用 close( ) 函数关闭文件，结束程序时，被打开的全部文件被自动关闭。但是，请不要认为不单独使用 close( ) 函数也可以关闭文件，请养成用 open( ) 函数打开文件，close( ) 函数关闭文件的习惯。

with 关键字

当程序变长时，open( ) 函数和 close( ) 函数之间会有很多代码，放入条件语句和循环语句，打开文件不关闭的失误情况会经常发生，为了避免这种错误，一个名为 with 关键字的功能产生了，使用 with 关键字的语句格式如下：

```
with open (字符串：文件路径，字符串：模式) as 文件对象：
    函数体代码
```

第 257 页“动手编码 file_open.py”的代码，用 with 语句格式修改，如下：

```
# 打开文件
with open("basic.txt", "w") as file:
    # 在文件中写text
    file.write("Hello Python Programming...!")
```

这样创建的代码，with 语句结束时自动关闭文件，因此可以减少打开文件后不关闭造成的失误。

★ 稍等片刻 stream

当使用外部文件、外部网络通信时，需要创建数据流路径，这叫作流（stream）。正确地描述open()函数是创建一条从程序到文件路径，close()函数关闭这条路径。

with关键字是在打开和关闭这个流时，为了减少失误而创建的语句。现在，打开、关闭文件看看，虽然不在此书的范围内，我也运用它打开、关闭网络路径。

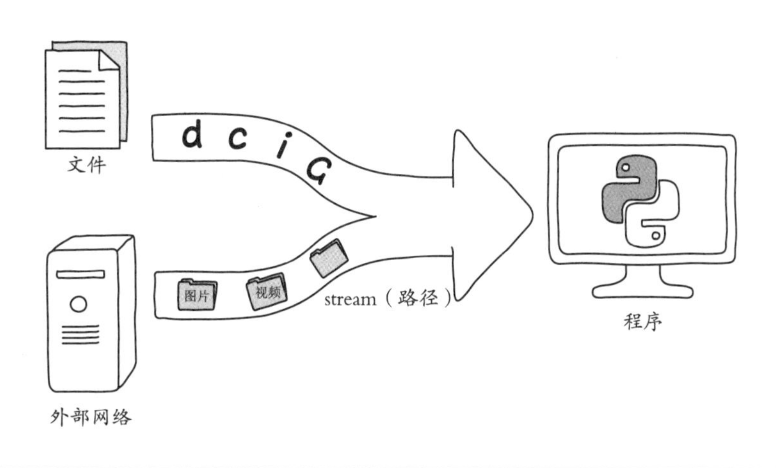

读取文本

在文件中写文本时，使用刚介绍过的 write() 函数，反之，读取文件文本使用 read( ) 函数。

```
文件对象. read()
```

打开文件，调用文件对象的 read() 函数，读取内部所有的数据并输出。

用read()函数读取文本 源代码 file_read.py

```
01  # 打开文件                          ┌→切换读取模式
02  with open("basic.txt", "r") as file:
03      # 读取文件并输出
04      contents = file.read()
05  print(contents)
```

执行结果

```
Hello Python Programming...!
```

逐行读取文本

使用文本时，表达数据结构的方法有 CSV，XML，JSON 等，其中，简单地看一下 CSV。CSV 是 Comma Separated Values 的缩写，意思是用逗号分隔数据值。以下数据是 CSV 格式的代表示例：

```
姓名 , 身高 , 体重
Yun In Sung , 176 , 62
Yan Ha Jin , 169 , 50
```

CSV 文件每行代表一个数据，每行用逗号分隔不同值，此时，您可以在第一行放入 header 来说明每个数据的含义。

虽然 CSV 这个术语有些难用，但从侧面来看，可以理解为“尹仁诚的身高是 176，体重是 62”。在最近的机器学习中，这种格式有数十万个数据被储存并运用，但是，一次性把所有数据放上去可能会影响电脑的性能。

就像把菜放到菜板上一样，不能一次性把所有的菜放到菜板上去切，而是放上一次可以切的量，然后反复再切。处理数据也是一样的，和一次性读取所有数据相比，“一次一个”的处理情况则更多被使用。在本节中，我将介绍假设您有姓名、身高、体重这些数据，在文件中逐行读取的处理方法。

首先创建数据，用简单的代码创建 1000 人的姓名、身高、体重的数据，内容如下：

随机创建1000人的身高和体重 源代码 file_write.py

```
01  # 创建随机数字
02  import random
03  # 创建简单的列表
04  hanguls = list("一二三四五六七八九十")
05  # 以write模式打开文件
06  with open("info.txt", "w") as file:
07      for i in range(1000):
08          # 用随机的值生成变量
09          name = random.choice(hanguls) + random.choice(hanguls)
10          weight = random.randrange(40, 100)
11          height = random.randrange(140, 200)
12          # 写tex
13          file.write("{}, {}, {}\n".format(name, weight, height))
```

执行结果

```
张三, 98, 171
李四, 60, 171
王五, 56, 153
赵六, 71, 144
孙七, 95, 160
周八, 52, 163
…省略…
```

在info.text中生成的数据

那么，假设有很多数据，我们逐行来读取看看，逐行读取数据时使用 for 循环的格式：

```
for 一行文字符 in文件对象:
    处理
```

逐行读取之前创建的数据，用身高和体重来运算 BMI（肥胖度）。

用循环语句逐行读取文件 源代码 file_readlines.py

```
01  with open("info.txt", "r") as file:
02      for line in file :
03          # 定义变量
04          (name, weight, height) = line.strip().split(", ")
05
06          # 确认数据是否有问题：忽略有问题的
07          if (not name) or (not weight) or (not height):
08              continue
09          # 运算结果
10          bmi = int(weight) / (int(height) * int(height))
11          result = ""
12          if 25 <= bmi:
13              result = "超重"
14          elif 18.5 <= bmi:
15              result = "正常体重"
16          else:
17              result = "偏轻"
18
19          # 输出
20          print('\n'.join([
21              "姓名: {}",
22              "体重: {}",
23              "身高: {}",
24              "BMI: {}",
25              "结果: {}"
26          ]).format(name, weight, height, bmi, result))
27          print()
```

执行结果

```
姓名: Ta Na
体重: 63
身高: 165
BMI: 0.0023140495867768596
结果: 偏轻

姓名: Ma Na
体重: 58
身高: 187
BMI: 0.0016586119134090194
结果: 偏轻

姓名: Pa Ta
体重: 53
身高: 161
BMI: 0.0020446742023841674
结果: 偏轻

…省略…
```

?! 疑问解答

处理文件的代码。如果您是初次学习编程，那么您很难记住有关处理文件的功能。事实上，作者在python中偶尔读取文件时，想不出用什么函数就查找过去自己整理的代码。就像所有的学习一样，我创建代码的过程需要整理，也希望您能够把“处理文件的代码”单独整理好，待必要时查找使用。

扩展知识① 自学Python编程

输入 write( ) 函数时，在自动提示功能中可以看到 writelines( )。事实上，到目前为止，在进行其他示例时，是否会有类似自动提示名称呢？

```
file.wri
    writable                def Return whether object was
    write                   opened for writing.
    writelines
    _checkWritable          If False, write() will raise OSError.
```

并且，在本书的练习问题中，即使是文中没有涉及的函数也可以简单说明，并运用其用来解答问题。假如对它的功能产生疑问，将立即解决并将解决方法整理出来。

解决这些疑问的方法可以在 python 文档中查找，也可以在 google 中查找，python 文档的链接之前已经介绍过，这次我介绍一下在 google 查找的方法。

例如，在 google 中搜索 “python writelines( )”。

可以搜索到各种各样的文章，可以区分为两大类：

- 官方文档或是教程网站：搜索函数等内容时，弹出介绍函数使用方法（使用指南）的教程网站。访问这些网站，可以查看到函数基本使用方法等的页面。
- Stack Overflow：这是一个针对各种编程主题的提问与解答的论坛网站，在这个网站上，人们会把在使用特定函数时出现的问题上传到网站上，进行提问，我们可以看到一些使用函数时的注意事项、使用方法等等。

点击图片顶端的教程网站看看，大家搜索时也可以搜索到其他内容。

当看到是英语时可能会觉得有些尴尬，但是编程用英语并没有想象的那么复杂，仔细地读一读就可以理解，我们观察以下代码。

tutorialpoint.com 的 writeline 相关内容

```
# Open a file in witre mode
fo = open("foo.txt", "rw+")

# Write sequence of lines at the end of the file.
seq = ["This is 6th line\n", "This is 7th line"]
line = fo.writelines(seq 2)

# Now read complete file from beginning.
fo.seek(0,0)
for index in range(7):
   line = fo.next()
   print "Line No %d - %s" % (index, line)
```

虽然不知道具体是什么意思，但是却知道使用的是列表作为参数，但是会有各种疑问：

- 是列表中的元素被换行了吗？还是直接放进去了？
- 列表中的元素只能是字符串吗？可以加别的吗？

根据这个预测，直接编写一个示例。

```
with open("test.txt", "w") as file:
    # 使用writeline()
    file.writelines(["你好.",\
        "换行",\
        "不可以吗?",\
        "分开写不行吗?"])
    # writeline()参数的列表是否可以有多个数据型?
    file.writelines([True, 273, "字符串"])
```

运行代码时，出现以下错误信息：

错误

```
Traceback (most recent call last):
  File "test.py", line 8, in <module>
    file.writelines([True, 273, "字符串"])
TypeError: write() argument must be str, not bool
```

看最后一行的“TypeError: write( ) argument must be str, not bool”，好像只需要插入字符串列表，代码中使用了 writelines( ) 函数，“在 write( ) 函数的参数处必须插入字符串”！所以 writelines( ) 函数内部使用 write( ) 函数。

第一个 writelines( ) 函数已经被正常运行，打开 test.txt 文件。打开后会输出以下内容：

```
您好换行不可以吗？分开写不行吗？
```

阅读英语语法书并不意味着您可以使用所有的语法细节。同样的，当您读到这本书时，可能会接触到 python 的核心内容和在使用时遇到的大部分情况，但并不是所有情况都能接触到。所以，

1. 如果有疑问，2. 可以用这样的方法在网上搜索，

3. 希望您可以自己创建一个示例，4. 然后整理。

扩展知识② 生成器

生成器（generator）是 python 特殊的语句结构，生成器是直接创建迭代器时使用的代码（参考第 204 页）。在函数内部使用 yield 关键字，这个函数就是生成器函数，与普通函数不同，即使调用函数，函数内部的代码也不会运行。看看下面的代码：

生成器函数 源代码 generator.py

```
01  # 定义函数
02  def test():
03      print("函数已被调用.")
04      yield "test"
05  
06  # 调用函数
07  print("通过A点")
08  test()
09  
10  print("通过B点")
11  test()
12  print(test())
```

执行结果

```
通过A点
通过B点
<generator object test at 0x02F20C90>
```

如果调用原始 test( ) 函数，虽然应该输出“函数已被调用”的字符串，但没有输出，输出的是函数的返回值 < generator object test at 0x02F20C90> 等。即，生成器函数返回生成器，输出的 < generator object test at 0x02F20C90> 是生成器对象。

生成器对象使用 next() 函数运行函数内部的代码，此时，只运行 yield 关键字的部分，输出 yield 关键字后面的值作为 next( ) 函数的返回值。

生成器对象和next()函数 源代码 generator01.py

```
01  # 定义函数
02  def test():
03      print("通过A点")
04      yield 1
05      print("通过B点")
06      yield 2
07      print("通过C点")
08
09  # 调用函数
10  output = test()
11
12  # 调用next()函数
13  print("通过D点")
14  a = next(output)
15  print(a)
16
17  print("通过E点")
18  b = next(output)
19  print(b)
20  #再运行一遍
21  next(output)
```

执行结果

```
通过D点
通过A点
1
通过E点
通过B点
2
通过F点
通过C点
Traceback (most recent call last):
  File "generator01.py", line 22, in <module>
    c = next(output)
StopIteration
```

如果运行代码，每当调用 next() 函数时，可以看到函数内部的内容，像“通过 A 点”，“通过 B 点”，“通过 C 点”，调用 next() 函数后，yield 关键字不能被匹配，函数结束时会出现一个被称为 StopIteration 的异常。

像这样，生成器对象是逐渐地运行函数代码时使用的，为了提升内存的效率，第 196 页提及的 reversed() 函数是使用生成器对象的函数。

注释 我曾介绍过，生成器是直接创建迭代器时使用的代码，结合第204页的“扩展知识②：迭代器”的内容，便很容易理解。

结论

▶ 以3个关键词汇总的核心内容

- 元组（tuple）虽然与列表类似，但元组是一种不能修改元素的 python 特殊语句，可以省略圆括号后以多种方式运用。
- Lambda 是一种可以编写简短函数的 python 特殊语句。
- with 语句是当离开语句块时，自动调用 close() 函数的语句。

▶ 解题

1. 以下是一个典型的代码，很多人在开发 python 程序时被这个难住了，请把空格处补充完整，运行得出以下结果。

```
numbers = [1, 2, 3, 4, 5, 6]

print("::".join(                    ))
```

执行结果

```
1::2::3::4::5::6
```

提示 1. 直接输入numbers，会生成TypeError: sequence item 0: expected str instance, int found的错误。期望放入一个字符串，它包含数字，即，把列表内部的所有数字转换成字符串。

2. 请把空格处补充完整，运行得出以下结果。

```
numbers = list(range(1, 10 + 1))

print("# 只提取奇数")
print(list(filter(                    , numbers)))
print()

print("# 提取大于3小于7")
print(list(filter(                    , numbers)))
print()

print("# 提取二次方后小于50的")
print(list(filter(                    , numbers)))
```

执行结果

```
# 只提取奇数
[1, 3, 5, 7, 9]

# 提取大于3小于7
[3, 4, 5, 6]

# 提取二次方后小于50的
[1, 2, 3, 4, 5, 6, 7]
```

提示 2. 这是基本的lambda和条件的问题。

第6章 异常处理

目前为止，在编写代码时，会遇到各种各样的错误情况，这些错误情况可以分为两种，一种是在运行前发生的“语法错误（syntax error）”，另一种是运行后发生的“异常（exception）”。异常看起来程序是在正常运行，但在运行过程中程序就会死机。因此，我们需要了解python的“异常处理”功能。

学习目标

- 区分语法错误和异常
- 了解异常处理的方法
- 了解强制发生异常的方法和原因

6.1 语法错误和异常

核心关键词

语法错误　异常(运行异常)　基本异常处理　try except语句

当大家第一次接触意想不到的情况时，虽然可以随机应变地处理，但通常情况是程序先接受指令然后才能运行，发生预想不到的情况时“不知道应该怎么做”就死了（虽然可以用“死机”这个词语表示，但我经常使用“死了”）。预想不到的情况是什么呢？在本节中我将仔细讲解。

在开始之前

初次学习编程，到目前为止，当我们编写本书中的示例时，可能会发现很多错误，如输入的错误（error）。

错误

```
Traceback (most recent call last):
  File "test.py", line 16, in <module>
    print(fibonacci(10))
  File "test.py", line 6, in fibonacci
    counter += 1
UnboundLocalError: local variable 'counter' referenced before assignment
```

错误到底是什么，异常究竟又是什么呢？

但是到目前为止，我把它叫作“异常”，这是“经常发生的异常，请牢记”。在本节中，我将详细地介绍如何区分错误和异常。

错误的种类

编程语言的错误 error 有两大类：

- 程序运行前发生的错误
- 程序运行中发生的错误

两类情况都被称为“错误”，运行前发生的错误叫作语法错误（syntax error），运行过程中发生的错误叫作异常（exception）或是运行时错误（runtime error）。我们先从语法错误开始介绍。

语法错误

语法错误是由于圆括号的个数、空格等问题，在程序运行之前发生的错误。看看以下代码，插入的第二个 print() 函数的参数字符串没有写完整。

发生语法错误的代码

```
# 程序开始
print("# 程序已被启动！")

# 发生语法错误的代码    ┌→字符串的后引号没有写完整
print("# 强制执行一个异常!)
```

运行代码时会产生 EOL End Of Line 的问题，重要的是前面有 Syntax Error 这个词，Syntax Error 的意思是因语法问题造成程序无法运行的错误。

错误

```
SyntaxError: EOL while scanning string literal
```

不解决语法的错误，程序将无法运行，因此，一定要修改代码。

解决语法错误

```
# 程序开始
print("# 程序已被启动!")

# 发生语法错误的代码                →把字符串的后引号写完整
print("# 强制执行一个异常!")
```

异常

异常的意思是在运行过程中发生的错误。

发生异常的代码

```
# 程序开始
print("# 程序已被启动!")

# 发生异常的代码
list_a[1]
```

运行代码时，首先输入“# 程序被启动！”的字符串，这是程序被允许的意思，但是在读取 List_a[1] 时发生了 NameError。

像这样，程序先运行，然后在过程中发生的错误被称为异常 exception 或是运行时错误 runtime error。

```
# 程序被启动!→在此程序是正常运行的
Traceback (most recent call last):
  File "test.py", line 5, in <module>
    list_a[1]
NameError: name 'list_a' is not defined
```

解决异常的方法和语法错误的方法不同，只要把代码写正确了就可以，name 'list_ a' is not defined 是没有定义 list_a 的意思，所以可以创建一个 list_a 的名称。

可以修改一下内容，使其正常运行。

解决异常

```
# 程序开始
print("# 程序已被启动!")

# 发生异常的代码
list_a = [1, 2, 3, 4, 5]──>在错误的信息中没有定义
list_a[1]
```

现在异常错误被很容易地解决了，但是当您在创建程序时，有时也会有需要您用复杂的方法来处理异常的情况。

基本异常处理

解决异常都被称为异常处理（exception handling），异常处理的方法主要有以下两种：

- 使用条件语句的方法
- 使用 try 语句的方法

注释 因语法错误造成程序不能正常运行的情况，是不能用异常处理的方法来解决的，应该修改发生语法错误的代码。

首先，看一下使用条件语句处理异常的方法，以下的处理方法叫作基本异常处理。

确认异常情况

先创建一个异常情况，预测一下，当有以下代码时会出现什么情况。

可能发生异常的代码

```
# 输入数字
number_input_a = int(input("输入整数> "))

# 输出
print("圆的半径:", number_input_a)
print("圆的周长:", 2 * 3.14 * number_input_a)
print("圆的面积:", 3.14 * number_input_a * number_input_a)
```

假如大家运用已学过的知识，可能会想到“若输入一个整数，就可以得出圆的半径、圆的周长、圆的面积”。

```
输入整数> 7 Enter
圆的半径: 7
圆的周长: 43.96
圆的面积: 153.86
```

然而，从现在开始异常要发生了，假如不输入整数会怎么样呢？会发生以下的异常。

```
输入整数> 7cm Enter ⟶输入的字符串无法转换为整数
Traceback (most recent call last):
  File "test.py", line 2, in <module>
    number_input_a = int(input("输入整数> "))
ValueError: invalid literal for int() with base 10: '7cm'
```

使用条件语句异常处理

在本页的代码中，若不输入整数则会出现问题，因此，把“输入的不是整数时”作为一个条件语句来区分，发生这种情况时用不同的方法来处理。

看以下代码，使用字符串的 isdigit( ) 函数来检查是否只有数字组成的字符，这样做可以避免出现无法使用 int( ) 函数将字符串转换为数字的异常。

使用条件语句异常处理 源代码 handle_with_condition.py

```
01  # 输入数字
02  user_input_a = input("输入整数> ")
03
04  # 当用户只输入数字时
05  if user_input_a.isdigit():
```

```
06        # 转换为数字
07        number_input_a = int(user_input_a)
08        # 输出
09        print("圆的半径:", number_input_a)
10        print("圆的周长:", 2 * 3.14 * number_input_a)
11        print("圆的面积:", 3.14 * number_input_a * number_input_a)
12    else:
13        print("输入的不是整数.")
```

运算代码看看，若输入整数则会输出正常的值。

```
输入整数> 8 Enter
圆的半径: 8
圆的周长: 50.24
圆的面积: 200.96
```

这次，输入不能转换的字符串看看，使用字符串的 isdigit( ) 函数来检查不是由数字组成的字符，跳到 else 语句，输出“输入的不是整数”的字符串。

```
输入整数> yes!! Enter
输入的不是整数 。
```

编程时，最好养成经常思考异常情况的习惯，假如自己能分辨这些情况发生的时间和条件的话，异常处理将很容易被解决。

try except语句

原来最早的编程语言只能使用条件语句进行异常处理，然而预测异常发生的情况后，全部使用条件语句来处理是件非常困难的事，因为编程语言的结构问题，有些情况是不能只用条件语句来处理异常情况的。

因此，最近编程语言提供了可以异常处理的语句，这就是 try except 语句。try except

语句的基本结构如下：

```
try:
    存在发生异常可能的代码
except:
    异常发生时运行的代码
```

那么，用 try except 语句来修改之前的示例看看，把可能存在异常的代码插入到 try 语句中，把异常发生时运行的代码插入到 except 语句中。

即使不能理解在什么样的情况下发生异常，也能避免程序强制死机。

try except语句 源代码 handle_with_try.py

```
01  # 用try except语句异常处理
02  try:
03      # 转换为数字
04      number_input_a = int(input("输入整数> "))——>有可能发生异常的语句
05      # 输出
06      print("圆的半径:", number_input_a)
07      print("圆的周长:", 2 * 3.14 * number_input_a)
08      print("圆的面积:", 3.14 * number_input_a * number_input_a)
09  except:
10      print("出现问题.")——>异常发生时运行的语句
```

运行代码后，输入不能转换为整数的字符串看看，当运行代码时，程序会被异常处理并正常退出，而不会被强制退出。

```
输入整数> yes!! Enter
出现错误
```

try except语句和pass关键字组合

在编程时，虽然不能明确知道异常原因，但可以掌握哪个部分会发生异常情况。虽然发生异常应该先处理，但是若不是很重要部分的代码，可以使用 try 语句在 except 语句中不添加任何内容，目的是为了避免程序被强制终止。

然而，在语句内部什么也不放可能会出现语句错误，可以像下文一样插入 pass 关键字。

```
try:
    存在发生异常可能的代码
except:
    pass
```

如果能很好地运用异常，就可以用简单的代码来实现所需要的功能，如下：

动手编码

只把转换为数字的内容放入列表中 源代码 try_pass.py

```
01  # 定义变量
02  list_input_a = ["52", "273", "32", "spy", "103"]
03
04  # 循环
05  list_number = []
06  for item in list_input_a:
07      # 转换数字，增加列表
08      try:
09          float(item) # 若出现意外，就不能进行下面的内容了吗?
10          list_number.append(item)  # 若无一异常通过，插入列表!
11      except:
12          pass
13
14  # 输出
```

```
15    print("{} 内部有的数字".format(list_input_a))
16    print("{}입니다.".format(list_number))
```

执行结果

```
['52', '273', '32', 'spy', '103'] 内部的数字
['52', '273', '32','103']
```

如果字符串不能转化为数字，float(item) 运行时会发生异常，因此，用 try excep 语句包裹它，并且只在没有异常时才会运行 list_number.append(item) 的代码。

当然，try except 语句比使用 if 语句的速度慢很多，然而，我认为 python 并不是一种十分重视速度的编程语言，所以如果只是以简便地编写代码为目标来看，使用它是没有问题的。

try except else 语句

当在 try except 语句后面加上 else 语句时，可以指定“不发生异常时运行的代码”。

```
try:
    存在发生异常可能的代码
except:
    异常发生时运行的代码
else:
    不发生异常时运行代码
```

使用 try except else 语句时，只把可能发生异常的代码插入到 try 语句内部，剩余的部分插入到 else 语句，这样的形式经常被使用。示例如下：

try except else语句 源代码 try_except_else.py

```
01    # 使用try except else语句处理异常
02    try:
```

```
03        # 转换为数字
04        number_input_a = int(input("输入整数> "))
05    except:
06        print("不输入整数.")
07    else:
08        # 输出
09        print("圆的半径:", number_input_a)
10        print("圆的周长:", 2 * 3.14 * number_input_a)
11        print("圆的面积:", 3.14 * number_input_a * number_input_a)
```

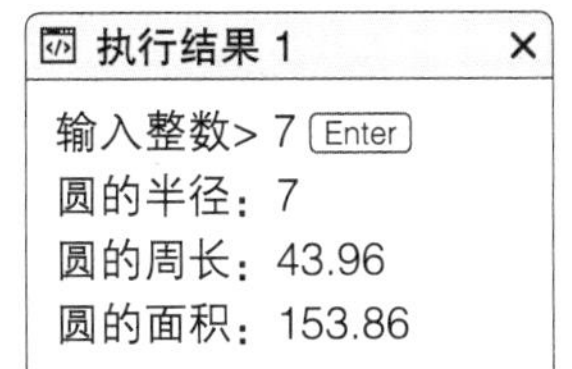

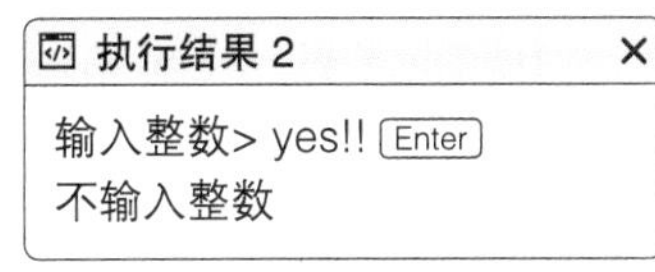

事实上，读者看到这个代码会产生疑问，为什么要这样写呢？为什么不能像之前所示的代码那样，把所有内容插入在 try 语句中呢？

这是大家理所当然会有的想法！ C++, C#, Java, JavaScript, PHP, ObjectiveC, Swift, Kotlin 等编程语言的异常处理是没有 else 语句的。在异常处理中，带有 else 语句的编程语言只有 Python 和 Ruby。

在许多编程语言中，只有少数的编程语言有一些功能，换句话说，即使没有这些功能，编程也是没有问题的，用一句话来表示，就是没有必要必须用这个代码，如果不使用 else 语句，把所有的内容都插入到 try 语句中处理，也是可以的。当然，有些读者认为在处理异常时使用 else 语句更简洁，所以在 try 语句中只插入发生异常的部分。

“知道”但是“不用”，那是另一回事，为了理解他人的代码，所以请记住，需要根据具体情况使用。

finally 语句

finally 语句是在异常处理语句中最后可以使用的语句，代表无论是否发生异常都要无条件运行的代码。

```
try:
    存在发生异常可能的代码
except:
    异常发生时运行的代码
else:
    不发生异常时运行代码
finally:
    无条件运行的代码
```

让我们来看一个示例，它运用了所有的语句。

动手编码

finally语句 源代码 try_except_else_finally.py

```
01  # 使用try except语句处理异常
02  try:
03      # 转换为数字
04      number_input_a = int(input("输入整数> "))
05      # 输出
06      print("圆的半径:", number_input_a)
07      print("圆的周长:", 2 * 3.14 * number_input_a)
08      print("圆的面积:", 3.14 * number_input_a * number_input_a)
09  except:
10      print("我说过了输入整数?!")
11  else:
12      print("不发生异常 。")
13  finally:
14      print("无论如何程序结束了 。")
```

执行结果 1

```
输入整数> 273 Enter
圆的半径：273
圆的周长：1714.44
圆的面积：234021.06
不发生异常。
无论如何程序结束了。
```

执行结果 2

```
输入整数> yes!! Enter
不输入整数。
无论如何程序结束了。
```

两种情况下，运行 finally 语句后都看到了“无论如何程序已经结束了”的结果。

try, except和finally语句的组合

异常处理语句必须遵守以下规则：

- try 语句不能单独使用，一定要和 except 语句或 finally 语句同时使用。
- else 语句一定要在 except 后面使用。

语句组合有以下形式：

- try + except 语句组合
- try + except + else 语句组合
- try + except + finally 语句组合
- try + except + else + finally 语句组合
- try + finally 语句组合

除此之外的语句组合在运行时会发生语法错误，举例把 try + else 组合起来看看。

try + else 语句组合

```
# 使用try except语句处理异常
try:
    # 转换为数字
    number_input_a = int(input("输入整数> "))
    # 输出
    print("圆的半径:", number_input_a)
    print("圆的周长:", 2 * 3.14 * number_input_a)
    print("圆的面积:", 3.14 * number_input_a * number_input_a)
else:
    print("程序正常终止 。")
```

如果这样组合，运行代码时会发生以下语法错误，若发生语法错误则根本无法运行。

错误

```
SyntaxError: Invalid syntax
```

对finally的有关误解

一般情况下，常用“文件处理”作为说明 finally 关键字的示例，虽然它是为初学者准备的一个很好的说明工具，但实际上 finally 语句的使用和它全然不同。

也许您在看本书的过程中也知道这样的错误情况，看看为什么会出错，并且看看 finally 关键字的使用情况。

如果打开文件，就不能移动或覆盖此文件，因此，在应用程序中打开了文件 open 就要无条件关闭文件 close, 可以通过文件对象的 closed 属性确认是否正确关闭文件。

确认文件是否正确关闭 源代码 file_closed01.py

```
01  # 使用try except 语句
02  try:
03      # 打开文件
04      file = open("info.txt", "w")
05      # 进行多种处理
06      # 关闭文件
07      file.close()
08  except Exception as e:
09      print(e)
10
11  print("# 确认文件是否正确关闭 。")
12  print("file.closed:", file.closed)
```

执行结果

```
# 确认文件是否正确关闭
file.closed: True
```

当然，如果是像现在的示例一样，简单地运行并结束的程序，就没有太大问题，当程序结束时，它会自动关闭所有打开的文件，但是这个程序总是开着的时候就会产生问题。

备注 总是开着的程序被称为守护进程（daemon）或是服务（service），例如，监视电脑性能的程序，监视修改文件的程序，为用户提供web网页的web服务器等都是守护进程或服务。

关闭文件时使用 close() 函数，但是，如果在中间过程中发生异常，在 try 语句中间程序就已经退出了，则可能会导致文件无法正常关闭。

处理文件过程中发生异常 源代码 file_closed02.py

```
01  # 使用try except 语句
02  try:
03      # 打开文件
04      file = open("info.txt", "w")
05      # 进行多种处理
06      发生异常()
07      # 关闭文件
08      file.close()
09  except Exception as e:
10      print(e)
11
12  print("# 确认文件是否正确关闭")
13  print("file.closed:", file.closed)
```

执行结果

```
name "异常" is not defined
# 确认文件是否正确关闭
file. closed: False
```

当运行代码时，会发现由于 closed 是 False，文件并没有被关闭，因此一定要使用 finally 语句关闭文件。

使用finally语句关闭文件 源代码 file_closed03.py

```
01  # 使用try except语句
02  try:
03      # 打开文件
04      file = open("info.txt", "w")
05      # 进行多种处理
06      发生异常()
07  except Exception as e:
```

```
08        print(e)
09    finally:
10        # 关闭文件
11        file.close()
12
13    print("# 确认文件是否正确关闭")
14    print("file.closed:", file.closed)
```

执行结果

```
name '异常' is not defined
# 确认文件是否正确关闭
file. closed: True
```

这是有关 finally 关键字的基本说明，在所有的编程语言中，解释异常处理时经常使用的示例。但是，很多人会有疑虑："使用下面的代码不可以吗"？

try except语句结束后关闭文件 源代码 file_closed04.py

```
01    # 使用try except 语句
02    try:
03        # 打开文件
04        file = open("info.txt", "w")
05        # 进行多种处理
06        发生异常()
07    except Exception as e:
08        print(e)
09
10    # 关闭文件
11    file.close()
12    print("# 确认文件是否正确关闭")
13    print("file.closed:", file.closed)
```

执行结果

```
name '异常' is not defined
# 确认文件是否正确关闭
file. closed: True
```

try except 语句全部结束后，假如文件关闭了就没有问题。

总之，在处理文件时，不是一定要使用 finally 关键字。finally 关键字不是在任何条件下都可以使用的，可以认为使用 finally 关键字，代码会变得更简洁。看看什么样的情况下，代码变得更简洁呢?

在try语句中使用return关键字的情况

finally语句在循环语句或是函数内部发挥作用，看看以下代码，预测程序的运行结果。

在try语句内部使用return关键字的情况 源代码 try_return01.py

```
01  # 定义test() 函数
02  def test():
03      print("test()函数的第一行")
04      try:
05          print("运行了try 语句")
06          return
07          print("在try 语句的 return 关键字后面")
08      except:
09          print("运行except 语句")
10      else:
11          print("运行else 语句")
12      finally:
13          print("运行finally 语句")
14      print("test()函数的最后一行")
15
16  # 调用test()函数
17  test()
```

执行结果

```
test()函数的第一行
运行try语句
运行finally语句
```

无条件运行finally语句。

重点是try语句内部有return关键字，即使程序在try语句中间退出，finally语句仍然会被执行。所以，在函数内部，若想简洁地创建处理文件代码，运用finally语句的情况比较多，因为即使在try语句中想用return关键字退出，文件也会被关闭。

运用finally关键字 源代码 try_return02.py

```
01  # 定义函数
02  def write_text_file(filename, text):
03      # 使用try except语句
04      try:
05          # 打开文件
06          file = open(filename, "w")
07          # 进行多种处理
08          return
09          # 在文件中输入text
10          file.write(text)
11      except Exception as e:
12          print(e)
13      finally:
14          # 关闭文件
15          file.close()
16
17  # 调用函数
18  write_text_file("test.txt", "你好!")
```

假如去掉中间 return 关键字函数，然后用 close( ) 代码编写会变得非常复杂，但是像这样在 finally 语句中调用 close( ) 函数，代码就会变得十分简洁。

与循环语句同时使用的情况

由于 finally 语句是无条件运行，因此在循环语句中，去掉 break 时也一样，看看以下代码。

和循环语句同时使用的情况 源代码 finally_loop.py

```
01  print("开始程序")
02
03  while True:
04      try:
05          print("运行try语句")
06          break
07          print("try 语句的 break关键字后面")
08      except:
09          print("运行except 语句")
10      finally:
11          print("运行finally 语句")
12      print("while循环句的最后一行")
13  print("程序已经结束")
```

执行结果

```
开始程序
运行try语句
运行finally语句
程序结束
```

运行代码时，即使用 break 关键字跳出整个 try 语句，也可以看到 finally 语句一定会执行。

结论

▶ 以4个关键词汇总的核心内容

- 语法错误是由于程序的错误语法造成程序无法正常运行的错误。
- 异常（运行异常）是在运行程序的过程中发生的错误，可以用 try catch 语句等处理。相反，语法错误不能使用 try catch 语句来处理，因为它造成了程序本身不能运行。
- 基本异常处理是使用条件语句等处理异常的基本方法。
- try except 语句是异常处理的特殊语句。

▶ 解题

1. 请说明语法错误（Syntax Error）与异常（Exception）的区别。

2. 用 index( ) 函数来确定列表内部特定值的位置，以下是一个简单的示例。

```
>>> numbers = [52, 273, 32, 103, 90, 10, 275]
>>> numbers.index(52)
0
>>> numbers.index(103)
3
```

提示 1. 请参考第273页！

相应值的多种情况，以下是返回第一个值的位置。

```
>>> numbers = [1, 1, 1, 1, 1, 1, 1]
>>> numbers.index(1)
0
```

不过，当尝试访问列表中没有的值的时候，这个函数会发生 Value Error 异常。

```
>>> numbers = [52, 273, 32, 103, 90, 10, 275]
>>> numbers.index(1000000)
Traceback (most recent call last):
  File "<pyshell#7>", line 1, in <module>
    numbers.index(1000000)
ValueError: 1000000 is not in list
```

请根据下面输出的运行结果，把空格处的代码补充完整，使程序不发生异常正常运行，①是使用条件语句的代码，②是使用 try except 语句的代码。

```
numbers = [52, 273, 32, 103, 90, 10, 275]

print("# (1) 查找元素内部存在的值")
print("- {}是在 {}位置".format(52, numbers.index(52)))
print()

print("# (2) 查找元素内部没有的值")
number = 10000
            ①
print("- {}是在 {}位置".format(52, numbers.index(52)))
        ②
print("- 列表内部没有的值")
print()

print("--- 程序正常结束 ---")
```

执行结果

```
#（1）查找元素内部存在的值
-52是在0的位置

#（2）查找元素内部没有的值
-列表内部没有的值

---程序正常结束---
```

3. 区分以下内容哪些是“语法错误”，哪些是“异常”，并做出标记，写出它们的错误名是什么。

```
Output=10+"个"        #①
Int ("您好")          #②
Curso. close)         #③
[1, 2, 3, 4, 5][10]   #④
```

① □语法错误 □异常 →(　　　　　　　　　　)

② □语法错误 □异常 →(　　　　　　　　　　)

③ □语法错误 □异常 →(　　　　　　　　　　)

④ □语法错误 □异常 →(　　　　　　　　　　)

备注 2. 您可能不想创建条件语句，当列表内部没有值时，index()函数会发生异常，因此要确认列表内部是否存在值。

3. 无法运行的代码是语法错误（SyntaxError），运行过程中出现的错误是异常（Exception）。

6.2 高级异常

核心关键词

异常对象　raise语句　搜索GitHub

开发程序时会遇到许许多多的错误，而且，当第一次开发程序时，预测出所有的错误并处理的情况几乎是没有的。开发完程序后，还会继续发生预料不到的错误，所以必须要进行维护。

在开始之前

在现实生活中发生一件事情时，我们会想“who, when, where”这样的信息。当编程语言发生异常时，也会想到有关的信息，并且，这样的异常信息会被保存在异常对象（exception object）中。

异常对象的运用格式如下：

```
try:
    存在发生异常可能的代码
except 异常的类型 as 运用异常对象命名变量:
    异常发生时运行的语句
```

如果发生异常，出现异常信息，异常信息被保存在异常对象中。

异常对象

初次使用异常对象时，可能不知道“异常的类型”都有什么，这时我们可以使用“常规错误的基类”（Exception）。

备注 Exception是一种“class”，class的有关内容在第8章我将单独介绍。

运行以下代码，输出的是异常对象的数据类型及异常对象本身。

异常对象 源代码 except01.py

```
01  # 运用try except语句处理异常
02  try:
03      # 修改为数字
04      number_input_a = int(input("输入整数> "))
05      # 输出
06      print("圆的半径:", number_input_a)
07      print("圆的周长:", 2 * 3.14 * number_input_a)
08      print("圆的面积:", 3.14 * number_input_a * number_input_a)
09  except Exception as exception:
10      # 尝试输出异常对象
11      print("type(exception):", type(exception))
12      print("exception:", exception)
```

运行代码输入字符后，使它强制发生异常，输出的异常对象的数据类型是 Value Error, 内容是 invalid literal for int( ) with base 10: '< 输入的字符串 >。

```
输入整数> yes!! Enter
type(exception): <class 'ValueError'>
exception: invalid literal for int() with base 10: 'yes!!'
```

假如创建的是一个大规模的 web 服务，在其内部会发生各种各样的异常，发生异常时，可以通过发送到邮箱或其他方式收集这些信息，这对改进之后的程序有很大帮助。

区分异常

如果使用异常对象，可以使用 except 语句区分异常，就像 if 条件语句一样。这句话听起来有些难，那我们来仔细看看。

可能发生多种异常时的情况

观察以下代码，请预测看看会发生什么样的情况？

动手编码

多种异常可能发生时的情况 源代码 except02.py

```
01  # 定义变量
02  list_number = [52, 273, 32, 72, 100]
03
04  # 用try except语句处理异常
05  try:
06      # 输入数字
07      number_input = int(input("输入整数> "))
08      # 输出列表的元素
09      print("第{}个元素: {}".format(number_input, list_number[number_input]))
10  except Exception as exception:
11      # 尝试输出异常对象
12      print("type(exception):", type(exception))
13      print("exception:", exception)
```

第一种情况是输入正确的整数，不会发生异常。

```
输入整数> 2 Enter
第2个元素：32
```

第二种情况是输入不能转换为整数的值，发生了 Value Error。

```
输入整数> yes!! Enter
type(exception): <class 'ValueError'>
exception: invalid literal for int() with base 10: 'yes!!'
```

第三种情况是虽然输入整数，但输入的索引超过列表长度，这时发生了 Index Error。

```
输入整数> 100 Enter
type(exception): <class 'IndexError'>
exception: list index out of range
```

代码内部可以像这样发生多种异常，Python 提供了区分多种异常及可以处理的语句。

区分异常

Python 是可以通过在 except 语句后面输入异常的类型来区分异常。

```
try:
    存在发生异常可能的语句
except异常A的类型:
    发生异常A时运行的语句
except异常B的类型:
    发生异常B时运行的语句
except 异常C的类型:
    发生异常C时运行的语句
```

尝试简单地区分上节中讲到的 Value Error 异常和 Index Error 异常。

动手编码

区分异常 源代码 except_multi.py

```
01  # 定义变量
02  list_number = [52, 273, 32, 72, 100]
03
04  # 用try except语句处理异常
05  try:
06      # 输入数字
07      number_input = int(input("输入整数> "))
08      # 输出列表的元素
09      print("第{}个元素：{}".format(number_input, list_number [number_input]))
10  except ValueError:
11      # 发生ValueError的情况
12      print("请输入整数！")
13  except IndexError:
14      # 发生IndexError的情况
15      print("超出列表的索引！")
```

当运行代码输入非整数的值后生成 Value Error 时，执行 Value Error 的 except 语句，会输出如下“请输入整数！”的字符串。

```
输入整数> yes!! Enter
请输入整数！
```

再次运行代码，当输入的数字超过列表的索引时，执行 Index Error 的 except 语句，会输出如下“超过列表的索引”的字符串。

```
输入整数> 100 Enter
超过列表的索引！
```

异常区分语句及异常对象

可以运用在每个 except 语句后面附加异常对象的方法用来区分异常，同样的，也可以使用 as 关键字。简单起见，我们尝试将本文中的代码添加一个异常对象并输出。

异常语句和异常对象 源代码 except_as.py

```
01    # 定义变量
02    list_number = [52, 273, 32, 72, 100]
03
04    # 使用try except 语句处理异常
05    try:
06        # 输入数字
07        number_input = int(input("输入整数> "))
08        # 输出列表的元素
09        print("第{}个元素: {}".format(number_input, list_number[number_input]))
10    except ValueError as exception:
11        # 发生ValueError的情况
12        print("请输入整数！")
13        print("exception:", exception)
14    except IndexError as exception:
15        # 发生IndexError的情况
16        print("超出列表的索引！")
17        print("exception:", exception)
```

运行代码并输入超出索引的数字来生成 Index Error，输出内容如下：

```
输入整数> 100 Enter
超出列表的索引！
exception: list index out of range
```

捕获所有异常

当使用 except 语句区分异常时，就像 if，elif，else 条件语句依次检测错误，假如没有和条件匹配的条件语句，则会发生异常，然后强制终止程序。

举个例子，看以下代码，中间使用"请发生异常 ()"，因没有变量会产生异常，虽然进行了异常处理，但是在异常处理中并没有针对 NameError 异常的处理方式。

虽然进行了异常处理却不能捕捉的情况 源代码 except03.py

```
01    # 定义变量
02    list_number = [52, 273, 32, 72, 100]
03
04    # 使用try except 语句处理异常
05    try:
06        # 输入数字
07        number_input = int(input("输入整数> "))
08        # 输出列表的元素
09        print("第{}个元素: {}".format(number_input, list_number [number_input]))
10        请发生异常()——>在这部分发生了不能捕捉的异常 。
11    except ValueError as exception:
12        # 发生ValueError的情况
13        print("请输入整数！")
14        print(type(exception), exception)
15    except IndexError as exception:
16        # 发生IndexError的情况
17        print("超出列表的索引！")
18        print(type(exception), exception)
```

执行结果

```
输入整数> 1 Enter
第一个元素: 273
Traceback (most recent call last):
  File "except03.py", line 10, in <module>
    请发生异常()
NameError: name "异常"is not defined
```

即使使用了try except 语句程序也死机了！

这样的话，发生异常程序被强制终止。因此，像 else 语句一样，在结尾添加作为所有异常基类的 Exception，这样程序就不会死机了。

捕捉全部异常 源代码 except_all.py

```
01  # 定义变量
02  list_number = [52, 273, 32, 72, 100]
03
04  # 使用try except 语句处理异常
05  try:
06      # 输入数字
07      number_input = int(input("输入整数> "))
08      # 输出列表的元素
09      print("第{}个元素: {}".format(number_input, list_number [number_input]))
10      请发生异常()
11  except ValueError as exception:
12      # 发生ValueError的情况
13      print("请输入整数！")
14      print(type(exception), exception)
15  except IndexError as exception:
16      # 发生IndexError的情况
17      print("超出列表的索引！")
18      print(type(exception), exception)
19  except Exception as exception:——>运行除ValueError和IndexError
20      # 发生除此之外的异常情况
21      print("发生了未识别的异常。")
22      print(type(exception), exception)
```

执行结果

```
输入整数> 1 Enter
第一个元素：273
发生了未识别的异常。
<class 'NameError'> name "异常" is not defined
```

当运行代码时，程序没有被强制终止，输出了以上结果。作为参考，也会出现即使是一个致命的问题程序还没有被终止的情况，因为它始终是存在的隐患，所以请务必进行确认。

至此，我们已经了解了处理异常的有关方法，虽然在本书中只展示了一些简单的示例，除此之外的示例大家没有看到，当在开发大规模的程序的时候，我们也经常使用“用异常处理的方法遮瑕”作为异常处理的方法。

在异常处理中，最重要的是预测“在代码中发生了什么异常呢？”，所有的预测绝非易事。

即使是开发过众多游戏的开发人员对游戏内部的异常也很难捕捉，当有‘Microsoft Visual C++ Runtime Library – Runtime Error!’等信息出现时，程序被强制终止的情况就会经常发生。而且，即使是开发了很好的游戏服务器，仅仅是因为人员聚集也会发生异常，然后发布公告告知“服务器瘫痪了”。当预定中国高铁车票和订购演唱会门票的时候，很多人聚集在一起，如果数据库连接的多了也会发生异常的情况，所以需要紧急维修。

虽然不能全部预测出很多的情况，但是开发人员的目的是要尽量预测和捕捉可以捕捉到的异常情况。

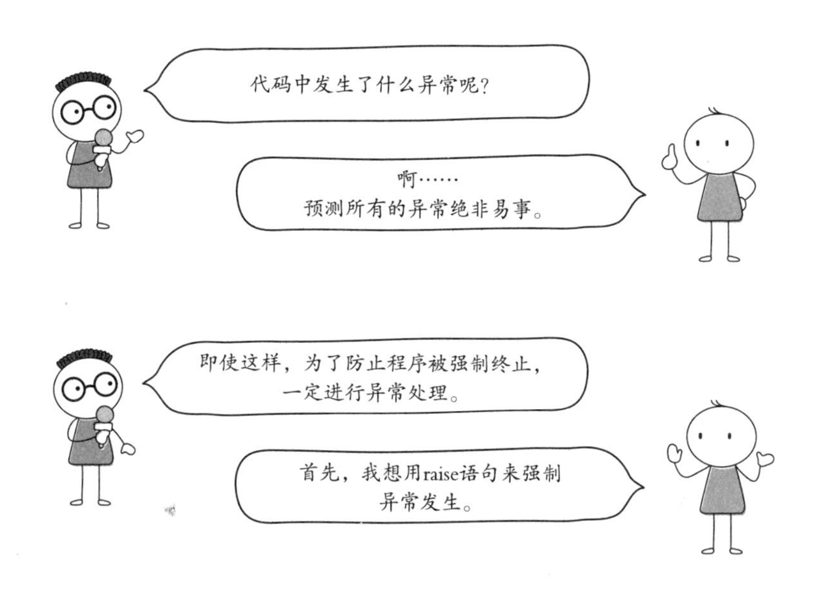

raise语句

为了防止程序被强制终止，一定要进行异常处理。但是，在程序开发的过程中，会发生“由于是尚未表现的内容，让我们明确地制造问题吧”或是“跳过这部分的话，之后会发生很大的问题，就在这里强制结束吧”的情况。

我们在学习 pass 关键字的时候讲解过下面这个示例。

在还未体现的部分强制发生异常

```
# 输入
number = input("输入整数> ")
number = int(number)
# 使用条件语句
if number > 0:
    # 正数时：尚未体现的格式
    raise NotImplementedError
else:
    # 负数时：尚未体现的格式
    raise NotImplementedError
```

请别忘记，由于是尚未体现的部分，强制发生异常后程序会死机，此时使用的 raise 关键字的作用正是强制发生异常。

```
raise 异常对象
```

使用方法很简单，在 raise 后面输入异常名称就可以了。

如果要用想要的格式生成输出信息，必须创建一个异常 class，这不是经常使用的内容，有关这个内容我们会在第 8 章 Class 中学习。

扩展知识 查看代码

在编程语言中，不可能无条件地使用任何语句，因为可能发生的情况有很多，我们要根据不同的情况选择性的使用语句。

实际操作中，一开始就做出这样的判断很困难，看到其他人创建的各种各样的代码，自己就会想到“原来有这样的方法呀”！因此我们要多看一些代码。

学习了 python 的基本方法后，我们看一下框架和资料库。大部分的 python 的框架和资料库是一个叫作 GitHub 的网站（https://github.com）上公开的代码。举个例子，假如您是一位对 web 开发很感兴趣的读者，读完这本书后查看 Django 等资料库，在 GitHub 网站上也可以看到 Django 代码 (https://github.com/django/django)。

在 GitHub 上的 Django 页面 → https://github.com/django/django

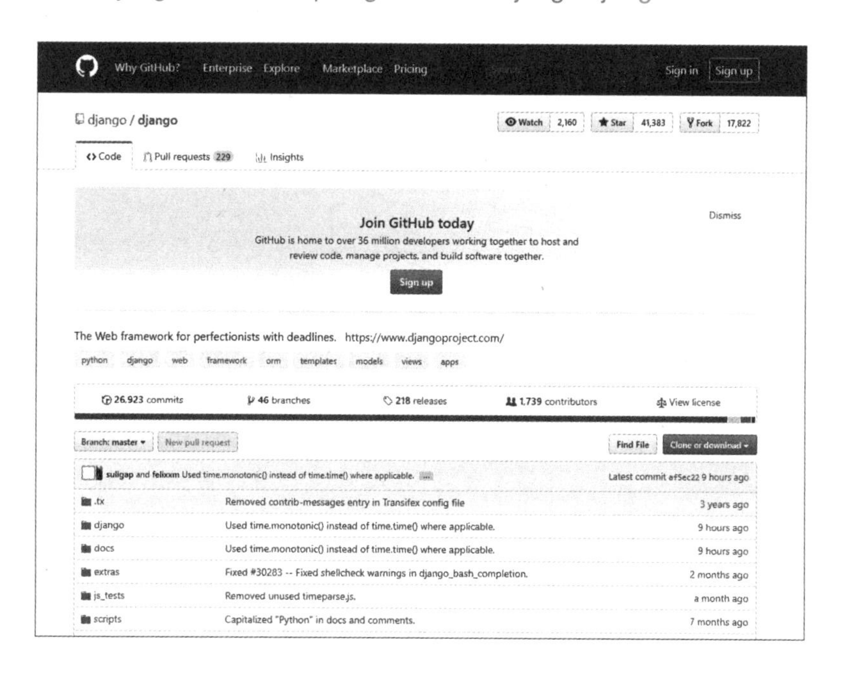

在这个页面上，我们可以看到各种各样的代码，可以确认应该创建什么格式的代码是最好的。那么，我们在 Django 上查看一下，实际操作中应该使用什么格式的 finally 关键字，把想要的代码输入在搜索窗口处，例如，搜索“finally”后，出现以下内容：

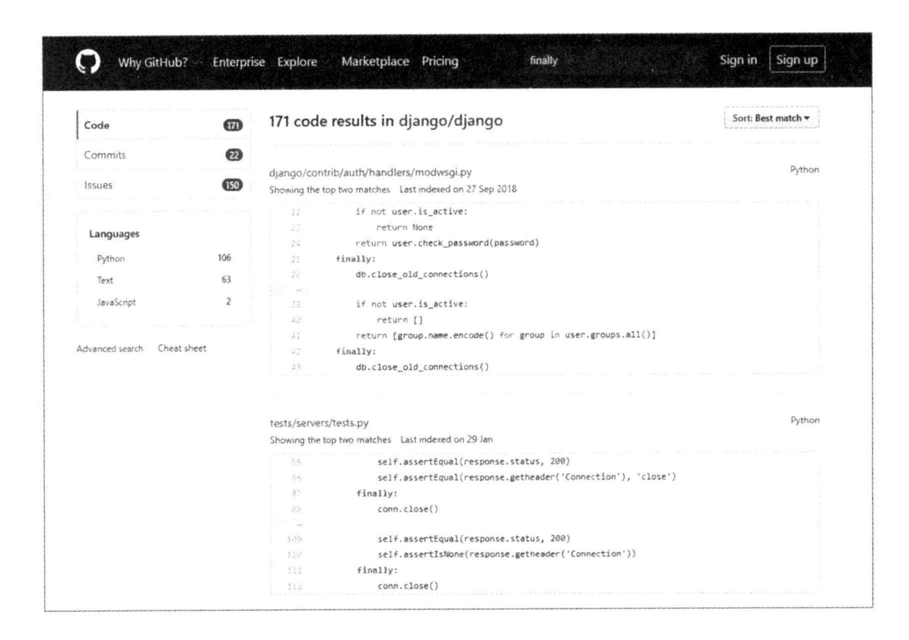

点击其中的一个，可以看到以下内容（为了方便大家查看，我删除了注释）。目前理解 cursor 是什么，可能会有些困难，它是从数据库中导入数据的功能，现在请把它想象成一个类似于文件对象的东西。

在 Django 代码中查找 finally

```
def get_geometry_type(self, table_name, geo_col):
    cursor = self.connection.cursor()
    try:
        cursor.execute('DESCRIBE %s' % self.connection.ops.quote_name(table_name))
        for column, typ, null, key, default, extra in cursor.fetchall():
            if column == geo_col:
                field_type = OGRGeomType(typ).django
                field_params = {}
                break          —>使用了break 关键字
    finally:
        cursor.close()
```

在上面的代码中，在 try catch 语句内部出现了 break, 所以为了很容易的捕捉，我们使用 finally 关键字。假如不使用 finally 关键字，cursor. close( ) 函数需要运行很多次，如下：

没有 finally 关键字的代码

```
def get_geometry_type(self, table_name, geo_col):
    cursor = self.connection.cursor()
    try:
        cursor.execute('DESCRIBE %s' % self.connection.ops.quote_name(table_name))
        for column, typ, null, key, default, extra in cursor.fetchall():
            if column == geo_col:
                field_type = OGRGeomType(typ).django
                field_params = {}
                # 在break前面关闭
                cursor.close()
                break
    except:
        # 在发生异常时关闭
        cursor.close()
    # 在正常结束时关闭
    cursor.close()
```


因为使用了 finally, 可以看到代码变得很简洁，假如您之后继续学习编程语言，可能会运用到像 Django 这样巨大的开源软件。通常情况下，如果能很好地运用它，就不会出现太大问题，但是希望大家在创建代码时要对代码内部的结构进行逐一检查，我们可以看到很多人一起创建的精炼的代码格式是怎样构成的。

结论

▶ 以3个关键词汇总的核心内容

- 异常对象是包含异常有关信息的对象。
- raise 语句是强制发生异常时使用的语句。
- GitHub 是一个多人一起开发的社交编码网站，可以看到能力较强的开发人员编写的精简代码。

▶ 解题

1. 下面选项中，哪项是强制发生异常时使用的关键字？

   ① throw　② raise　③ runtime　④ error

2. 您在初学阶段可能不得不问，为什么经常使用强制发生异常的 raise 语句，这个确实广泛被使用。在本书中我们看到过 GitHub 中查找代码的方法，在人工智能方面被广泛使用的数值演算库，在 TensorFlow(https://github.com/tensorflow/tensorflow) 中找出使用 raise 语句的三个示例。这个是没有固定的答案，我找出了三个 raise 语句示例，如下：

```
raise ValueError(
  'incompatible dtype; specified: {}, inferred from {}: {}'.format(
      element_dtype, elements, inferred_dtype))
```

提示 1. 我故意把其他编程语言中强制发生异常时使用的关键字混合在一起。请注意：通常情况下，python 中强制发生异常时使用的关键字与其他编程语言的不同。

```
raise ValueError(
  'element shape may not be specified when creating list from tensor')
```

```
raise NotImplementedError('tensor lists only support removing from the end')
```

没有固定的答案，因为不了解 Tensor Flow，所以不能正确地分析错误。能够充分地感受到“可以看到其他人创建的语句格式”,“raise 关键字确实频繁被使用”。

提示 2. 进入问题链接，请在搜索表中输入[raise]。

基础篇结束

Python 的基本语句及有关“基础篇”的内容已经全部结束了，至此，以上部分是决定您是否能够编程的核心内容，从后面的“高级篇”开始，我们将了解他人创建代码运用的方法。就像根深的树可以伸展出更高的枝干一样，只要可以灵活运用“基础篇”的基本内容，他人创建的代码也可以看得明白并很好地运用。

顺便说一下，在“基础篇”的内容完全没有理解之前，绝对不能跳到“高级篇”，您可以仔细地浏览目录，确认没有不足的地方后，再立即进入“高级篇”。虽然说是“高级”，但其实它的内容比较简单，进度也会更快一些，而且也可以很容易地理解前面学习的内容是如何被组合起来的。

第7章
模　块

至此，我们已经了解了python的基本内容，把这些内容灵活运用也能创建基本的程序。但是，如果您的梦想是网络开发，您会想我应该怎么做呢？我想用控制器操作机器人，如果开始编程我就知道怎么操作机器人了。

从第七章开始，我将介绍模块和类（class），以及如何利用python进行网络开发，和其他内容。

学习目标

- 理解模块的基本使用方法。
- python的标准模块都有哪些。
- 运用python标准文件理解查找模块功能的有关方法。

7.1 标准模块

核心关键词

标准模块　import语句　as关键字　python官方文档

在遇到条件语句、循环语句的时候会感觉困难吗？尽管如此，如果您能克服困难，现在我们来学习其他人创建的条件语句、循环语句组合的代码运用方法。本节中，我们将尝试使用标准模块，并学习它的使用方法。

在开始之前

python 有一种叫作模块（module）的功能来分离和共享代码，模块是集多种变量和函数于一体，主要分为标准模块和外部模块。基本 / 默认嵌入在 python 中的模块叫作“标准模块”，其他人创建并发布的模块叫作“外部模块”。

导入模块时，使用以下的语句格式。通常情况下，导入模块把 import 语句写在代码的最上面。

```
import 模块名称
```

具有数学相关功能的math模块导入import math。

模块使用的基础：math模块

首先，介绍一下 math 模块，了解模块的基本使用方法。math 模块顾名思义，它具有数学相关功能。

例如，导入 math 模块使用以下格式：

```
import math
```

像这样输入“import math”，在后面的语句中可以使用“math”模块，这时的 math 是一个包含多个变量及函数的集合。在 Visual Studio Code 中使用自动完成功能，可以查看 math 模块中的变量和函数。

使用自动完成功能查看 math 模块的变量和函数

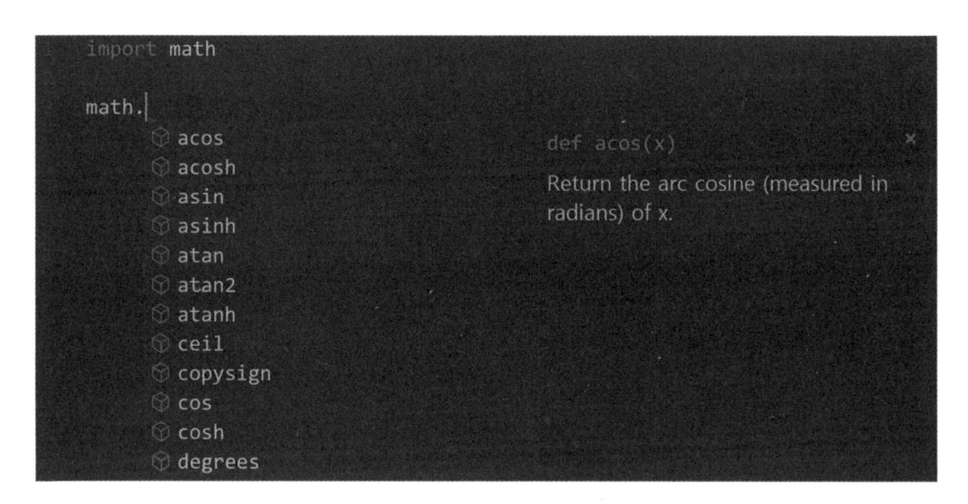

在上图中，我们看到了正弦 sin、余弦 cos、正切 tan 的数学用语，让我们来看看使用 math 模块的简单代码。

导入模块。

```
>>> import math
```

让我们使用数学中经常使用的数学 / 三角函数看看。

```
>>> math.sin(1)      # sin
0.8414709848078965
>>> math.cos(1)      # cos
0.5403023058681398
>>> math.tan(1)      # tan
1.5574077246549023
>>>
>>> math.floor(2.5)  # floor
2
>>> math.ceil(2.5)   # ceil
3
```

模块文件

math 模块具有很多功能，整理成如下表格：

math 模块的函数

变量或函数	说明
sin(x)	求正弦的值
cos(x)	求余弦的值
tan(x)	求正切的值
log(x[, base])	求对数的值
ceil(x)	向上取整
floor(x)	向下取整

然而，运用 Visual Studio Code 的自动完成功能，当您查看代码时，会发现显示的内容比上表中整理的要多很多。

注释 事实上，假如您是第一次学习编程语言，您可能会想“我是不是要把这些都背下来”，虽然经常使用，但并不需要背下来，因为无论何时，编程语言都可以参考书籍和网络。只需要留下“有这样的东西”的印象就可以了，这样您就知道该内容在书中的哪个位置，就知道在网络上应该怎么搜索了。

当您对标准模块等信息感兴趣时，可以查看 python 的官方文档。

Python 标准模块官方文档→ https://docs.python.org/3/library/index.html

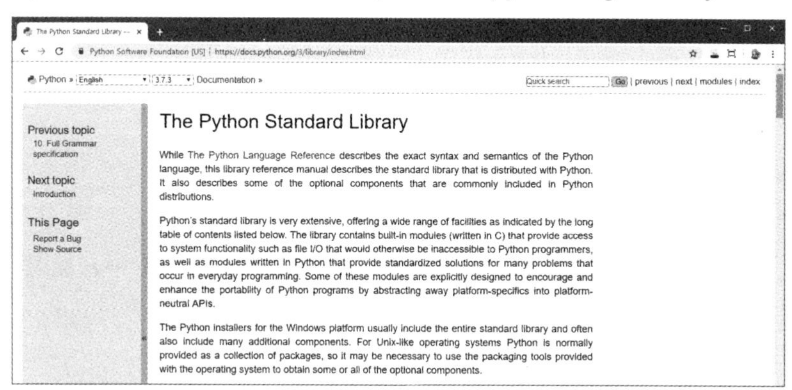

不是所有的模块功能都被使用的。举个例子，当以科学计算为目的使用 python 时，需要很好地了解 math 模块，但是当以开发网络程序为目的使用 python 时，几乎不怎么使用 math 模块。

★ 稍等片刻　四舍五入函数

当您把数据放入数据库等地方时，将错误信息转换成整数的情况会时常发生。将错误信息换成整数的最简单的方法是使用floor()函数和ceil()函数。那么，我们该怎么四舍五入呢？

四舍五入时使用round()函数，这和我们在数学课上学习的四舍五入的方法有些不同，当整数部分是偶数的时候，如果小数点后面是5则舍去；当整数部分是奇数的时候，如果小数点后面是5则向前进一位。基于这个解释，我们看以下代码，整数部分是奇数的时候，向前进位分别输出了2和4，整数部分是偶数的时候，舍去后分别输出2和4。

```
>>> round(1.5)
2
>>> round(2.5)
2
>>> round(3.5)
4
>>> round(4.5)
4
```

由于计算机内部不能显示小数，这个方法最大限度地弥补了这一点。如果您把round()函数理解为简单的四舍五入函数的话，是很难理解这样的运行结果的，所以至少牢记round()函数不是简单的四舍五入函数（大部分情况下，几乎不使用round()函数）。

from语句

在模块中有很多变量和函数，然而在这其中我们最想使用的功能只是极少的一部分，像 math.cos( ), math.sin( ), math.pi 一样，一直在前面输入一些东西可能感觉很麻烦。

使用 from 语句。

```
from 模块名称 import 想导入的变量或是函数
```

您可以在“想导入的变量或是函数”的位置输入多个变量或函数。当使用它们时，在它们前面不需要添加 math（例如：sin, cos, tan 等）也可以使用。

```
>>> from math import sin, cos, tan, floor, ceil
>>> sin(1)
0.8414709848078965
>>> cos(1)
0.5403023058681398
>>> tan(1)
1.5574077246549023
>>> floor(2.5)
2
>>> ceil(2.5)
3
```

★ 稍等片刻 **全部导入**

假如您不喜欢在前面附加“math”，您的目的是导入全部功能，那可以使用“*”符号。“*”符号在计算机中表示“全部”的意思，因此如果您输入下面的代码，就意味着导入math模块中的全部内容。

```
from math import *
```

但是假如导入全部内容，标识符名称可能发生冲突，因此使用from语句时，最好只导入需要的部分。

as语句

导入模块时，会出现标识符名称冲突的情况。模块的名称太长，您可能想缩短使用，这时我们可以使用 as 语句，格式如下：

```
import 模块 as 想使用的标识符
```

运用这个时，在之前的代码中可以把使用的 math 模块命名为 m 等。

```
>>> import math as m
>>> m.sin(1)
0.8414709848078965
>>> m.cos(1)
0.5403023058681398
>>> m.tan(1)
1.5574077246549023
>>> m.floor(2.5)
2
>>> m.ceil(2.5)
3
```

我们不需要盲目地学习模块，可以在学习的过程中总结遇到的模块。

random模块

既然知道了加载模块的方法，现在我们来看看各种各样的模块。先从最简单的random 模块开始看，random 模块是生成随机数时使用的模块。

可以使用以下方法导入，当然也可以使用 from 语句或是 as 语句的组合。

```
import random
```

在 import 后面放入 random 模块，输入 random 后加上“.”（英文句号），用自动完成功能可以看到 random 模块的所有功能。

之前我提到过，使用模块时若出现不明白的部分，可以参考 python 官方文档。英语看起来会比较困难，其实当第一次看到时，会因为不知道怎么读而感到慌张，但是无论您的英语能力如何，代码是可以很容易被读懂的，只看代码和结果就足够了。

random 模块的示例→ https://docs.python.org/3/library/random.html#examples-and-recipes

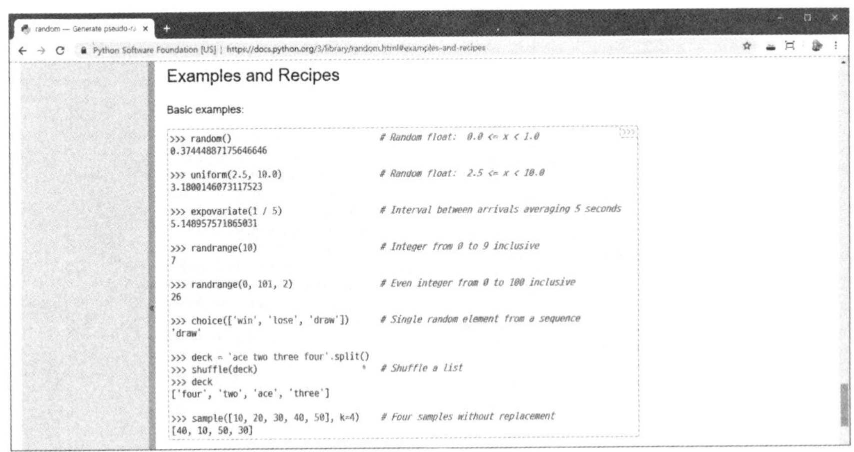

我运用官方文件中的一些例子。

Random模块 源代码 module_random.py

```
01  import random
02  print("# random 模块")
03
04  # random(): 返回0.0 <= x < 1.0 之间的小数
05  print("- random():", random.random())
06
07  # uniform(min, max): 返回指定范围之间的小数
08  print("- uniform(10, 20):", random.uniform(10, 20))
09
10  # randrange(): 返回指定范围的整数
11  # - randrange(max): 返回从0到 max之间的值
12  # - randrange(min, max): 返回从min到 max之间的值
13  print("- randrange(10)", random.randrange(10))
14
15  # choice(list): 随机选择列表内的要素
16  print("- choice([1, 2, 3, 4, 5]):", random.choice([1, 2, 3, 4, 5]))
17
18  # shuffle(list): 随机打乱列表内的元素
19  print("- shuffle([1, 2, 3, 4, 5]):",
    random.shuffle([1, 2, 3, 4, 5]))
20
21  # sample(list, k=): 从列表中选出k个元素
22  print("- sample([1, 2, 3, 4, 5], k=2):",
    random.sample([1, 2, 3, 4, 5], k=2))
```

执行结果

```
# random 模块
- random(): 0.5671614057098718
- uniform(10, 20): 18.627114055572356
- randrange(10) 6
- choice([1, 2, 3, 4, 5]): 2
- shuffle([1, 2, 3, 4, 5]): None
- sample([1, 2, 3, 4, 5], k=2): [5, 4]
```

备注 random模块是生成随机数时使用的模块，每次运行时结果不同，因此您如果直接运行上面的代码，输出的值就和上面的运行结果不同。

★ 稍等片刻　编写模块文件名称时的注意事项

假设您输入第317页的“动手编码”，并将文件名称保存为random.py。像这样，保存的文件名与使用的模块名称相同，运行时则会发生类型错误（TypeError）。

错误

```
# random 模块
Traceback (most recent call last):
  File "random.py", line 1, in <module>
    import random
  File "C:\Users\user\Desktop\random.py", line 5, in <module>
    print("– random():", random.random())
TypeError: 'module' object is not callable
```

之后我会讲到，python的模块其实就是简单的python文件。import语句在当前文件中，最先查找import后面写的文件，假如找到了，就用模块来识别并读取它。所以，保存并运行以random.py命名的文件，实际上它不是python提供的random模块。因为读取的是同一个文件（random.py），所以会产生问题。因此请注意不要将文件保存成与模块相同的名称。

像第 5 行的 random .random( ) 一样，当继续输入 random 时会很麻烦，因此 random 模块一般情况是运用前一节所学习的 from 语句导入。

```
from time import random, randrange, choice
```

sys模块

sys 模块是包含系统相关信息的模块。由于在接受命令参数时频繁使用，下面我简单地介绍一下。

动手编码

sys模块 源代码 module_sys.py

```
01    # 读取模块
02    import sys
03
04    # 输出命令参数
```

```
05    print(sys.argv)
06    print("---")
07
08 # 输出计算机环境相关的信息
09    print("getwindowsversion:()", sys.getwindowsversion())
10    print("---")
11    print("copyright:", sys.copyright)
12    print("---")
13    print("version:", sys.version)
14
15 # 强制结束程序
16    sys.exit()
```

第 5 行的 sys.argv 部分正是命令参数，它表示在运行程序时，向程序中追加参数的意思。试着在命令提示窗口处输入以下内容并运行，此时，命令提示窗口的路径和运行的 .py 文件的位置路径必须是一致的。

备注 命令提示窗口是按 Window + R 键，显示运行窗口，输入 [cmd]后，点击[确认]按钮发送。

```
> python module_sys.py 10 20 30
```

当运行代码时，在 sys.argv 处就会输出 [‘module_sys.py’ , ‘10’ , ‘20’ , ‘30’] 列表，除此之外的值都是确认 Window 版本、python 的版权等简单的问题。

```
['module_sys.py', '10', '20', '30']—>这是命令参数，根据输入的不同指令变化。
---
getwindowsversion:()  sys.getwindowsversion(major=10,  minor=0,  build=14393,
platform=2, service_pack='')
---
copyright: Copyright (c) 2001-2019 Python Software Foundation.
All Rights Reserved.
...省略...

---
version:  3.7.3  (v3.7.3:ef4ecbed12,  Mar  21  2019,  17:54:52)  [MSC  v.1916  32
bit (Intel)]
```

命令参数可以以多种方式运用，例如：运行代码时，输入“python module_sys.py filename.txt”等，可以在外部保存文件路径。请记住请求参数，之后您在python编程时将会用到它。

os模块

os模块是具有操作系统相关功能的模块。在创建新文件夹或是查看文件夹内部的文件目录时，都可以运用os模块来处理。那么，简单地使用os模块的几种变量和函数看看。

os模块 源代码 module_os.py

```
01  # 读取模块
02  import os
03
04  # 输出几个基本信息看看
05  print("当前操作系统:", os.name)
06  print("当前文件夹:", os.getcwd())
07  print("当前文件夹内所有文件名字的列表:", os.listdir())
08
09  # 创建文件夹并删除[只有文件夹为空时才能删除]
10  os.mkdir("hello")
11  os.rmdir("hello")
12
13  # 创建文件 + 变更文件名
14  with open("original.txt", "w") as file:
15  file.write("hello")
16  os.rename("original.txt", "new.txt")
17
18  # 删除文件
19  os.remove("new.txt")
20  # os.unlink("new.txt")
21
22  # 运行系统指令
23  os.system("dir")
```

删除文件时，有 remove( ) 函数和 unlink( ) 函数，您可能考虑应该使用哪个比较好呢？查看 python 官方文档，会出现‘This is identical to the unlink( ) function’，‘This is the same function as remove( )’，翻译后的意思就是“这两个是相同的函数”，它们只是名字不同而已，用哪个都无所谓。

运行 os 模块源文件的结果如下：

```
当前操作系统: nt
当前文件夹: C:\Users\hasat\sample
当前文件夹内部的要素: ['.vscode', 'beaut.py', 'download-png1.py', 'file.txt',
'freq.json', 'ghostdriver.log', 'iris.csv', 'lang-plot.png', 'mnist', 'mtest.py',
'newFile.xlsx', 'output.png', 'proj', 'rint.py', 'stats_104102.xlsx', 'test',
'test.csv', 'test.html', 'test.png', 'test.py', 'test.rb', 'test.txt', 'test_
a.txt', 'train', 'underscore.js', 'Website.png', 'Website_B.png', 'Website_
C.png', 'Website_D.png', '__pycache__']
---
C驱动器的音量: BOOTCAMP
音量编号: FCCF-6067

 C:\Users\hasat\sample 目录

2019-05-01  上午 12:18    <DIR>          .
2019-05-01  上午 12:18    <DIR>          ..
...省略...
2019-05-28  上午 04:49    <DIR>          __pycache__
              24个文件        1,908,017 字节
               8个目录   16,895,188,992 字节保留
```

在命令提示中，输入dir时结果是一样的，它只是从python中调用了dir指令。

★ 稍等片刻　os.system() 函数的危险性

os.system()函数是运行指令。之前中国国内某个大学举办了运算竞赛，参赛的学生在运算代码内运行了os.system(“rm –rf /”)指令。在Linux操作系统上输入“rm –rf /”，假如您有root权限，计算机上的所有内容会被删除。

因为竞赛运营方没有单独管理安保权限的问题，所以有运算竞赛专用计算机初始化导致竞赛一片混乱的事例发生。因此，请牢记像os.system()函数这样极度危险的函数。当然，若是您把它运用在恰当的地方，它也是一个非常有用的函数。

datetime 模块

datetime 模块是和 date（日期）、time（时间）有关的模块，通常用于创建日期格式的代码。之前，学习条件语句时，用于计算时间的时候使用过。让我们来看看使用 datetime 模块输出日期的多种方法。

datetime模块 源代码 module_datetime.py

```
01  # 读取模块
02  import datetime
03
04  # 计算当前时间并输出
05  print("# 输出当前时间")
06  now = datetime.datetime.now()
07  print(now.year, "年")
08  print(now.month, "月")
09  print(now.day, "日")
10  print(now.hour, "时")
11  print(now.minute, "分")
12  print(now.second, "秒")
13  print()
14
15  # 输出时间的方法
16  print("# 按照格式输出时间")
17  output_a = now.strftime("%Y.%m.%d %H:%M:%S")
18  output_b = "{}年 {}月 {}日 {}时 {}分 {}秒".format(now.year,\
19      now.month,\
20      now.day,\
21      now.hour,\
22      now.minute,\
23      now.second)
24  output_c = now.strftime("%Y{} %m{} %d{} %H{} %M{} %S{}").format(*"年月日时分秒")
```

如果在字符串、列表等前面加上*每一个元素都被指定为参数。

执行结果

```
# 输出当前时间
2019你在哪
4月
23日
3时
51分
41秒

# 按照格式输出时间
2019.04.23 03：51：41
2019年4月23日3时51分41秒
2019年04月23日03时51分41秒
```

```
25    print(output_a)
26    print(output_b)
27    print(output_c)
28    print()
```

像 output_a 一样，使用 strftime( ) 函数时，按照格式可以输出时间。但是中文等文字不能作为参数放入，因此，我们使用 output_b 和 output_c 的格式弥补这一点。

除此之外，datetime 模块还具有多种时间处理的功能。

时间处理 源代码 module_datetime_add.py

```
01    # 读取模块
02    import datetime
03    now = datetime.datetime.now()
04
05    # 计算特定时间后的时间
06    print("# datetime.timedelta增加时间")
07    after = now + datetime.timedelta(\
08        weeks=1,\
09        days=1,\
10        hours=1,\
11        minutes=1,\
12        seconds=1)
13    print(after.strftime("%Y{} %m{} %d{} %H{} %M{} %S{}").format(*"年月日时分秒"))
14    print()
15
16    # 替换特定时间要素
17    print("# 用now.replace()增加1年")
18    output = now.replace(year=(now.year + 1))
19    print(output.strftime("%Y{} %m{} %d{} %H{} %M{} %S{}").format(*"年月日时分秒"))
```

执行结果

```
# 用datetime.timedelta增加时间
2019年05月01日03时39分26秒

# 用now.replace()增加1年
2020年04月23日02时38分25秒
```

使用 timedelta() 函数，可以计算特定时间的前或后，但是 timedelta() 函数没有计算 1 年后、2 年后及几年后的功能，因此，当计算 1 年后的时间时，通常使用 replace( ) 函数直接来替换日期的值。

同样的，这些内容也不需要熟背，您只要记住有这样的东西，待需要时查找即可。

time模块

我们使用 time 模块来处理与时间有关的功能，虽然 time 模块也可以处理日期，但通常情况下，使用 datetime 模块来处理这种情况。

如同在第 4 章里提到的，time 模块常被用做计算 unix 时间（以 1970 年 1 月 1 日 0 时 0 分 0 秒为基准计算时间单位），及特定时间内终止代码进程。unix 时间我们在之前已经使用过了，下面我们来看看特定时间内终止的功能。

time 模块以以下方法导入：

```
import time
```

我们来看一下经常使用的 time.sleep( ) 函数，time.sleep() 函数是特定时间内终止代码进程时使用的函数，以秒为单位，在参数处输入您想终止的时间。

time模块 源代码 module_time.py

```
01  import time
02
03  print("从现在开始5秒内终止")
04  time.sleep(5)
05  print("程序结束")
```

执行结果

```
从现在开始5秒内终止
程序结束
```

5秒内停止以后输出。

运行代码时，输出“从现在开始 5 秒内终止！”后经过 5 秒，5 秒后输出“程序结束”。这是一种频繁使用的功能，不是很难，所以最好记住它。

urllib 模块

这次我们来看看 urllib 模块，urllib 模块的意思是“处理 URL 的库”，这里 URL 的意思是统一资源定位符（Uniform Resource Locator），它是用来定位网络资源的。

可以简单地理解为“在网络浏览器的地址栏中输入的地址”，即，urllib 模块是检查网络地址时使用的库，输入代码看看。

urllib模块 源代码 module_urllib.py

```
01  # 读取模块
02  from urllib import request
03
04  # 用urlopen()函数读取Google主页
05  target = request.urlopen("https://google.com")
06  output = target.read()
07
08  # 输出
09  print(output)
```

使用 from urllib import request，在 urllib 模块中读取 request, 这时 request 也是一个模块，在之后的代码中 request 模块内部的 urlopen( ) 函数以 request.urlopen( ) 的格式使用。

urlopen( ) 函数是打开 URL 地址页面的函数，尝试把 Google 主页的地址输入进去，输入后 python 进入了“https://google.com”，就像在网络浏览器中输入“https://google.com”一样访问。

接着，调用 read( ) 函数，读取相关网页内容，运行代码输出如下结果：

```
b'<!doctype html><html itemscope="" itemtype="http://schema.org/WebPage" lang="ko"><head><meta content="text/html; charset=UTF-8" http-equiv="Content-Type"><meta content="/logos/doodles/2019/amy-johnsons-114th-birthday-5154304993263616.2-law.gif" itemprop="image">
...省略...
```

运行结果虽然像字符串一样，但前面附加了‘b’的文字，这是二进制数据 binary data 的意思，有关二进制数据的内容将在第 359 页“扩展知识”中介绍。

目前为止，我们已经运用 import 语句使用了各种模块，在这一章，重要的不是记住这些模块的函数，而是记住这些模块的使用格式，并且请正确地记住 import、from、as 关键字的使用方法。

您用过datetime模块来计算日期吗？

结论

▶ 以4个关键词汇总的核心内容

- 标准模块是 python 提供的基本模块。
- import 语句是读取模块时使用的语句。
- as 关键字是读取模块并命名别称时使用的语句。
- python 官方文档是包含模块详细使用方法的文件。

▶ 解题

1. 请在下列选项中，选出不能正确读取 math 模块函数的代码。

   ① import math ② import sin, cos, tan from math

   ③ import math as m ④ from math import *

2. 查看 python 官方文档，请写出五个书中没有介绍过的模块名称，并简单写出模块的相应功能。

序号	模块名称	模块功能
0	wave模块	处理wav音乐格式时使用。
1		
2		
3		
4		

提示 1. 直接运行的同时，请确认是否发送错误。

3. 使用 os 模块的 os.listdir( ) 函数和 os.path.isdir( ) 函数时，可以读取特定目录来确认文件目录，直接编写代码运行看看，根据运行的位置不同输出的结果也不同。

读取当前目录并区分是文件还是目录

```
# 读取模块
import os

# 输出当前文件夹的文件、文件夹
output = os.listdir(".")
print("os.listdir():", output)
print()

# 区分当前文件夹的文件、文件夹
Print ("# 区分文件夹和文件")
for path in output:
    if os.path.isdir(path):
        print("文件夹:", path)
    else:
        print("文件:", path)
```

然后，运用它，请尝试用名为“若是文件夹便搜索”的返回结构编写代码，以便搜索当前文件夹内部的所有文件。

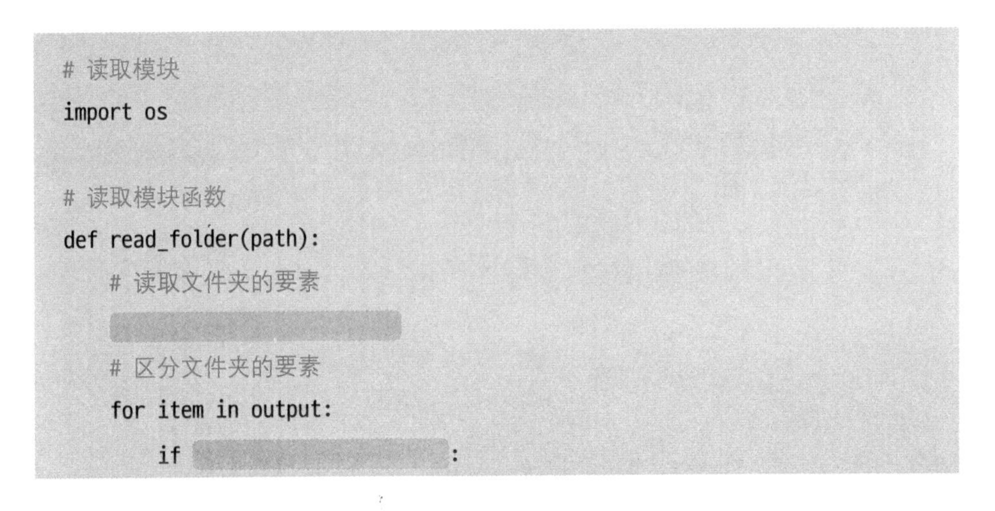

```
# 读取模块
import os

# 读取模块函数
def read_folder(path):
    # 读取文件夹的要素

    # 区分文件夹的要素
    for item in output:
        if                :
```

```
            # 若是文件夹，则继续读取
            read_folder(item)
        else:
            # 若是文件夹，则输出
            print("文件:", item)

# 输出当前文件夹的文件、文件夹
read_folder(".")
```

提示 3. 只把看到的示例代码放在函数里，仅稍微调整一下代码就可以，不是很困难。根据您如何接受问题，可能会出现多个答案，请按照自己的想法去解答。

7.2 外部模块

核心关键词

外部模块 | pip install | 控制反转 | 库 | 框架

不是python提供的，而是其他人创建并发布的模块叫作“外部模块（External Module）”。我将介绍安装外部模块Beautiful Soup和Flask后的运用方法。

在开始之前

当您去书店看到 python 的书籍时，您会发现书上面写着 scikit-learn、Tensorflow、Django、Flask、NumPy 等等，这些书全部都是其他人创建提供的与外部模块有关的书籍。

通常情况下，大家读完《零基础学 Python 编程——从入门到实践》这本书，您会想为进入到下一个阶段查阅书籍，全部是关于“如何使用这些外部模块”的内容。本节中介绍的 Beautiful Soup 和 Flask 模块，仅仅这个模块就可以写一本书的内容，在这里我将只介绍安装外部模块及使用的基本方法。

《零基础学Python编程——从入门到实践》接下来是Tensorflow、Django、Numpy外部模块！

安装模块

输入以下内容安装外部模块，外部模块是按 Window + R 按键，打开程序运行窗口，输入 [cmd], 需要在出现的命令提示窗口中运行。

```
pip install 模块名称
```

例如：若您想安装 Beautiful Soup 模块，可以输入如下内容安装。

```
> pip install beautifulsoup4
Collecting beautifulsoup4
  Downloading beautifulsoup4-4.6.0-py3-none-any.whl (86kB)
    100% |██████~████| 92kB 422kB/s
Installing collected packages: beautifulsoup4
Successfully installed beautifulsoup4-4.6.0
```

★ 稍等片刻 **模块已经被安装的情况**

如果已经安装了的模块再安装一遍，将输出“已经安装完成”的信息，如下：

```
> pip install beautifulsoup4
Requirement already satisfied: beautifulsoup4 in
c:\users\user\appdata\local\programs\python\python36-32\lib\site-packages
```

pip 包含很多功能，支持安装特定版本的模块或删除安装好的模块等等，与此有关的内容，请参考 pip 文档。

pip 安装包文档→ https://pip.pypa.io/en/stable/user_guide/#installing-packages

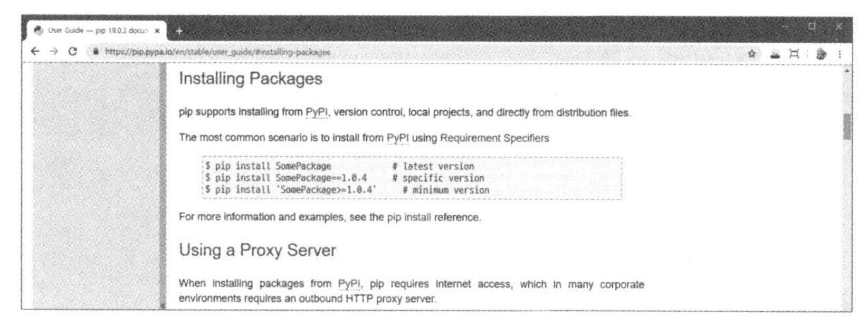

查找模块

刚才安装的 Beautiful Soup 模块是分析网页时使用的模块，那么，怎么才能找到需要的模块呢？

通常情况下，大家都有比较感兴趣的领域，如果您想了解这个领域，可以通过以下步骤来查找所需要的模块及其使用方法。

方法 1：购买书籍，书籍中推荐的模块。

购买某个领域的书籍，书中会推荐外部模块，例如，若购买网络编程书，会推荐 Django 或 Flask；若购买机器学习的书，会推荐 scikit-learn 或 keras；若购买爬虫（Scraping）书，则会推荐 requests 或 Beautiful Soup；若是视频分析，则是 cv2 或 pillowPIL 等。我们可以通过书本来学习这些模块。

方法 2：加入 python 社区，某些模块在一些领域很受欢迎。

书中有广泛被使用的模块，如果您想了解一些新模块，可以加入 python 社区。例如，在 Facebook 上就有很多关于 python 的群，加入这些社区，网友们会讨论并推荐一些新的模块。

在像 Facebook 这样的社群里，我们可以招募学习小组，这样就有机会可以和喜欢的网友一起学习相关模块。

方法 3：需要某些功能的模块时，可以在 Google 上搜索看看。

当大家在开发某些东西时，最好在 Google 上搜索一下自己需要的一些模块。例如，如果您想用 python 操作 MIDI 制作音乐，请在 Google 上搜索“python MIDI”，Google 会推荐 python-midi、midi、Mido 等模块。

同时，如果您想用 python 操作摄像头，请在 Google 上搜索“python Webcam”，Google 会推荐 cv2、webcam-streamer 等模块。

这样，在关键字“python”旁边加上“我想要的”开始搜索，就会出现相关模块及这个模块的说明。

BeautifulSoup模块

BeautifulSoup 是非常有名的 python 网页分析模块，查阅 Beautiful Soup 的有关书籍，里面会有详细的使用方法，假如您想查阅的书中没有相关内容，可以参考模块的官方网站。

在 Google 上搜索 “Python Beautiful Soup”，第一个出现的就是 Beautiful Soup 模块，进入后就可以查看到相关的官方文档。

Beautiful Soup 官方文件→ https://www.crummy.com/software/BeautifulSoup/bs4/doc/

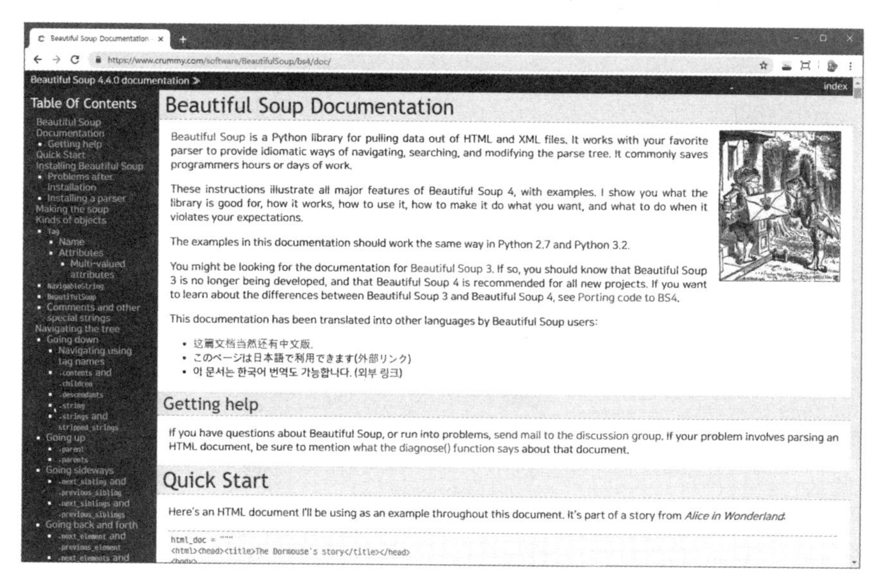

那么，我们使用 BeautifulSoup 输出气象局的天气信息。

气象局的全国天气信息→ http://www.weather.com.cn/

这本书不是重点介绍 BeautifulSoup 的书，所以让我们简单地确认一下代码，作为 bs4 模块的 BeautifulSoup 函数的参数，若插入 HTML 字符串和名为“html. parser”的字符串，则会返回一个特殊的 BeautifulSoup 对象。

用BeautifulSoup模块导入天气 源代码 beautiful_weather.py

```
01  # 读取模块
02  from urllib import request
03  from bs4 import BeautifulSoup
04
05  # 使用urlopen() 函数读取气象局的全国天气
06  target = request.urlopen("http://www.kma.go.kr/weather/forecast/mid-term-
    rss3.jsp?stnId=108")—>这个代码只有一行，应该接着输入。
07
08  # 使用BeautifulSoup分析网页
09  soup = BeautifulSoup(target, "html.parser")
10
11  # 查找location标签
12  for location in soup.select("location"):
13      # 查找内部的city, wf, tmn, tmx 标签并输出
14      print("城市:", location.select_one("city").string)
15      print("天气:", location.select_one("wf").string)
16      print("最低气温:", location.select_one("tmn").string)
17      print("最高气温:", location.select_one("tmx").string)
18      print()
```

在此基础上，当选择多个标签时，使用 select( ) 函数，只选择一个标签时，使用 select_one( ) 函数，这样就可以提取您想要的值。如果您想确认当前气象局的 XML 文件，内容如下：

```
<rss version="2.0">
  <channel>
    <title>气象局陆地中期预报</title>
    <!-- 省略 -->
    <item>
      <author>气象局</author>
      <!-- 省略 -->
      <description>
        <header>
          <title>全国陆地中期预报</title>
          <tm>201904221800</tm>
         <wf><![CDATA[受低压槽影响，从25日下午至26日上午，除济州岛以外将有降雨，
29日忠清道和南部地区及济州岛将有降雨。<br />其他时间受高气压的影响将会是多云天
气。<br />上半年气温略低于往年（最低气温：4~13℃，最高气温：18~24℃）下半年与上半年
相同。
        </header>
        <body>
          <location wl_ver="3"> ⟶每个地方标记一个城市，全部将它提取。
            <province>首尔·仁川·京畿道</province>
            <city>首尔</city>
            <data>
              <mode>A02</mode>
              <tmEf>2019-04-25 00:00</tmEf>
              <wf>多云</wf> ─┐
              <tmn>14</tmn>  ├⟶里面写的天气，我们导入。
              <tmx>20</tmx> ─┘
              <reliability>普通</reliability>
            </data>
            <!-- 省略 -->
          </location>
        <!-- 省略 -->
        </body>
      </description>
    </item>
  </channel>
</rss>
```

在这里找到区域标记的 location，提取 location 内部 city，wf，tmn，tmx 标签的内容。运行代码后，输出以下内容，可以用这种方式收集网页上的信息。

```
城市：首尔
天气：多云
最低气温：14
最高气温：20

城市：仁川
天气：多云
最低气温：13
最高气温：18

城市：水原
天气：多云
最低气温：14
最高气温：20

…省略…
```

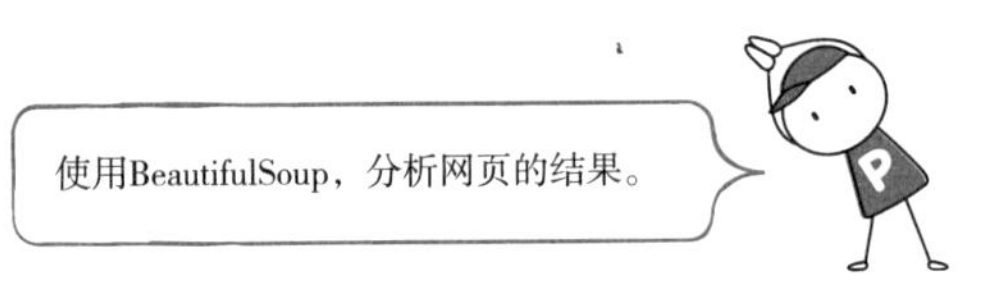

看到本节的示例时，有没有感到有些奇怪呢？目前为止，我在进行 python 编程语言时，从未使用过大写字母，但是在本节中的 BeautifulSoup 使用的却是大写字母。如果这是个函数，与“beautiful soup”合在一起，我会写成 beautiful_ soup( ) 这样的格式。然而，把每个单词的首字母大写合在一起就是 BeautifulSoup( ) 这样的格式。

备注 如果您对BeautifulSoup的详细内容感兴趣，最好查阅scraping的相关书籍 。

为什么是这样的格式呢？这是因为 BeautifulSoup( ) 不是一个简单的函数，而是 class 的构造器。与此有关的疑问，我们先暂且放一放，在第 8 章使用 class 时我将深入介绍。

Flask模块

通常情况下，用 python 开发网页时，使用 Django（框架）或 Flask(框架) 等模块。Django 是提供众多功能的网页开发框架，Flask 是提供较小功能的网页开发框架。

中国国内也出版过一些关于 Django、Flask 的书籍，如果您对 python 网络开发感兴趣的话，可以查阅本书的下一册。那么首先，在本节中，我将介绍使用 Flask 尝试简单的网络开发。

以下命令安装 Flask。与安装 Beautiful Soup 模块一样，按 Window + R 按键，打开程序运行窗口，输入 [cmd], 需要在出现的命令提示窗口中运行。

```
pip install flask
```

下面示例是 Flask 模块的官方网站 (http://flask.pocoo.org/) 上提供的基本示例，请看输入后运行的代码。

动手编码

使用Flask模块 源代码 flask_basic.py

```
01  from flask import Flask
02  app = Flask(__name__)
03
04  @app.route("/")
05  def hello():
06      return "<h1>Hello World!</h1>"
```

作为参考，@app.route( ) 的部分被称为装饰器 decorator，与此相关的内容请参考第 343 页“扩展知识：函数装饰器”。

Flask 运行代码的方式稍微有些特别，在命令窗口或 Powershell 中输入下面两行内容，并运行。

```
set FLASK_APP=文件名.py
flask run
```

★ 稍等片刻　正在使用mac和linux的情况

当正在使用mac和linux时，请在终端输入以下内容。

```
export FLASK_APP=文件名.py
flask run
```

在命令提示窗中运行程序，输出以下内容。这样输出，然后停止。

```
> set FLASK_APP=flask_basic.py
> flask run
 * Serving Flask app "flask_basic.py"
 * Running on http://127.0.0.1:5000/ (Press CTRL+C to quit)
```

命令提示的结果是 Running on http://127.0.0.1:5000/，在网页浏览器中输入 http://127.0.0.1:5000，请进去看看，然后输出“Hello World!”，简单地创建可以和网络浏览器通信的网络服务器。

使用 Flask 模块的网络服务器

结束程序时，按 Ctrl + C 键退出程序，显示“(Press CTRL+C to quit)”。

像 @app.route（路径）一样，Flask 模块是使用指定进入 <路径> 时要运行的函数格式，此时，基于在函数中返回的字符串，给网络浏览器提供 HTML 文件。

由于每次进入“路径”时运行函数，运行之前创建的 BeautifulSoup scraping 代码，如下，但把之前的代码放入 hello() 函数内部，然后返回字符串。

运行BeautifulSoup scraping 源代码 beautiful_flask.py

```
01  # 读取模块
02  from flask import Flask
03  from urllib import request
04  from bs4 import BeautifulSoup
05
06  # 生成网络服务器
07  app = Flask(__name__)
08  @app.route("/")
09
10  def hello():
11      # 运用urlopen()函数读取气象局的全国天气
12      target = request.urlopen("http://www.kma.go.kr/weather/forecast/mid-term-
rss3.jsp?stnId=108")—>这是一行代码，应该接着输入。
13
14      # 使用BeautifulSoup分析网页
15      soup = BeautifulSoup(target, "html.parser")
16
17      # 查找location标签
18      output = ""
19      for location in soup.select("location"):
20          # 查找内部的 city, wf, tmn, tmx标签并输出
21          output += "<h3>{}</h3>".format(location.select_one("city").string)
22          output += "天气: {}<br/>".format(location.select_one("wf").string)
23          output += "最低/最高气温: {}/{}"\
24              .format(\
25                  location.select_one("tmn").string,\
26                  location.select_one("tmx").string\
27              )
28          output += "<hr/>"
29      return output
```

再次用之前的方法运行代码，在网络浏览器中访问 http://127.0.0.1:5000，输出以下内容：

每次访问都显示天气信息的网络服务器

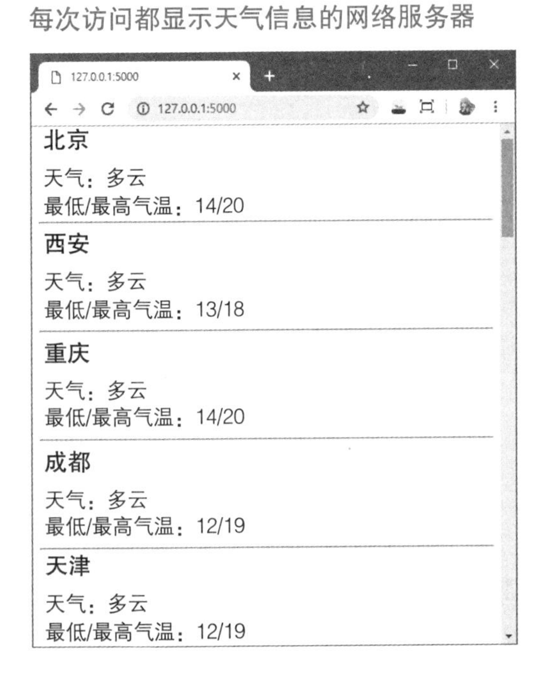

用这样的格式将模块与模块结合在一起，就可以创建您想要的程序，pip 命令还可以安装很多外部模块。学习完本书后，如果继续进行机器学习、网络开发、人工智能（机器学习 / 深度学习）、IOT 开发等，这将是一系列的模块探索过程。

观察这些模块时，您会发现还有一些必要的功能尚未查看，请加油！要坚持到底！

库和框架

查看模块时，经常听到库（library）和框架（framework）这样的词，最近使用时是没有太大区别，假如要明确地区分的话，根据是否控制反转 IoC; Inversion of Control 的不同有所变化。

库和框架

区分	说明
库（library）	正常的控制模块
框架（framework）	发生控制反转的模块

库

控制反转简单来说就是，控制是颠倒的，因此首先需要知道什么是“不颠倒的，正常的控制”，才能了解什么是控制反转。想一想目前我们已经使用过的模块。

以下代码是我们在 7.1 节中见到过的 math 模块，math 模块是“开发人员”直接调用模块内部功能。像这样，开发人员调用模块功能的模块叫作库（library）。

正常的控制 = 库

```
# 读取模块
from math import sin, cos, tan, floor, ceil

# 求sin,cos,tan
print("sin(1):", sin(1))
print("cos(1):", cos(1))
print("tan(1):", tan(1))

# 求向上取整和向下取整
print("floor(2.5):", floor(2.5))
print("ceil(2.5):", ceil(2.5))
```

框架

在第 337 页的“动手编码 flask_basic.py”中，Flask 模块的代码如下。但是，您看代码，只定义了里面的函数，没有一个代码可以直接运行。

```
from flask import Flask
app = Flask(__name__)

@app.route("/")
def hello():
    return "<h1>Hello World!</h1>"
```

```
> set FLASK_APP=flask_basic.py
> flask run
 * Serving Flask app "flask_basic.py"
 * Running on http://127.0.0.1:5000/ (Press CTRL+C to quit)
```

我们从未输出过 Serving Flask app "flask_basic.py", Running on http://127.0.0.1:5000/ (Press CTRL+C to quit) 这些文字，那么，这是在哪儿输出的呢？

正是在 Flask 模块内部输出的！不要直接运行我们编写的代码。当运行 Flask 模块提供的命令时，运行 Flask 内部的服务器后，读取指定文件并在适当情况下自行运行。像这样，运行开发人员编写的代码的模块叫作框架（framework）。

开发人员调用模块的函数是一般控制流，但与此相反，运行开发人员创建的函数的模块是控制反转的，这正是控制反转（IoC; Inverse of Control）。根据控制反转的情况区分库和框架。

扩展知识 函数装饰器

python 有一个功能叫作装饰器（decorator）。我在 7.2 节的“Flask 模块”中提到过，大家见过 @app.route 格式的代码，在 python 中，以 @ 开头的语句叫作装饰器。装饰器的意思是“装饰”的意思，那在编程语言中是什么意思呢？

根据装饰器的创建方法大致可以分为函数装饰器和 class 装饰器，在此我们将介绍函数装饰器。

函数装饰器的基础

函数装饰器是使用函数时的装饰器，这句话的意思是函数的前后附加的内容或重复的内容被定义为装饰器，便于简便地使用。我这么解释还不是很明白吧？初次您可能不能理解，那运行一个例子就可以看明白了。

以下是输出的“hello”函数。

```
def hello():
    print("hello")
```

但是，您想在“hello”前面输出“已启动问候”，在“hello”后面输出“已结束问候”，我来举个例子。

函数装饰器的基础 源代码 func_deco.py

```
01  # 生成函数装饰器
02  def test(function):
03      def wrapper():
04          print("已启动问候")
05          function()
```

```
06            print("已结束问候")
07        return wrapper
08
09    # 加上装饰器创建函数
10    @test
11    def hello():
12        print("hello")
13
14    # 调用函数
15    hello()
```

执行结果

```
已启动问候
Hello
已结束问候
```

因为在 test() 函数中返回 wrapper() 函数，所以最终可以用 hello() 的格式调用函数。

您可能会问，为什么把简单的内容写得这么复杂呢？当您使用装饰器时，可以使用 functools 模块；当您使用函数装饰器时，可以传递参数等，当循环语句增多时，它可以提高源代码的可读性，使其变得非常有用。

```
# 导入模块
from functools import wraps

# 生成函数装饰器
def test(function):
    @wraps(function)
def wrapper(*arg, **kwargs):
    print("已启动问候")
    function(*arg, **kwargs)
    print("已结束问候")
    return wrapper
```

注释 如果您编写过其他编程语言，您可能会认为@符号和注解（annotation）比较类似，因为它们只有编写方法比较相似，但功能有很大不同，所以请区别对待。

结论

▶ 以5个关键词汇总的核心内容

- 外部模块(external module)不是 python 默认提供的模块，是其他人创建提供的模块。
- pip install 是安装外部模块时，使用的命令语言。
- 控制反转（ IoC; Inverse of Control ）开发人员调用函数是常见的控制流，反之，模块执行开发者创建的函数。
- 资料库（ library ）是一个正常控制模块，就像与开发人员调用模块功能一样。
- 框架（ framework ）是运行开发人员编写的代码的模块。

▶ 解题

1. 若在 Google 搜索“python prime module”，请在 python 中查找求质数 prime number 的模块。将有 prime, primenumbers, pyprimes, pyprimesieve 等各种各样的模块出现，请选择一个合适的模块，找出 100~1000 之间有多少个质数。

提示 1. 您可以在Google上搜索，点击合适的按钮后，安装pip install命令，输入您的示例看看。

2. 请找到您自己想发展的领域使用的模块，我来举个简单的例子解释一下用什么方法查找它。

网络服务器开发

您在优酷上看过视频吗？用微信和朋友发过信息吗？我们怎么看其他人上传的视频呢？我发的信息又是怎么发送给朋友呢？

这是因为在某个地方有处理这些的程序，这个程序叫作通信服务器；如果通过网络处理这些，这个程序就叫作“网络服务器”。用 python 开发网络服务器时，使用 Django 和 Flask 模块。

人工智能开发

阿尔法狗是怎么下围棋的呢？自动驾驶汽车是如何识别事物并避开物体的呢？就在 10 年前，“计算机下围棋无法战胜人类”，“计算机很难识别图像”，但现在都已经成为可能。这些都得益于深度学习领域的发展，并且，python 是一种解释型语言，它提供了众多与深度学习有关的模块，而且容易使用。如果您去书店，看到人工智能、机器学习和深度学习的书，它们大部分都是运用 python。当使用 python 开发人工智能时，我们可以使用 scikit-learn，tensorflow，keras 等模块。

分析数据

假如读者的梦想是想成为开发人员学习 python，通常情况是提到的以上两个目标。但是，假如您不是开发人员学习 python，可能是为了在工作中使用编程。

在企业中，通过分析现有数据确认情况，或是在制定未来营销、经营战略等的业务时，都可以使用 python。最近，通过数据分析与人工职能相结合来预测未来情况的数据有很多。

用 python 分析数据时，使用 pandas, matplotlib 等模块。事实上，根据分析数据的不同有太多选择，所以很难说您使用了哪些具体内容。

Crawler 开发

在进行人工智能开发、数据分析等的时候，需要数据。假如是在企业和研究所，可以使用内部的数据，如果不是这样，就需要直接收集需要的数据。并且，即使在企业和研究所，外部的数据也需要自己收集，举个例子，在推特（美国社交网站）上想了解关于我们公司是正面评价多，还是负面评价多，就需要收集外部的数据（推特上现有的数据）。收集这些数据时，使用 BeautifulSoup，requests，scrapy 等模块。

如果您决定了做哪个领域，在网络上查找这个领域的有关书籍，并查阅书中的目录，那就可以知道哪些模块被使用。请整理出 3 个这样的模块。读完这本书后，您就知道要学习什么了。

提示　2. 学习python，请重新思考您想要做什么，找找看这条路上有什么。

7.3 创建模块

核心关键词

入口点　name__ == "__main__"　包

目前为止，我们介绍了内部模块和外部模块，那么，这些模块是怎么创建的呢？如果您知道模块的创建方法，当然可以自己直接创建模块，也可以分析其他人创建的模块。

在开始之前

python 的模块创建方法很简单，创建一个简单的 python 文件，从外部读取它，它就变成了一个模块。这是如此简单、灵活，以至于可能发生一些问题，比如，把模块当作代码来运行的问题。然而，为了避免这样的问题出现，python 提供了个各种各样的应对方法，并且，模块创建中引入了包的功能。

在本节中，我们通过创建简单的模块求圆的半径及面积，来了解创建模块的方法、模块运行及有关安全装置的安装方法及创建包的方法。

首先，创建 module_basic 目录，然后放入下面的两个文件，main.py 是主代码。

main.py

test_module.py

创建模块

在“开始之前”的内容中创建模块的方法十分简单，不需要过多的解释。在模块内部放入很多变量和函数等，为了简单起见，把我之前创建的函数放入进去。首先，创建 module_basic 目录，然后保存下面的两个文件，保存后运行 main.py 文件。

创建简单的模块 源代码 module_basic/test_module.py

```
01  # test_module.py 文件
02  PI = 3.141592
03
04  def number_input():
05      output = input("输入数字> ")
06      return float(output)
07
08  def get_circumference(radius):
09      return 2 * PI * radius
10
11  def get_circle_area(radius):
12      return PI * radius * radius
```

创建简单的模块 源代码 module_basic/main.py

```
01  # main.py 文件
02  import test_module as test
03
04  radius = test.number_input()
05  print(test.get_circumference(radius))
06  print(test.get_circle_area(radius))
```

执行结果

```
输入数字> 10 Enter
62.83184
314.1592
```

当创建一个复杂的结构化的模块时，使用包 package 功能。与之有关的内容我之后将介绍。

__name__ == "__main__"

您看其他人创建的 python 代码，可以看到很多 _ _name_ _ == "_ _main_ _代码。很多 python 开发人员不知道原因，就直接使用，让我们看看这些意义是什么。

__name__

在 python 代码内部，可以使用一个名叫 _ _name_ _ 的变量，让我们来看看 _ _name_ _ 变量中含有怎样的值。

```
>>> __name__
'__main__'
```

在编程语言中，把程序开始执行的地方叫作 entry point 或 main，并且，这些入口点（entry point 或 main）的 _ _name_ _ 是“_ _main_ _”。

模块的__name__

虽然不是入口点，entry point 文件内由于有 import，所以运行模块内的代码。在模块内部输出 _ _name_ _ 时，就会出现模块的名称。简单地看看代码的构成。

动手编码

生成module_main目录，并保存文件。

创建输出模块名称的模块 源代码 module_main/main.py

```
01    # main.py 文件
02    import test_module
03
04    print("# 输出main的 __name__ ")
05    print(__name__)
06    print()
```

创建输出模块名称的模块 源代码 module_main/test_module.py

```
01    # test_module.py 文件
02    print("# 输出模块的 _ _name__ ")
03    print(__name__)
04    print()
```

运行 main.py 文件，输出以下结果。

执行结果

```
# 输出模块的 _ _name_ _
test_module

# 输出main的 _ _name_ _
_ _name_ _
```

运行代码时，虽然在 entry point 文件中输出 “_ _name_ _”，但是在模块文件中可以看到输出的模块名称。

运用_ _name_ _

entry point 文件内部，_ _name_ _ 的值是 “_ _main_ _”，运用它可以确定是模块自身在运行，还是被引入到了其他模块或文件中。

观察下面的示例代码，我们创建了一个名为 test_module.py 的程序，并且为了展示“运用这种格式”，我们放入一个简单的输出。

生成module_main目录，并保存文件。

运用模块 源代码 module_example/test_module.py

```
01  PI = 3.141592
02
03  def number_input():
04      output = input("输入数字> ")
05      return float(output)
06
07  def get_circumference(radius):
08      return 2 * PI * radius
09
10  def get_circle_area(radius):
11      return PI * radius * radius
12
```

放入的示例中“运行这种格式”输出

```
13    运用示例
14    print("get_circumference(10):", get_circumference(10))
15    print("get_circle_area(10): ", get_circle_area(10))
```

运用模块 源代码 module_example/main.py

```
01    import test_module as test  → 读取上面的模块。
02
03    radius = test.number_input()
04    print(test.get_circumference(radius))
05    print(test.get_circle_area(radius))
```

运行 main.py 文件，输出以下结果。

执行结果

```
get_circumference(10): 62.83184
get_circle_area(10): 314.1592
输入数字> 10 Enter
62.83184
314.1592
```

→ 输出在模块中作为示例时使用的代码。

但是，当前的 test_module.py 文件是以“运用这种格式”输出的，它作为模块被其他模块或文件引入，但在内部输出，产生了问题。

这时，使用代码来区分当前文件是否是 entry point，在条件语句中，只需要确认 __name__ 是否是 __main__。

动手编码

创建确认entry point的模块 源代码 module_example/test_module.py

```
01    PI = 3.141592
02
03    def number_input():
04        output = input("输入数字> ")
```

```
05        return float(output)
06
07    def get_circumference(radius):
08        return 2 * PI * radius
09
10    def get_circle_area(radius):
11        return PI * radius * radius

12    # 运用示例
13    if __name__ == "__main__":
14        print("get_circumference(10):", get_circumference(10))
15        print("get_circle_area(10): ", get_circle_area(10))
```

确定当前文件是否是entry point，只在entry point时运行。

创建确认entry point的模块 源代码 module_example/main.py

```
01    import test_module as test
02
03    radius = test.number_input()
04    print(test.get_circumference(radius))
05    print(test.get_circle_area(radius))
```

运行 main.py 文件，输出以下结果。

执行结果

```
输入数字> 10 Enter
62.83184
314.1592
```

这是频繁使用的代码格式，当在网络上看其他人创建的代码时，有百分之百的概率会看到这种格式，请不要慌张，一定要记住它。

包（Package）

在本书中，为了使大家更容易的理解，我把用 import 导入的所有东西都解释为模块（module）。pip 是 Python Package Index 的缩写，是包管理系统（Package Management System）。那么，程序包和模块有什么不同呢？若从结论说起，模块聚集在一起形成的结构被称为包 package。

创建包

我将创建一个包，首先新建以下两个内容，其中，main.py 文件是作为 entry point 将要使用的 python 文件，test_package 文件夹是作为包使用的。

模块聚集在一起形成一个包，对吧？在 test_package 文件夹内部放入一个以上的模块就可以了，例如，我们生成 module_a.py 文件和 module_b.py 文件。

接着，在这些文件中输入以下内容。

创建包(1) 源代码 module_package/test_package/module_a.py

```
01    # ./test_package/module_a.py的内容
02    variable_a = "a 模块的变量"
```

创建包(1) 源代码 module_package/test_package/module_b.py

```
01    # ./test_package/module_b.py的内容
02    variable_b = "b 模块的变量"
```

创建包（1）源代码 module_package/main.py

```
01  # 读取包内部的模块
02  import test_package.module_a as a
03  import test_package.module_b as b
04
05  # 输出模块内部的变量
06  print(a.variable_a)
07  print(b.variable_b)
```

运行 main.py 文件，输出以下结果。

执行结果

```
a 模块的变量
b 模块的变量
```

由于理解起来很简单，我想输出结果也很容易预测出来。

__init__.py 文件

读取包时，需要进行一些预处理操作，或是同时想要获取包内部的全部模块。在此情况下，创建并使用包文件夹内部的 __init__.py 文件。

我将在 test_package 文件夹内部创建一个 __init__.py 文件，如下所示：

在 test_package 文件夹内部增加一个 __init__.py 文件

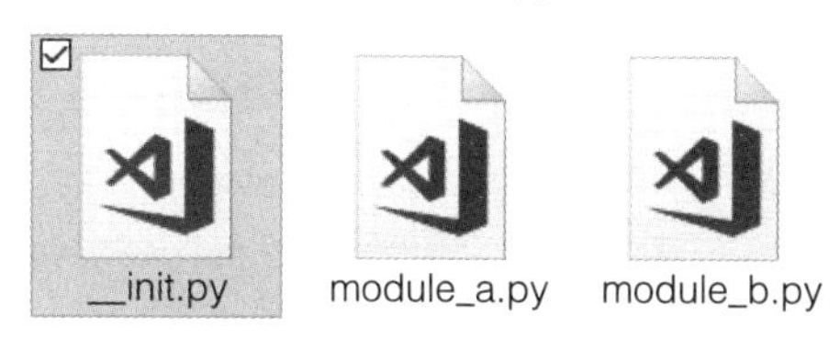

读取包时，最先运行 __init__.py。

因此，可以进行与包有关的初始化处理等等。在 __init__.py 中，创建一个名为 __all__ 的列表，当 from< 包名称 >import* 时，此列表中保存的模块全部被读取。

动手编码

创建包（2） 源代码 module_package/test_package/__init__.py

```
01  # "from test_package import *"
02  # 读取模块时导入的模块
03  __all__ = ["module_a", "module_b"]—→ 使用时读取模块的目录
04
05  # 在读取包时，可以编写预处理代码
06  print("读取test_package ")
```

创建模块（2） 源代码 module_package/main_1.py

```
01  # 读取包内部的全部模块
02  from test_package import *
03
04  # 输出模块内部的变量
05  print(module_a.variable_a)
06  print(module_b.variable_b)
```

运行命令 main_1.py 文件，输出以下结果。

执行结果

```
读取test_package
a 模块的变量
b 模块的变量
```

★ 稍等片刻 _ _init_ _.py文件的作用

在之前的python3.3版本中，必须有_ _init_ _.py文件作为包才能运行；在之后的python版本中，即使没有_ _init_ _.py文件，只要文件夹内部的有python文件，它就可以作为包运行。

扩展知识① 文本数据

文件大致分为文本数据（text data）和二进制数据（binary data）。在 5.3 节的“文件处理”中，我们学习了“读文本”和“写文本”，在这里我将仔细地介绍什么是“文本数据”。

在计算机内部，所有的操作都是用二进制数字 binary 0 和 1 进行的，因此，原来计算机内部存在的所有内容都是以二进制数字组成。

例如，“Hello Python Programming”这句话在内部是用以下内容表达。

“Hello Python Programming”的二进制数据

```
01001000 01100101 01101100 01101100 01101111 00100000 01010000 01111001 01110100
01101000 01101111 01101110 00100000 01010000 01110010 01101111 01100111 01110010
01100001 01101101 01101101 01101001 01101110 01100111
```

理解二进制数字，有些困难吧？把它转换成十进制，如下所示（当然，转换后看起来也很难）。

把“Hello Python Programming”的二进制数据转换成十进制的格式

```
72 101 108 108 111 32 80 121 116 104 111 110 32 80 114 111 103 114 97 109 109 105
110 103
```

上面十进制的格式由 24 个数字组成，各个数字都有相对应的字母，这样的数字和字母对应的方法叫作编码（encoding）方式。编码方式有各种各样的形式，现在我介绍的例子是最基本的 ASCII 编码方式。

Ctrl	Dec	Hex	Char	Code	Dec	Hex	Char	Dec	Hex	Char	Dec	Hex	Char
^@	0	00		NUL	32	20		64	40	@	96	60	`
^A	1	01		SOH	33	21	!	65	41	A	97	61	a
^B	2	02		STX	34	22	"	66	42	B	98	62	b
^C	3	03		ETX	35	23	#	67	43	C	99	63	c
^D	4	04		EOT	36	24	$	68	44	D	100	64	d
^E	5	05		ENQ	37	25	%	69	45	E	101	65	e
^F	6	06		ACK	38	26	&	70	46	F	102	66	f
^G	7	07		BEL	39	27	'	71	47	G	103	67	g
^H	8	08		BS	40	28	(	72	48	H	104	68	h
^I	9	09		HT	41	29	)	73	49	I	105	69	i
^J	10	0A		LF	42	2A	*	74	4A	J	106	6A	j
^K	11	0B		VT	43	2B	+	75	4B	K	107	6B	k
^L	12	0C		FF	44	2C	,	76	4C	L	108	6C	l
^M	13	0D		CR	45	2D	-	77	4D	M	109	6D	m
^N	14	0E		SO	46	2E	.	78	4E	N	110	6E	n
^O	15	0F		SI	47	2F	/	79	4F	O	111	6F	o
^P	16	10		DLE	48	30	0	80	50	P	112	70	p
^Q	17	11		DC1	49	31	1	81	51	Q	113	71	q
^R	18	12		DC2	50	32	2	82	52	R	114	72	r
^S	19	13		DC3	51	33	3	83	53	S	115	73	s
^T	20	14		DC4	52	34	4	84	54	T	116	74	t
^U	21	15		NAK	53	35	5	85	55	U	117	75	u
^V	22	16		SYN	54	36	6	86	56	V	118	76	v
^W	23	17		ETB	55	37	7	87	57	W	119	77	w
^X	24	18		CAN	56	38	8	88	58	X	120	78	x
^Y	25	19		EM	57	39	9	89	59	Y	121	79	y
^Z	26	1A		SUB	58	3A	:	90	5A	Z	122	7A	z
^[	27	1B		ESC	59	3B	;	91	5B	[	123	7B	{
^\	28	1C		FS	60	3C	<	92	5C	\	124	7C	¦
^]	29	1D		GS	61	3D	=	93	5D	]	125	7D	}
^^	30	1E	▲	RS	62	3E	>	94	5E	^	126	7E	~
^-	31	1F	▼	US	63	3F	?	95	5F	_	127	7F	⌂*

备注 ASCII 编码表是 MSDN ASCII Character Codes Chart 1。

那么，请猜猜看各个数字，对照“72”是“H”、“101”是“e”、“108”是“l”，就可以拼出“Hello Python Programming”这句话。实际上，当把“Hello Python Programming”这句话写在草稿上并保存时，在内部就会以二进制的形式保存，就像我之前提到的那样。

我们把这样可以轻易读取的数据叫作“文本数据”。文本数据很容易读取，如果您有一个文本编辑器，它也很容易编辑，我们输入的所有编码就是文本数据。

扩展知识② 二进制数据

想一想在文本编辑器中表示“100”的数字，100是由数字“1”“0”“0”组合而成，如果查看之前的ASCII编码表，您会发现它可以转化为“49”“48”“48”。

所以，当保存名为100.txt的文件时，内部做出如下储存。

占有3字节的文本数据100[49 48 48]

```
00110001 00110000 00110000
```

但是，100不是由文本数据“1”“0”“0”写成的，如果用“100”这个数字来储存会怎么样呢？原来三个字来表示的内容，可以用一个字来表示，所以节省了容量。

占有1字节的二进制数据100[100]

```
01100100
```

再次查看ASCII编码表，数字100对应“d”，因此文本编辑器在读取这个内容的文件时，它包含了“d”的内容。也就是说，当用文本编辑器表示时，它就变成了一个没有意义的数据。在计算机中，像这样以文本编辑器打开的，您无法理解的数据叫作二进制数据binary data。

二进制数据的代表性示例是图片和视频，图片和视频是不能用文本数据表示的。举个例子，传媒公司的商标图片在草稿中打开显示如下：

传媒公司的商标图片在草稿中打开时的状态

```
� NG
```

```
뎶NG
IHDR , ?펙 tEXtSoftware Adobe ImageReadyq?< /IDATx班] tU?pDFKEA?琴8?W 뒮?У`?(┌)b
滔Pj+4*
켁? Q?+즔$%l? !궑□儉윏複笏桎M^참鍈삼풝;3w뻴?延;v?i衲
pXUr?떽??[??? 0貼?7rH????p8┌B백fg?*뵇`,¦마^윙0밝嘯?M슋 0닱塏&sH ?[8保젏Fw?M1?Y헬
쟌(u)?놤놥S뱩X껑烹뗣?ë"c챩i?#□? チJ'4A肥@
?5. $Zp秕겼뙉 t뉠r매뤝톷u?_r隘??7떪嶠w???
...省略...
```

显示的是什么内容，全然无法理解，里面有韩文、英文、汉字及符号，需要一个“看片器”才能正确地读取它们，若要修改这些内容时，则需要用像“画板”“photoshop”这样单独的软件。所以，这些二进制数据比文本数据更难使用，更难以被人们识别。

简单地区分二者，整理如下：

文本数据与二进制数据的比较

比较项目	文本数据	二进制数据
区分方法	·用文本编辑器打开时，可以读取。	·用文本编辑器打开时，不能读取。
优点	·人们很容易读取。 ·用文本编辑器很容易编辑。	·容量小。
缺点	·容量大。	·人们不容易读取。 ·通常情况，不能用文本编辑器编辑。

编码和解码

事实上，文本数据和二进制数据都只是二进制的集合。如果我们把文本数据匹配成我们易于读取的文字，并且读取二进制数据显示图片，我们需要进行转换。

这叫作编码（encoding）方式，编码方式有很多种方法。像文本数据就有 ASCII, UTF-8, UTF-16, EUC-KR, Shift-JIS 等，二进制数据有 JPEG, PNG, GIF 图片格式。

基于编码方式，我们把 A 格式转换为 B 格式叫作编码（encoding），将这些编码数据反向转换叫作解码（decoding）。

文本数据和二进制数据

让我们回到 python 代码，在之前介绍 urllib 模块时，urlopen( ) 和 read( ) 函数运行的结果不是简单的字符串，而是在前面附加“b”，这就是二进制数据。因为二进制数据不是字符串（文本），所以无法使用字符串有关的功能（len( ) 函数等）。

但是，二进制数据不是文字，为什么会有文字呢？这是因为 python 会自动地将二进制通过 ASCII 编码表进行编码。接下来我们将从图片中读取内容，看看它是如何以其他格式输出的。

储存网络图片

我将介绍一下，读取网络上的图片及储存方法。在网络上获取的数据都是一样的，但不是文本数据，而是应该作为二进制数据储存。

储存方法非常的简单，打开文件时，如下在后面附加“b”就可以了。当写成“rb”或是“wb”时，它会以二进制的形式读取文件。

动手编码

读取图片并储存 源代码 binary_download.py

```
01  # 读取模块
02  from urllib import request
03
04  # 用urlopen()函数读取Google主页
05  target = request.urlopen("http://www.hanbit.co.kr/images/common/logo_hanbit.
    png")—→这个代码应该连接一行输入。
06  output = target.read()
07  print(output)
08
09  # write binary[二进制写] 模式
10  file = open("output.png", "wb")—→用二进制的格式写。
11  file.write(output)
12  file.close()
```

执行结果

```
b'\x89PNG\r\n\x1a\n\x00\x00\x00\rIHDR\x00\x00\x01\x04\x00\x00\x00,\x08\x06\x00\x00\x00\x83\x80\
xc6\xe5\x00\x00\x00\x19tEXtSoftware\x00Adobe ImageReadyq\xc9e<\x00\x00\x0f/IDATx\xda\xec]\
ttU\xc5\x19\xfe\xb3\x11 D\x11\x13\x0cF\x08\x11\x14KEA\xf6M\xd0\xd6\xa3\xb8\xe1\x12W\x8a\xa8\
xc7R\xac\xb5
…省略…
```

因为前面有“b”，所以是二进制数据。

运行代码时，输出的是二进制数据。在同一个文件夹中打开储存的 output.png 文件，可以看到下面的图片。

★ 稍等片刻　假如不使用wb，而使用w

如果看到前面的代码，您可能会想“反正只是记录而已，难道用w不行吗？”若有疑问，请马上解决。那么，我们只需换一下运行看看。

假如不使用wb，而使用w会怎么样呢？

```
# 读取模块
from urllib import request

# 使用urlopen()函数，读取Google主页
target = request.urlopen("http://www.hanbit.co.kr/images/common/logo_hanbit.png")
output = target.read()
print(output)

# 以文本模式写
file = open("output.png", "w") ——> 若用文本格式写，会怎么样呢？
file.write(output)
file.close()
```

执行结果

```
Traceback (most recent call last):
  File "test.py", line 11, in <module>
    file.write(output)
TypeError: write() argument must be str, not bytes
```

在运行时，write()函数的参数不是“bytes（二进制）”，而是放入“str（字符串）”会发生错误。请牢记，在使用二进制时，前面一定要加上“b”。

结论

▶ 以3个关键词汇总的核心内容

- 入口点（entry point），程序开始执行的文件叫作入口点。
- __name__ == "__main__" 是确认当前文件的入口点时使用的代码。
- 包（package）是模块集合的意思。

▶ 模块的分析方法

本节中，简单介绍了创建包的方法，不是确认问题，而是说明查看模块源代码的方法。请看之后抽空分析的模块！

在第 7.2 节的解题中，有道题是找出自己想从事领域的模块。python 模块的代码全部是公开的，在计算机上查找安装的模块时，可以看到模块的代码。使用 pip list 命令时，可以看到已经安装的模块。

```
> pip list
astroid (1.5.2)
beautifulsoup4 (4.6.0)
certifi (2017.4.17)
chardet (3.0.4)
...省略...
```

并且，输入 pip show< 被安装的模块 >时，也可以看到模块的安装位置。

```
> pip show beautifulsoup4
Name: beautifulsoup4
Version: 4.6.0
Summary: Screen-scraping library
Home-page: http://www.crummy.com/software/BeautifulSoup/bs4/
...省略...
Location: c:\users\hasat\appdata\local\programs\python\python36-32\lib\site-
packages

Requires:
```

模块被安装在名为 Location 的地方，使用资源管理器进入该文件夹，可以看到多个被安装的模块，每个文件夹显示的是模块的名称。例如，打开之前我介绍过的 BeautifulSoup 模块的 bs 文件夹，就可以看到如下诸多文件：

BeautifulSoup 模块的文件

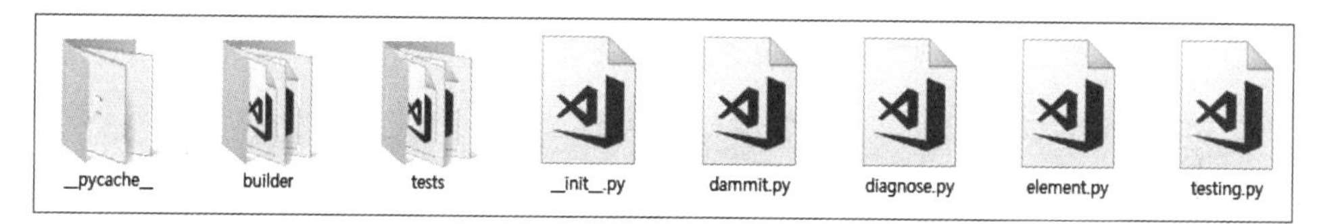

请逐一打开，并分析看看。刚开始分析模块时，您会觉得“代码太长了，这些模块又使用了其他模块，一个接着一个，怎么分析呢？”首先，由于代码很长，需要花很长时间仔细分析。

并且，这些模块首尾相接，没有必要全部分析。如果您能独自思考找到比较困难的部分，就足够了，比如“这样的代码是这样的功能”，“当实现这样的功能时，使用的是列表和 class，而不是条件句和循环句”。

第8章 类

这是本书的最后一章节，在这一章中我们将学习python中面向对象程序设计的基本概念：类（class），下面我将详细地介绍这些内容。

学习目标

- 了解有关面向对象的编程。
- 区分类和实例。
- 了解创建类的方法

8.1 类的基础

核心关键词

对象 面向对象编程语言 抽象化 类 实例 构造函数 方法

在本节中，介绍有关类和对象的内容。就像关键词的数量一样，概念也比较多，理解如何运用可能有些困难。但俗话说，“开始是成功的一半”，我认为一旦开始，就会看到结果。

在开始之前

除了 python，您听说过其他编程语言吗？ GitHub 的统计数据显示，全球很多企业或人们都在共享他们自己创建的程序，包括 javascript、java、python、PHP、C#、C++、Ruby、C、Objective-C、scala、swift 等编程语言经常被使用。

其中，除了 C 以外，所有的编程语言都是面向对象编程语言（Object Oriented Programming Language）。面向对象编程的意思是优先考虑对象，然后编程。

所有面向对象编程语言都是基于类的编程语言，面向对象编程语言创建基于类（class）的对象（object），我的理念是把这样的对象放在首位考虑，然后再编程。那么让我们逐步了解一下什么是类，什么是对象。

对象

当您创建程序时，首先需要想一想“我们使用怎样的数据呢？”如果创建在医院使用的程序，首先要考虑如医生、护士、患者、科室、预约记录、诊疗记录、入院出院记录的数据（data）。

★ 稍等片刻 抽象化

举个例子，现实中人们有很多属性，像是身高、体重、脸的周长、眉毛的长度、鼻子的大小、嘴巴的大小、嘴唇的皱纹数、嘴唇的皱纹长度、头发的数量、每根绒毛的长度这样的属性。

为了完美地再现一个人，真的需要知道很多信息，然而创建程序时，程序并不需要所有这些信息。在医院使用的程序中，不需要使用患者的信息体现所有人的属性。

在程序中，只使用所需要的要素来表现对象被称为抽象化（abstraction）。进一步来说，从复杂的资料、模块、系统等，把核心的概念或功能归纳叫作抽象化。这是计算机学科中普遍使用的术语，请记住它。

创建学生成绩管理程序时需要什么呢？需要学生姓名、学号、各科成绩等，让我们将其表示为列表和词典，如下所示：

动手编码

创建以词典为对象 源代码 object_1_basic.py

```
01  # 定义学生列表
02  students = [
03      { "name": "Yun In Seng", "korean": 87, "math": 98, "english": 88, "science": 95 },
04      { "name": "Yeon Ha Jin", "korean": 92, "math": 98, "english": 96, "science": 98 },
05      { "name": "Gu Ji Yeon", "korean": 76, "math": 96, "english": 94, "science": 90 },
06      { "name": "Na Sen Ju", "korean": 98, "math": 92, "english": 96, "science": 92 },
07      { "name": "Yun Ah Lin", "korean": 95, "math": 98, "english": 98, "science": 98 },
08      { "name": "Yun Ming Wal", "korean": 64, "math": 88, "english": 92, "science": 92 }
09  ]
10
11  # 遍历学生列表
12  print("姓名", "总分", "评价分", sep="\t")
```

```
13  for student in students:
14      # 计算总分和平均分
15      score_sum = student["korean"] + student["math"] +\
16          student["english"] + student["science"]
17      score_average = score_sum / 4
18      # 输出
19      print(student["name"], score_sum, score_average, sep="\t")
```

执行结果

```
姓名            总分   平均分
Yun In Seng     368    92.0
Yeon Ha Jin     384    96.0
Gu Ji Yeon      356    89.0
Na Sen Ju       378    94.5
Yun Ah Lin      389    97.25
Yun Ming Wal    336    84.0
```

我们用字典表示学生，并把他们做成列表，像这些可能具有很多个属性的被称为对象（object），在当前代码中，学生就是对象。

更深入一点解释，在编程语言中，我们把有可能具有属性的全部东西都称为“对象”。事实上，上面的示例中列表选定的“students”，也就是“学生们”是具有的一种属性，也叫作“很多学生”。因此，这也可以被称为“对象”。即，object_1_basic.py 是运用对象求学生们的总分和平均分的代码。

但是，用字典逐个创建对象稍微有些复杂和麻烦，创建字典时，您可能会产生输入键的失误等等。

如果我们把生成的字典写成下面格式的函数，会怎么样呢？这比输入字典时更容易，也不会产生输入键的失误。

动手编码

创建对象的函数(1) 源代码 object_2_dict.py

```
01  # 定义返回字典的函数
02  def create_student(name, korean, math, english, science):
```

```
03        return {
04            "name": name,
05            "korean": korean,
06            "math": math,
07            "english": english,
08            "science": science
09        }
10
11    # 定义学生列表
12    students = [
13        create_student("Yun In Seng", 87, 98, 88, 95),
14        create_student("Yeon Ha Jin", 92, 98, 96, 98),
15        create_student("Gu Ji Yeon", 76, 96, 94, 90),
16        create_student("Na Sen Ju", 98, 92, 96, 92),
17        create_student("Yun Ah Lin", 95, 98, 98, 98),
18        create_student("Yun Ming Wal", 64, 88, 92, 92)
19    ]
20
21    # 遍历学生列表
22    print("姓名", "总分", "平均分", sep="\t")
23    for student in students:
24        # 求总分数和平均分
25        score_sum = student["korean"] + student["math"] +\
26            student["english"] + student["science"]
27        score_average = score_sum / 4
28        # 输出
29        print(student["name"], score_sum, score_average, sep="\t")
```

运行结果和之前的结果相同，让我们再想想看呢？现在求总分和平均分的处理是以学生为对象，因此，如果我们把学生类型作为函数的参数来创建，那么代码会不会更均衡一些呢？举个例子：

处理对象的函数（2） 源代码 object_3_seperate.py

```
01  # 定义返回字典的函数
02  def create_student(name, korean, math, english, science):
03      return {
04          "name": name,
05          "korean": korean,
06          "math": math,
07          "english": english,
08          "science": science
09      }
10
11  # 定义处理学生的函数
12  def student_get_sum(student):
13      return student["korean"] + student["math"] +\
14          student["english"] + student["science"]
15
16  def student_get_average(student):
17      return student_get_sum(student) / 4
18
19  def student_to_string(student):
20      return "{}\t{}\t{}".format(
21          student["name"],
22          student_get_sum(student),
23          student_get_average(student))
24
25  # 定义学生列表
26  students = [
27      create_student("Yun In Seng", 87, 98, 88, 95),
28      create_student("Yeon Ha Jin", 92, 98, 96, 98),
29      create_student("Gu Ji Yeon", 76, 96, 94, 90),
30      create_student("Na Sen Ju", 98, 92, 96, 92),
31      create_student("Yun Ah Lin", 95, 98, 98, 98),
```

从01到23行是有关学生对象的部分。

从25到39行是运用对象进行处理。

```
32        create_student("Yun Ming Wal", 64, 88, 92, 92)
33    ]
34
35    # 遍历学生列表
36    print("姓名", "总分", "平均分", sep="\t")
37    for student in students:
38        # 输出
39        print(student_to_string(student))
```

虽然运行结果和之前的结果相同，但代码有些分离。与学生对象有关的功能上升了，使用这些对象的处理下降了。若是这样创建，“与学生对象有关的功能”将作为单独的模块来管理。

在这种情况下，可以分离与对象有关的代码叫作面向对象编程的核心，上面的代码页是一种面向对象编程。但是，由于这种代码频繁地被使用，开发人员创建了类（class）的结构。类可能听起来有点难，但我们可以认为是一种像上面的那种更高效的编码方式。

定义类

类是为了更有效地生成对象而创建的语法，首先，让我们来看看类的基本语法，并了解一下什么是有效的。

以下是类的语法：

```
class 类的名称:
    类的内容
```

★ 稍等片刻　类的名称

在第七章中，我们介绍了代码BeautifulSoup()，如果是函数，把beautiful soup连在一起就是beautiful_soup()，我们将每个单词前面的首字母变成大写，并将其合并命名为BeautifulSoup()，其原因是BeautifulSoup()是类的构造函数。

这样取名，才能让所有的python开发人员看到它，并将其识别为“类”，因此，假如是python开发者最好遵守camel case（pascal case）规则来命名类，这个规则是使每个单词的首字母大写，然后把他们合并在一起。命名规则和有关内容，请参考第1-3章节的“标识符”内容。

这样创建的类使用与类名称相同的函数（构造函数）并创建对象，简单地理解与之前的 create_student( ) 函数相同。

```
Instance名称（变量名称）=类名称()⟶这叫作构造函数
```

基于这些类创建的对象叫作实例（instance），这是频繁使用的术语，请牢记！

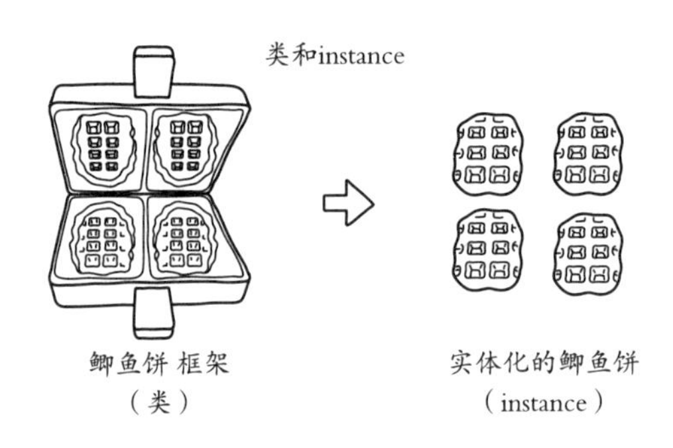

以此为基础，定义六名学生如下：

```
# 定义类
class Student:
    pass

# 定义学生
student = Student()

# 定义学生列表
students = [
    Student(),
    Student(),
    Student(),
    Student(),
    Student(),
    Student()
]
```

构造函数

与类的名称相同的函数叫作构造函数（comstructor），若在类内部创建名为 _ _init_ _ 的函数，可以在生成对象时编写要处理的内容。

```
class 类的名称:
    def __init__(self, 附加参数):
        pass
```

类内部的函数必须输入 self 作为第一个参数，此时，self 可以认为是“自己”的代名词。但是，当我们了解了 self 所具有的属性和功能时，self 是以“标识符”的形式访问。

★ 稍等片刻 self

self只是简单的标识符，而不是关键字，因此您可以将其用作变量的名称，但是几乎所有的python开发者都使用self的这个名称，所以最好遵守基本规则。

那么，让我们把它作为像 create_student( ) 函数一样实现，这是我之前写过的。

```
# 定义类
class Student:
    def __init__(self, name, korean, math, english, science):
        self.name = name
        self.korean = korean
        self.math = math
        self.english = english
        self.science = science

# 定义学生列表
students = [
    Student("Yun In Seng ", 87, 98, 88, 95),
    Student("Yeon Ha Jin ", 92, 98, 96, 98),
    Student("Gu Ji Yeon ", 76, 96, 94, 90),
    Student("Na Sen Ju ", 98, 92, 96, 92),
    Student("Yun Ah Lin ", 95, 98, 98, 98),
```

```
    Student("Yun Ming Wal ", 64, 88, 92, 92)
]

# 了解Student 实例属性的方法
students[0].name
students[0].korean
students[0].math
students[0].english
students[0].science
```

这样创建，当生成 Student 实例时可以直接附加属性。

★ 稍等片刻 析构函数

与构造函数相反的，还有实例在销毁时调用的函数，这被叫作析构函数（destructor）。虽然这不是一个常用的功能，但最好也留个印象，也许之后需要时可以使用呢？析构函数在类内部是以_ _del_ _(self)的形式定义。

```
class Test:
    def __init__(self, name):
        self.name = name
        print("{} – 已经被生成了".format(self.name))
    def __del__(self):
        print("{} – 已经被破坏了".format(self.name))

test = Test("A")
```

若运行代码，运行Test（“A”）时构造函数被调用，在程序结束时调用析构函数。

```
A – 已经被生成了
A – 已经被破坏了
```

与构造函数相比，析构函数调用的时间点有些复杂，在第395页的“扩展知识①：垃圾回收器”中将再次介绍。

方法

类具有的函数叫作方法（method），在类内部创建方法时使用如下内容。与定义构造函数的方法相同，请再次牢记，self 作为第一个参数使用。

```
class 类的名称:
    def 方法名称 (self , 附加参数)
        pass
```

★ 稍等片刻 **方法和函数**

在C#. Java等编程语言中，方法这个术语经常使用，我们把类的函数称为“方法”。然而，在python编程语言中，成员函数（member function）或实例函数（instance function）等术语也频繁使用，在本书中我也经常使用函数（function）这个术语。

在第 372 页的“动手编码 object_3_seperate.py”中创建的 student_get_sum( ), student_get_ average( ), student_to_string( ) 函数，体现在类内部看一看。之前的参数是 student，这次函数创建时输入 self。

在类内部定义函数（方法） 源代码 object_4_class.py

```
01  # 定义类
02  class Student:
03      def __init__(self, name, korean, math, english, science):
04          self.name = name
05          self.korean = korean
06          self.math = math
07          self.english = english
08          self.science = science
09
10      def get_sum(self):
11          return self.korean + self.math +\
```

```
12                  self.english + self.science
13
14          def get_average(self):
15              return self.get_sum() / 4
16
17          def to_string(self):
18              return "{}\t{}\t{}".format(\
19                  self.name,\
20                  self.get_sum(),\
21                  self.get_average())
22
23      # 定义学生列表
24      students = [
25      Student("Yun In Seng", 87, 98, 88, 95),
26      Student("Yeon Ha Jin", 92, 98, 96, 98),
27      Student("Gu Ji Yeon", 76, 96, 94, 90),
28      Student("Na Sen Ju", 98, 92, 96, 92),
29      Student("Yun Ah Lin", 95, 98, 98, 98),
30      Student("Yun Ming Wal", 64, 88, 92, 92)
31      ]
32
33      # 遍历学生列表
34      print("姓名", "总分", "平均分", sep="\t")
35      for student in students:
36          # 输出
37          print(student.to_string())
```

执行结果

```
姓名            总分  平均分
Yun In Seng     368   92.0
Yeon Ha Jin     384   96.0
Gu Ji Yeon      356   89.0
Na Sen Ju       378   94.5
Yun Ah Lin      389   97.25
Yun Ming Wal 336  84.0
```

在第 372 页的 object_3_separate.py 中我们使用了 student_to_string(student) 的格式，这次使用的是 student.print( ) 格式。这是非常方便的，因为我们可以很清楚地理解什么样的对象具有什么样的函数（功能）。

目前为止，我们看过了字典和函数组合后用类创建的学生对象，这只是不同的词组，而不是不同的概念，所以应该很容易理解。

结论

▶ 以7个关键词汇总的核心内容

- 对象（objects）表示任何可以具有属性的东西。
- 面向对象编程语言（Object Oriented Programming Language）表示以对象为基础，创建程序的编程语言。
- 抽象化（abstraction）是从复杂的数据、模块、系统等中，简化核心的概念或功能。
- 类（class）是为方便生成对象创建的词组。
- 实例（instance）表示以类为基础生成的对象。
- 构造函数（constructor）是在生成实例（如类名）时创建的函数。
- 方法（method）表示类的函数。

▶ 解题

1. 请想象一下不同程序中的对象。例如，可以想想看在Facebook上的个人信息、时间轴文章、群信息等等。个人信息包括姓名、邮箱、密码、头像照片、个人描述、好友列表、时间轴文章列表等；时间轴文章包括作者、发布时间、点赞数、点赞的朋友、留言等。

   看看这三种程序，整理如下：

程序	对象	属性
Facebook	个人信息	姓名、邮箱、密码、头像照片、个人描述、好友列表、时间轴文章列表等
	时间轴文章	作者、发布时间、点赞数、点赞的朋友、留言等
	群信息	姓名、描述、成员列表等

因为大家还没有学习数据库设计，虽然不能把主键和外键链接起来形成数据库设计，但可以作为之后的学习资料，请好好整理。

2. 即使使用同一个对象的程序，其属性也会不同。例如，想象一下餐厅呢？在点餐应用程序中，储存餐厅的信息需要有餐厅名称、电话号码、地址、餐单、评论列表等。相反，在税收管理应用程序中，储存餐厅的信息是就不需要保存菜单之类的东西了，取而代之的是餐厅的营业执照、销售明细等。请填写与此相同的一个对象的三种不同属性。

3. 所有对象都有属性和行为。例如，想一想点餐应用程序的餐厅信息，“按此键可以拨打电话、按此键可以点想要的菜单、按此键可以在评论列表中追加评论、按此键可以搜索到餐厅的地址”等的对应行为。作为参考，当提到“行为”您可能多半会想到类似“走”“跑”这样的大动作，如“在评论列表中追加评论”这样小的数据也是一种行为。请在第 1 题中找到的对象中选择两种，并分别写出五种行为。

提示 如果想要打开程序，则需要尝试使用各种各样的程序并分析他们，请继续以开发人员的视角去思考这个程序有哪些数据。

8.2 类的附加语法

核心关键词

isinstance( ) 类变量 类函数

上一节的内容在某种程度上是容易理解的，对吧？但是，这里讨论的内容理解起来可能多少有些困难。首先，我希望大家带着“原来有这个呀”的感觉来先看一遍，然后在需要时再回顾一遍。

在开始之前

类的使用表示要编写并创建具有属性和功能的对象，因此 python 具有相应的附加功能。举个有代表性的例子，以某个类为基础继承它的属性和功能，然后创建新的继承类，根据这种继承关系，isinstance() 函数可以用来确认对象是基于哪个类创建的，python 提供的默认 str() 函数将值转化为适于人阅读的形式。

本节中，我们将了解这些有关的附加功能。

使用类表示将创建具有属性（变量）和功能（函数）的对象！

确认类的实例

首先，为了可以确认对象(实例)从哪个类开始创建，python 提供了 isinstance() 函数。isinstance( ) 函数的第一个参数是对象（实例），第二个参数是类。

```
isinstance(实例 , 类)
```

此时，实例假如是以该类为基础创建的，返回 True ；假如是完全无关的实例和类，则返回 False。看一下简单的示例：

```
# 定义类
class Student:
    def __init__(self):
        pass

# 定义学生
student = Student()

# 确认实例
print("isinstance(student, Student):", isinstance(student, Student))
```

运行代码时，输出以下结果。student 由于是以 Student 类为基础创建的，所以输出 True。

```
isinstance(students[0], Student): True
```

★ 稍等片刻　**确认简单的实例**

若要确认简单的实例，可以使用以下的方法。

```
type(student) == Student
```

这个方法在第403页“扩展知识③：继承”中将会介绍到，使用继承时操作不一样。最好在看完继承后再看以下代码，首先请记住这是有差异的。

确认isinstance()函数和type()函数的差异

```
# 定义类
class Human:
    def __init__(self):
        pass
class Student(Human):
    def __init__(self):
        pass
```

```
# 定义学生
student = Student()

# 确认实例
print("isinstance(student, Human):", isinstance(student, Human))
print("type(student) == Human:", type(student) == Human)
```

Student类是继承Human类创建的，isintance()函数会确认这种继承关系。相反的，使用type()函数不能确认这种继承关系。

```
isinstance(student, Human): True
type(student) == Human: False
```

isintance( )函数可以运用各种各样的功能，举个简单的例子，在一个列表内部包含很多种实例时，区分实例并使用属性和功能时，使用isintance( )函数。

看以下代码，生成Student和Teacher类，在classroom列表内放入一些对象。在循环列表时，确认元素是Student类的实例还是Teacher类的实例，然后调用每个对象所具有适当的函数。

动手编码

运用isinstance()函数 源代码 isinstance.py

```
01  # 定义学生的类
02  class Student:
03      def study(self):
04          print("学习")
05
06  # 定义老师的类
07  class Teacher:
08      def teach(self):
09          print("教学生")
```

```
10
11  # 生成教室内的对象列表
12  classroom = [Student(), Student(), Teacher(), Student(), Student()]
13
14  # 循环列表，调用适当的函数
15  for person in classroom:
16      if isinstance(person, Student):
17          person.study()
18      elif isinstance(person, Teacher):
19          person.teach()
```

执行结果

```
学习
学习
教学生
学习
学习
```

一般情况下，面向对象的编程是用类来体现所有数据，管理这些数据时，我们通常认为应该按照不同的种类创建列表并运用它，在使用 isinstance( ) 函数时，可以像这样在一个列表中处理多种类的数据。

特殊名称的方法

我们创建以 Student 类为基础的对象，然后在对象后面输入“.”（英文句号），如果看到自动补全功能（Visual Studio Code），您会发现里面有很多我们没有创建过的函数。

```
# 定义学生
student = Student("윤인성", 87, 98, 88, 95)
student.
        __init_subclass__
        __le__
        __lt__
        __ne__
        __new__
        __reduce__
        __reduce_ex__
        __repr__
        __setattr__
        __sizeof__
        __str__
        __subclasshook__
```

这些都是 python 中，使用类时提供的辅助功能，但是名称有点儿特别，以 _ _< 名称 >_ _() 的格式使用，这些方法在特殊情况下自动调用。

首先，在类内部定义 _ _str_ _( )，如下所示，这样如果定义 _ _str_ _( ) 函数，调用 str( ) 函数时将自动调用 _ _str_ _( ) 函数。

动手编码

__str__()函数 源代码 str_func.py

```
01  # 定义类
02  class Student:
03      def __init__(self, name, korean, math, english, science):
04          self.name = name
05          self.korean = korean
06          self.math = math
07          self.english = english
08          self.science = science
09
10      def get_sum(self):
11          return self.korean + self.math +\
12              self.english + self.science
13
14      def get_average(self):
15          return self.get_sum() / 4
16
17      def __str__(self):
18          return "{}\t{}\t{}".format(
19              self.name,
20              self.get_sum(),
21              self.get_average())
22
23  # 定义学生列表
24  students = [
25  Student("Yun In Seng", 87, 98, 88, 95),
26  Student("Yeon Ha Jin", 92, 98, 96, 98),
27  Student("Gu Ji Yeon", 76, 96, 94, 90),
28  Student("Na Sen Ju", 98, 92, 96, 92),
29  Student("Yun Ah Lin", 95, 98, 98, 98),
30  Student("Yun Ming Wal", 64, 88, 92, 92)
```

第17～21行：定义__str__()函数

执行结果

姓名	总分	平均分
Yun In Seng	368	92.0
Yeon Ha Jin	384	96.0
Gu Ji Yeon	356	89.0
Na Sen Ju	378	94.5
Yun Ah Lin	389	97.25
Yun Ming Wal	336	84.0

```
31  ]
32
33  # 输出
34  print("姓名", "总分", "评价分", sep="\t")
35  for student in students:
36      print(str(student))
```

→ 放入str()函数的参数时，调用student的_ _str_ _()函数。

因此，之前的 to_string( ) 函数，和目前使用的 str(对象) 的方法相同，可以将对象转换成字符串。特殊名称的函数有很多，当看到自动补全功能(Visual Studio Code)的说明，便可知道使用的是什么功能。

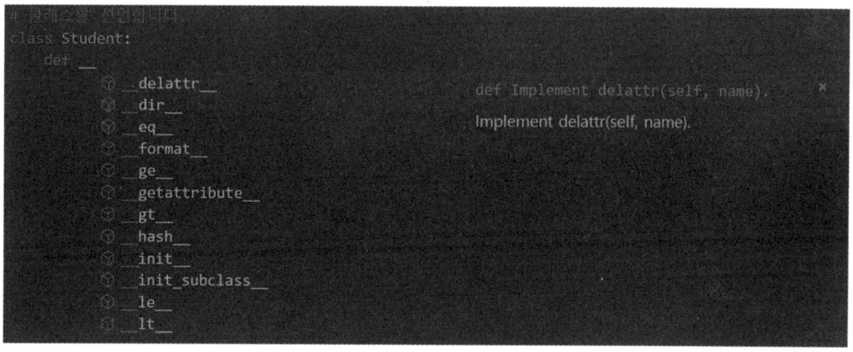

几种特殊名称整理如下，以下是比较大小的函数名称。

名称	英文	说明
eq	equal	相同
ne	not equal	不同
gt	greater than	大于
ge	greater than or equal	大于或等于
lt	less than	小于
le	less than or equal	小于或等于

运用这个可以比较学生的成绩。当然，人生不是以成绩好坏来排序的，但如果能在学生成绩管理程序中比较成绩，那就很方便了！

比较大小的函数 源代码 compare_func.py

```
01  # 定义类
02  class Student:
03      def __init__(self, name, korean, math, english, science):
04          self.name = name
05          self.korean = korean
06          self.math = math
07          self.english = english
08          self.science = science
09
10      def get_sum(self):
11          return self.korean + self.math +\
12              self.english + self.science
13
14      def get_average(self):
15          return self.get_sum() / 4
16
17      def __str__(self, student):
18          return "{}\t{}\t{}".format(
19              self.name,
20              self.get_sum(student),
21              self.get_average(student))
22
23      def __eq__(self, value):
24          return self.get_sum() == value.get_sum()
25      def __ne__(self, value):
26          return self.get_sum() != value.get_sum()
27      def __gt__(self, value):
28          return self.get_sum() > value.get_sum()
29      def __ge__(self, value):
30          return self.get_sum() >= value.get_sum()
31      def __lt__(self, value):
```

```
32          return self.get_sum() < value.get_sum()
33      def __le____(self, value):
34          return self.get_sum() <= value.get_sum()
35
36  # 定义学生列表
37  students = [
38  Student("Yun In Seng", 87, 98, 88, 95),
39  Student("Yeon Ha Jin", 92, 98, 96, 98),
40  Student("Gu Ji Yeon", 76, 96, 94, 90),
41  Student("Na Sen Ju", 98, 92, 96, 92),
42  Student("Yun Ah Lin", 95, 98, 98, 98),
43  Student("Yun Ming Wal", 64, 88, 92, 92)
44  ]
45
46  # 定义学生
47  student_a = Student("Yun In Seng", 87, 98, 88, 95),
48  student_b = Student("Yeon Ha Jin", 92, 98, 96, 98),
49
50  # 输出
51  print("student_a == student_b = ", student_a == student_b)
52  print("student_a != student_b = ", student_a != student_b)
53  print("student_a >  student_b = ", student_a >  student_b)
54  print("student_a >= student_b = ", student_a >= student_b)
55  print("student_a <  student_b = ", student_a <  student_b)
56  print("student_a <= student_b = ", student_a <= student_b)
```

执行结果

```
student_a == student_b =  False
student_a != student_b =  True
student_a >  student_b =  False
student_a >= student_b =  False
student_a <  student_b =  True
student_a <= student_b =  True
```

当然，您在编写这样的代码时，可能会产生疑问，为什么不能使用想要的名称呢?而在本节中，我已经第二次提到“目前为止使用的相同方法”。所有的这些函数都可以用相同的方法处理对象。

当我使用我创建的对象时，“使用 to_string( ) 函数转换成字符串”然后再使用，没有任何问题。但是，当团队里的其他人看到我创建的代码时，更进一步说，如果一个我完全不认识的人在参与开源项目时看到我的代码，会很容易认为“用 str( ) 函数来转换成字符串吧 ?”因此，在编程时，经常和其他人一起合作，最好使用这个函数。

★ 稍等片刻 异常处理

在使用"=="，"!="，">"，">="，"<="时，立即调用了本节中看到的函数。对比其他数据时也一样，如果您想要限制比较时使用的数据类型，那么请限制数据类型，并在使用其他数据类型时发生异常。

通常情况下，在比较字符串和数字时会发生Type Error，"比较无法比较的数据类型时生成Type Error"是python的基本操作。看以下类的现实。

此时，可以运用之前学习的isintance()函数。

生成TypeError

```
#  定义类
class Student:
    # 省略

    def __eq__(self, value):
        if not isinstance(value, Student):
            raise TypeError("可以只比较Student类的实例")
        return self.get_sum() == value.get_sum()
    # 省略


# 定义学生
student_a = Student("尹仁诚", 87, 98, 88, 95)

# 比较
student_a == 10
```

运行代码，比较学生和数字时，发生以下Type Error。

```
10
Traceback (most recent call last):
  File "test.py", line 44, in <module>
    student_a == 10
  File "test.py", line 26, in __eq__
    raise TypeError("可以只比较Student类的实例")
TypeError: 可以只比较Student类的实例
```

当然，我们也可以根据学生的平均成绩，比如"student < 90"，可以用这个实例来比较，然后选出一个"平均成绩小于90的学生"。

类的变量和方法

实例虽然可以具有属性和功能，类也可以具有属性（变量）和功能（函数），让我们来看看这个。

类的变量

先看一看创建类的变量的方法，类的变量只需要在class语句的下一个层级定义变量，这样创建的类的变量使用方法如下：

创建类的变量

```
class 类的名称:
    类的变量=值
```

访问类的变量

```
类的名称. 变量名称
```

因为它只是类的变量，所以它的使用方法与常规变量没有区别。简单的计算学生数量，创建Student.count变量并使用看看。

类的变量 源代码 class_var.py

```
01  # 定义类
02  class Student:
03      count = 0
04
05      def __init__(self, name, korean, math,
    english, science):
06          # 重置类的变量
07          self.name = name
08          self.korean = korean
09          self.math = math
10          self.english = english
```

执行结果

```
生成第1名学生
生成第2名学生
生成第3名学生
生成第4名学生
生成第5名学生
生成第6名学生
现在生成的学生总数是6名
```

```
11            self.science = science
12
13            # 设定类的变量
14            Student.count += 1
15            print("第{}次，生成学生".format(Student.count))
16
17    # 定义学生列表
18    students = [
19        Student("Yun In Seng", 87, 98, 88, 95),
20        Student("Yeon Ha Jin", 92, 98, 96, 98),
21        Student("Gu Ji Yeon", 76, 96, 94, 90),
22        Student("Na Sen Ju", 98, 92, 96, 92),
23        Student("Yun Ah Lin", 95, 98, 98, 98),
24        Student("Yun Ming Wal", 64, 88, 92, 92)
25    ]
26
27    # 输出
28    print()
29    print("现在生成的学生总数是 {}名".format(Student.count))
```

在类的内部和外部访问类的变量时，都使用student.count的格式（类的名称.变量的名称）。

事实上，一般情况下，无论作为变量还是类的变量使用，没有很大区别。然而重点是，通过明确地显示“类的功能”来创建变量。

类的函数

类函数也像类的变量一样，只是类的函数，一般情况下，无论作为函数还是类的函数使用，没有很大区别，只是明确地表示“类的功能”。

但是有些生成的方法比较特别，如：@classmethod 部分叫作装饰器（decorator）。

★ 稍等片刻 类装饰器

由@开始的部分，在python中叫作“装饰器”或是“装饰”。根据装饰器的创建方法分为函数装饰器、类装饰器，类装饰器的功能与函数装饰器相同，可以参考第343页的“扩展知识：函数装饰器”。

创建类函数

```
class 类的名称:
    @classmethod
    def 类的函数 (cls, 参数) :
        pass
```

类函数的第一个参数是类本身，通常情况下，定义 cls（直接读成“类”）的变量，这样创建的类的函数使用如下：

调用类函数

```
类的名称.函数名称 (参数)
```

那么，简单地使用看看。索性把 student 学生列表放在类内部，然后创建一个名为 Student.print( ) 的函数来输出所有学生列表。

动手编码

类函数 源代码 class_func.py

```
01  # 定义类
02  class Student:
03      # 类变量
04      count = 0
05      students = []
06
07      # 类函数
08      @classmethod
09      def print(cls):
10          print("------ 学生目录 ------")
11          print("姓名\t总分\t平均分")
12          for student in cls.students:
13              print(str(student))
14          print("------- ------- -------")
15
16      # 实例函数
```

即使是Student.students也没关系，在这里我们把cls作为参数。

```
17        def __init__(self, name, korean, math, english, science):
18            self.name = name
19            self.korean = Korean
20            self.math = math
21            self.english = English
22            self.science = science
23            Student.count += 1
24            Student.students.append(self)
25
26        def get_sum(self):
27            return self.korean + self.math +\
28                self.english + self.science
29
30        def get_average(self):
31            return self.get_sum() / 4
32
33        def __str__(self):
34            return "{}\t{}\t{}".format(\
35                self.name,\
36                self.get_sum(),\
37                self.get_average())
38
39    # 定义学生列表
40    Student("Yun In Seng", 87, 98, 88, 95),
41    Student("Yeon Ha Jin", 92, 98, 96, 98),
42    Student("Gu Ji Yeon", 76, 96, 94, 90),
43    Student("Na Sen Ju", 98, 92, 96, 92),
44    Student("Yun Ah Lin", 95, 98, 98, 98),
45    Student("Yun Ming Wal", 64, 88, 92, 92)
46    Student("Kim Mi Hua", 82, 86, 98, 88)
47    Student("Kim Yean Hua", 88, 74, 78, 92)
48    Student("Pa Ah Hean", 97, 92, 88, 95)
49    Student("Se Zun Se", 45, 52, 72, 78)
50
51    # 输出当前生成的所有学生
52    Student.print()
```

执行结果

```
------ 学生目录 ------
姓名           总分    平均分
Yun In Seng    368     92.0
Yeon Ha Jin    384     96.0
Gu Ji Yeon     356     89.0
Na Sen Ju      378     94.5
Yun Ah Lin     389     97.25
Yun Ming Wal   336     84.0
Kim Mi Hua     354     88.5
Kim Yean Hua   332     83.0
Pa Ah Hean     372     93.0
Se Zun Se      247     61.75
------ ------ ------
```

扩展知识① 垃圾回收器

当使用 python 编程时，您不需要太在意编程语言的内部发生什么（除 C，C++ 编程语言需要了解）。但我认为有一个经常被提到的重要概念应该知道，那就是垃圾回收器（garbage collector）。

程序内部无论发生了什么都表示把它存储在内存中，顺便说一句，当内存不足时，计算机将开始把硬盘作为内存来使用，这样的操作叫作交换分区（swap）。由于硬盘比内存慢很多，所以交换分区的处理速度也很慢。

无论如何，在程序中创建变量，数据会被保存在内存中，若继续创建会发生什么呢？内存肯定会满的！但是在 python 编程语言中，有一个“垃圾回收器”，垃圾回收器的作用是从内存中删除不再使用的数据。

那么，“不再使用的数据”都有什么呢？有很多种情况，最典型的一种情况就是在变量中无法存储，或是已经在函数中出现了不能使用的变量。观察以下示例，并预测一下它的运行结果，即使错了也没关系。

动手编码

垃圾回收器：在变量中无法存储的情况 源代码 garbage01.py

```
01  class Test:
02      def __init__(self, name):
03          self.name = name
04          print("{} - 生成".format(self.name))
05      def __del__(self):
06          print("{} - 销毁".format(self.name))
07
08  Test("A")
09  Test("B")
10  Test("C")
```

执行结果

```
A-生成
A-销毁
B-生成
B-销毁
C-生成
C-销毁
```

如果 A 生成并跳转到下一行时，不将其保存到变量中，那么垃圾回收器就会理解为以后不再使用，为了节省内存果断将其清除。所以 A 生成了，而且它肯定不会被使用，所以把 A 回收，然后销毁它。因为这个过程是重复的，所以过程是 A 生成、A 销毁、B 生成、B 销毁、C 生成和 C 销毁。

假如在变量中放入数据，会怎么样呢？请预测一下下面的代码。

垃圾回收器：在变量中储存的情况 源代码 garbage02.py

```
01  class Test:
02      def __init__(self, name):
03          self.name = name
04          print("{} - 生成".format(self.name))
05      def __del__(self):
06          print("{} - 销毁".format(self.name))
07
08  a = Test("A")
09  b = Test("B")
10  c = Test("C")
```

执行结果

```
A-生成
B-生成
C-生成
A-销毁
B-销毁
C-销毁
```

这次把它存储在变量中，我们认为垃圾回收器是“若在变量中储存表示之后可以使用，不是吗？再观察看看吧！”在应用程序退出之前，不要把内存中的数据删除，所以，在 A 生成、B 生成和 C 生成后程序终止时，发生 A 销毁、B 销毁和 C 销毁。

事实上，这不是很重要的内容，只要您编写的程序不是很奇怪，垃圾回收器就能正常工作。但我认为在学习析构函数的过程中，大家可能想知道什么时候被析构（销毁），所以我简单地解释了一下。

扩展知识② 私有变量和getter/setter

面向对象编程的最终目标是有效地创建和使用对象，为了有效地使用对象、并了解它的附加功能，我们来看一个简单的示例。

求圆的周长和面积的面向对象程序 源代码 math_sample.py

```
01  # 导入模块
02  import math
03
04  # 定义类
05  class Circle:
06      def __init__(self, radius):
07          self.radius = radius
08      def get_circumference(self):
09          return 2 * math.pi *  self.radius
10      def get_area(self):
11          return math.pi * (self.radius ** 2)
12
13  # 求圆的周长和面积
14  circle = Circle(10)
15  print("圆的周长:", circle.get_circumference())
16  print("圆的面积:", circle.get_area())
```

执行结果

```
圆的周长：62.83185307179586
圆的面积：314.1592653589793
```

假如在圆 Circle 类的半径 radius 属性中放入负数，会怎么样？

```
# 求圆的周长和面积
circle = Circle(10)
circle.radius = -2
print("圆的周长:", circle.get_circumference())
print("圆的面积:", circle.get_area())
```

这个圆的面积是平方，但周长是负数，事实上周长不可能是负数，因此我们需要一种方法来阻止把周长设为负数。

备注 不是必须要阻止，但如果我把我编写的代码传达给其他人，或是几个月后我再使用时，可能会忘记一些详细的规则而使用错误，如果想防患于未然，最好阻止这种情况。

私有变量

首先要防止随意地使用变量，python 中以 _ _<变量名称> 的格式来定义实例变量名称，阻止类内部的变量在外部使用。请注意，此时 _（下划线）符号是两个。

请看以下代码。

私有变量 源代码 private_var.py

```
01  # 导入模块
02  import math
03
04  # 定义类
05  class Circle:
06      def __init__(self, radius):
07          self.__radius = radius
08      def get_circumference(self):
09          return 2 * math.pi *  self.__radius
10      def get_area(self):
11          return math.pi * (self.__radius ** 2)
12
13  # 求圆的周长和面积
14  circle = Circle(10)
15  print("# 求圆的周长和面积")
16  print("圆的周长:", circle.get_circumference())
17  print("圆的面积:", circle.get_area())
18  print()
```

```
19
20    # 访问__radius
21    print("# 访问__radius ")
22    print(circle.__radius)
```

执行结果

```
# 求圆的周长和面积
圆的周长：62.83185307179586
圆的面积：314.1592653589793

# 访问__radius
Traceback (most recent call last):
  File "private_var.py", line 22, in <module>
    print(circle.__radius)
AttributeError: 'Circle' object has no attribute '__radius'
```

虽然在类内部使用 _ _radius 没有问题，当在类外部想要使用 _ _radius 时，会输出一个没有此属性的错误。

像这样，在定义属性时前面一旦加上了 _ _，就变成了外部不可用的变量。

getter和setter

那么，在中间想改变圆的周长该怎么做呢？由于在类的外部不能直接访问 _ _radius 的属性，需要找到可以间接访问的方法。

这时，我们可以使用 getter 和 setter。getter 和 setter 是间接访问属性的函数，目的是为了提取或更改私有变量的值。

请看以下代码。

getter和setter 源代码 getter_setter.py

```
01    # 导入模块
02    import math
03
```

```
04  # 定义类
05  class Circle:
06      def __init__(self, radius):
07          self.__radius = radius
08      def get_circumference(self):
09          return 2 * math.pi *  self.__radius
10      def get_area(self):
11          return math.pi * (self.__radius ** 2)
12
13      # 定义getter和setter
14      def get_radius(self):
15          return self.__radius
16      def set_radius(self, value):
17          self.__radius = value
18
19  # 求圆的周长和面积
20  circle = Circle(10)
21  print("# 求圆的周长和面积")
22  print("圆的周长:", circle.get_circumference())
23  print("圆的面积:", circle.get_area())
24  print()
25
26  # 间接访问__radius
27  print("# 访问__radius")
28  print(circle.get_radius())
29  print()
30
31  # 求圆的周长和面积
32  circle.set_radius(2)
33  print("# 变更半径求圆的周长和面积")
34  print("圆的周长:", circle.get_circumference())
35  print("圆的面积:", circle.get_area())
```

执行结果

```
# 求圆的周长和面积
圆的周长：62.83185307179586
圆的面积：314.1592653589793

#访问__radius
10

# 变更半径求圆的周长和面积
圆的周长：12.566370614359172
圆的面积： 12.566370614359172
```

创建 get_radius( ) 函数和 set_radius( ) 函数，用函数访问私有变量的值，更改私有变量的值。

使用这样的方式更改私有变量的值，可以添加多种处理方法，例如，若 set_radius( ) 函数添加下面的代码，可以在 _ _radius 限定指定的值。

用 getter setter 安全使用变量

```
def set_radius(self, value):
    if value <= 0:
        raise TypeError("长度必须是正数")
    self.__radius = value
```

使用装饰器的getter和setter

用函数创建 getter 和 setter 的频率越来越高，python 编程语言提供了可以简单创建和使用 getter 和 setter 的功能。定义如下变量名称和相同的函数，请在上面加上 @property 和 @< 变量名称 >.setter 的装饰器。

使用装饰器创建getter和setter 源代码 deco01.py

```
01  # 导入模块
02  import math
03
04  # 定义类
05  class Circle:
        # ...省略...
13      # 定义getter和setter
14      @property
15      def radius(self):
16          return self.__radius
17      @radius.setter
```

```
18        def radius(self, value):
19            if value <= 0:
20                raise TypeError("长度应该放入正数")
21            self.__radius = value
22
23    # 求圆的周长和面积
24    print("# 使用装饰器的Getter和 Setter")
25    circle = Circle(10)
26    print("原来圆的半径: ", circle.radius)
27    circle.radius = 2
28    print("变更后圆的半径: ", circle.radius)
29    print()
30
31    # 强制发生异常
32    print("# 强制发生异常")
33    circle.radius = -10
```

执行结果

```
# 使用装饰器的Getter和 Setter
原来圆的半径：10
变更后圆的半径：2

# 强制发生异常
Traceback (most recent call last):
  File "deco01.py", line 33, in <module>
    circle.radius = –10
  File "deco01.py", line 20, in radius
    raise TypeError("长度必须是正数")
TypeError: 长度必须是正数
```

这样，只需要使用 circle.radius，就可以调用 getter 和 setter。就像我之前提到的，可以用传统方法来使用对象。

扩展知识③ 继承

基于面向对象语言的类是支持继承（inheritance）功能。继承功能是一种非常高级的技术，事实上，在这个阶段描述的时候，就算知道它是什么，但是在哪儿使用的疑问会比较大。在本书中，我们将了解继承的基本内容和创建异常对象，并只介绍一个简单地运用示例。

下面我来举几个简单的例子。

继承

您组装过计算机吗？我其实不太懂计算机的零件，所以在选择上有些困难。不知道主板在哪里，也不知道哪个公司的内存好，所以我在“Danawa”网站上，选择了价格合适的计算机，上面写着“标准配置”，然后有人说“应该买 CPU 最贵的吧”，坏了只换 CPU 就可以。

像这样，在其他人创建的基本形式上，只替换我们想要的东西，这就是“继承”。

多重继承

您组装过高达模型吗？我曾经在同一家公司一次性购买了一个系列的高达模型，这样购买的规格都一样，帅气的身体、帅气的脸、帅气的手臂、帅气的腿、帅气的武器都可以抽出来做新的高达。

像这样，在其他人创建的形态上，变成我们想要的东西，这就是“继承”。这叫作多重继承。

现在我来介绍两个继承的示例，编程语言的基础是父类（parent），基于此生成的东西叫作子类（child）。父类可以将自己的基本内容传给子类，所以父类也叫作“基类”。

由于多重继承是一项很少使用的高级技术，因此这里我们只讨论继承。首先，我们先了解一下继承的格式、继承的运行如下：

继承的运行 源代码 inherit01.py

```
01  # 定义父类
02  class Parent:
03      def __init__(self):
04          self.value = "test"
05          print("调用Parent类的 __init()__ 方法")
06      def test(self):
07          print("Parent 类的 test() 方法")
08
09  # 定义子类
10  class Child(Parent):
11      def __init__(self):
12          Parent.__init__(self)
13          print("调用Child类的__init()__ 方法")
14
15  # 生成子类的实例，调用父类的方法
16  child = Child()
17  child.test()
18  print(child.value)
```

执行结果

```
调用Parent类的 __init()__ 方法
调用Child类的__init()__ 方法
Parent 类的 test() 方法
test
```

代码看起来很复杂，因为这是整个继承的语法，想要运用继承时必须要全部背下来。

Child 类内部什么都没有，但它继承了 Parent 类，所以可以使用 Parent 类中的函数和变量。

事实上，在很多时候，我们都不知道如何利用它。让我们看一个利用继承的简单示例。

创建异常类

继承是基于现有的类进行少量修改，以创建我们想要的类。那么，让我们稍微修改一下现有的 Exception 类，然后创建一个名为 CustomException 的类。

创建自定义类异常 源代码 inherit02.py

```
01  class CustomException(Exception):
02      def __init__(self):
03          Exception.__init__(self)
04
05  raise CustomException
```

执行结果

```
Traceback (most recent call last):
  File "inherit02.py", line 5, in <module>
    raise CustomException
CustomException
```

因为您继承了 Exception 类，所以，可以用 raise 来创建异常。

我们做几种修改，首先在 __init__() 内部做一个简单的输出，然后创建一个 __str__() 函数，修改成您想要的格式。

动手编码

用子类重新定义父类的函数（重写） 源代码 inherit03.py

```
01  class CustomException(Exception):
02      def __init__(self):
03          Exception.__init__(self)
04          print("##### 生成我创建的错误 #####")
05      def __str__(self):
06          return "发生错误"
07
08  raise CustomException
```

执行结果

```
##### 生成我创建的错误 #####
Traceback (most recent call last):
  File "inherit03.py", line 7, in <module>
    raise CustomException
CustomException: 发生错误
```

顺便说一下，__str__() 函数也定义在父类（Exception 类），像这样把定义在父类的函数，重新定义在子类的，我们称之为重新定义或是重写。

运行代码时，您可以看到输出的内容有些变化。

此外，还可以重新定义除现有函数、变量以外的其他函数。

动手编码

定义父类中不存在的新函数 源代码 inherit04.py

```
01  # 创建自定义异常
02  class CustomException(Exception):
03      def __init__(self, message, value):
04          Exception.__init__(self)
05          self.message = message
06          self.value = value
07
08      def __str__(self):
09          return self.message
10
11      def print(self):
12          print("###### 错误信息 ######")
13          print("信息:", self.message)
14          print("信息:", self.value)
15  # 发生异常
16  try:
17      raise CustomException("无理由", 273)
18  except CustomException as e:
19      e.print()
```

执行结果

```
###### 错误信息######
信息：无理由
值：273
```

我在刚开始学习编程的时候，怎么读也不能理解为什么要使用继承，所以干脆就忘记了继承这个概念。但在我的工作中，一直在开发，直到有一天，我意识到默写的代码就是继承的代码，然后从那时起，我便学习和理解了继承的相关内容。

现阶段，大家不需要太了解，只要记住当代码出现时，知道这是使用了继承就可以了。

结论

▶ 以4个关键词汇总的核心内容

- isinstance() 函数是用来检查某些类的实例函数。
- 类变量和类函数是在类名称后加上“.”（英文句号）后，可以直接使用的变量和函数。
- 继承是指在某个类的基础上继承它的属性和功能，然后创建一个新的类。

▶ 解题

1. 修改第 388 页“动手编码”的 compare_func.py，当 Student 对象和数字相比较时，先让和学生的平均成绩相比较。

   示例如下：

```
test = Student("A", 90, 90, 90, 90)
print(test == 90)          # → True
print(test != 90)          # → False
print(test >  90)          # → False
print(test >= 90)          # → True
print(test <  90)          # → False
print(test <= 90)          # → True
```

```
# 定义类
class Student:
    def __init__(self, name, korean, math, english, science):
        self.name = name
        self.korean = korean
        self.math = math
```

```
        self.english = english
        self.science = science

    def get_sum(self):
        return self.korean + self.math +\
            self.english + self.science

    def get_average(self):
        return self.get_sum() / 4

    def __  __(self, value):
        return self.get_average()
    def __  __(self, value):
        return self.get_average()
    def __  __(self, value):
        return self.get_average()
    def __  __(self, value):
        return self.get_average()
    def __  __(self, value):
        return self.get_average()
    def __  __(self, value):
        return self.get_average()

# 定义学生
test = Student("A", 90, 90, 90, 90)

# 输出
print("test == 90:", test == 90)
print("test != 90:", test != 90)
print("test >  90:", test >  90)
print("test >= 90:", test >= 90)
print("test <  90:", test <  90)
print("test <= 90:", test <= 90)
```

至此，本书的基本篇、高级篇已经全部结束了。

第一次学习编程的时候，我很困惑，因为看了入门书后不知道该学什么内容。我认为解决这个问题是最重要的，所以从 2011 年开始，我就一个接着一个地编写和翻译要读的书。这本书是这套系列书籍中 python 的第一本。

如果您想在学习 python 基本语法的基础上更进一步，那么可以尝试学习 web 服务开发、人工智能开发、数据收集程序开发、数据分析、业务自动化；如果您认为 python 已经为编程语言奠定了基础，那么您不妨过渡到另一种编程语言。希望我们不要止步于此。谢谢大家！

正确答案

1.1 学习Python之前非常简单的介绍

1. 参考第 008 页的提示
2. ①-ⓐ,②-ⓒ,③-ⓕ,④-ⓓ,⑤-ⓔ,⑥-ⓑ
3. ③

1.2 学习Python所需前提准备

1.

```
>>> print("Hello Python")
Hello Python
```

2. 源代码 01_2_2.py

1.3 本书中常出现的Python术语

1.

```
>>> print("Hello Python")
Hello Python
```

2. ①-○,②-○,③-×,④-×,⑤○
3. ②
4.

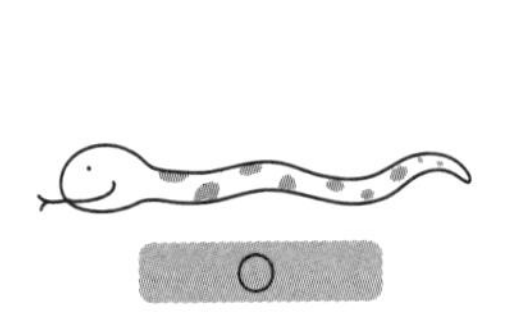

5.

示例	蛇形命名法	驼峰命名法
hello coding	hello_coding	HelloCoding
hello python	hello_python	HelloPython
we are the world	we_are_the_world	WeAreTheWorld
create output	create_output	CreateOutput
create request	create_request	CreateRequest
init server	init_server	InitServer
init matrix	init_matrix	InitMatrix

2.1 数据类型和字符串

1.

语法	含义
"文字"	用双引号创建字符串
'文字'	用单引号创建字符串
"""字符串 字符串 字符串"""	创建多个字符串

2.

转义字符	含义
\"	表示双引号
\'	表示单引号
\n	表示换行
\t	标签页
\\	表示\

3. 源代码 02_1_3.py

```
# 练习题
\\\\
   --------
```

4. 源代码 02_1_4.py

```
你
好
Traceback (most recent call last):
  File "02_1_4.py", line 5, in <module>
    print("你好"[5])
IndexError: string index out of range
```

5. 源代码 02_1_5.py

```
好
你
你好
好你
```

2.2 数字

1.

单词	示例
int	273, 52, 0, 1234, -25
float	0.0, 1.234, 2.73e2, -25.0

2.

运算符	含义
+	加法
-	减法
*	乘法
/	除法
//	除整数
%	余数
**	平方

3. 源代码 02_2_3.py

```
# 基本演算
15 + 4 = 19
15 - 4 = 11
15 * 4 = 60
15 / 4 = 3.75
```

4. 源代码 02_2_4.py

```
print("3462除以17 ")
print("- 商数:", 3462 // 17)
print("- 余数:", 3462 % 17)
```

5.
```
>>> print(2 + 2 - 2 * 2 / 2 * 2)
0.0
>>> print(2 - 2 + 2 / 2 * 2 + 2)
4.0
```

2.3 变量和输入

1. =

2.

演算符	内容
+=	数字加法后代入
-=	数字减法后代入
*=	数字乘法后代入
/=	数字除法后代入
%=	求余数后代入
**=	数字平方后代入

3.

函数	内容
int	将字符串转换为int数据型
float	将字符串转换为float数据型
str	将数字转换为字符串

4. 源代码 02_3_4.py

```
str_input = input("输入数字> ")
num_input = float(str_input)

print()
print(num_input, "inch")
print((num_input * 2.54), "cm")
```

5. 源代码 02_3_5.py

```
str_input = input("输入圆的半径> ")
num_input = float(str_input)
print()
print("半径: ", num_input)
print("周长: ", 2 * 3.14 * num_input)
print("面积: ", 3.14 * num_input ** 2)
```

6. 源代码 02_3_6.py

```
a = input("输入字符串> ")
b = input("输入字符串> ")

print(a, b)
c = a
a = b
b = c
print(a, b)
```

2.4 数字和字符串的各种函数

1. ③

2. ①-ⓓ, ②-ⓑ, ③-ⓐ, ④-ⓒ

3. 源代码 02_4_3.py

```
a = input("> 第1个数字: ")
b = input("> 第2个数字: ")
print()
print("{} + {} = {}".format(a, b, int(a) + int(b)))
```

4. 源代码 02_4_4.py

```
A点: hello
B点: HELLO
```

3.1 布尔数据类型与if条件语句

1.

条件式	结果
10 == 100	False
10 != 100	True
10 > 100	False
10 < 100	True
10 <= 100	True
10 >= 100	False

2. ③
3. ① OR ② AND ③ OR
4. 源文件：03_1_4.py

```
a = float(input("> 1第 1个数字: "))
b = float(input("> 2第 2个数字: "))
print()

if a > b:
    print(""第一次输入的 {}比 {}更大".format(a, b))
if a < b:
    print("第二次输入的 {}比 {}更大".format(b, a))
```

3.2 if~else语句和elif语句

1. ① 12，② 5，③ 无输出
2.

```
if x > 10 and x < 20
    print("符合条件")
```

3. 源代码 03_2_3.py

```
str_input = input("请输入出生年月> ")
birth_year = int(str_input) % 12

if birth_year == 0:
    print("属猴.")
elif birth_year == 1:
    print("属鸡.")
elif birth_year == 2:
    print("属狗.")
elif birth_year == 3:
    print("属猪.")
elif birth_year == 4:
    print("属鼠.")
elif birth_year == 5:
    print("属牛.")
```

```
elif birth_year == 6:
    print("属虎.")
elif birth_year == 7:
    print("属兔.")
elif birth_year == 8:
    print("属龙.")
elif birth_year == 9:
    print("属蛇.")
elif birth_year == 10:
    print("属马.")
elif birth_year == 11:
    print("属羊.")
```

4.1 列表和循环语句

1.

函数	list_a的值
list_a.extend(list_a)	[0, 1, 2, 3, 4, 5, 6, 7, 0, 1, 2, 3, 4, 5, 6, 7]
list_a.append(10)	[0, 1, 2, 3, 4, 5, 6, 7, 10]
list_a.insert(3, 0)	[0, 1, 2, 0, 3, 4, 5, 6, 7]
list_a.remove(3)	[0, 1, 2, 4, 5, 6, 7]
list_a.pop(3)	[0, 1, 2, 4, 5, 6, 7]
list_a.clear( )	[ ]

2. 源代码 04_1_2.py

```
numbers = [273, 103, 5, 32, 65, 9, 72, 800, 99]

for number in numbers:
    if number > 100:
        print("- 100 以上的数:", number)
```

3. 左边运行结果 源代码 04_1_3_1.py

```
numbers = [273, 103, 5, 32, 65, 9, 72, 800, 99]

for number in numbers:
    if number % 2 == 1:
        print(number, "表示奇数.")
    else:
        print(number, "表示偶数.")
```

右边运行结果 源代码 04_1_3_2.py

```
numbers = [273, 103, 5, 32, 65, 9, 72, 800, 99]

for number in numbers:
    print(number, "是", len(str(number)), "是.")
```

4. 源代码 04_1_4.py

```
list_of_list = [
    [1, 2, 3],
    [4, 5, 6, 7],
    [8, 9],
]

for line in list_of_list:
    for item in line:
        print(item)
```

5. 源代码 04_1_5.py

```
numbers = [1, 2, 3, 4, 5, 6, 7, 8, 9]
output = [[], [], []]

for number in numbers:
    output[(number + 2) % 3].append(number)

print(output)
```

4.2 字典和循环语句

1.

dict_a的值	在dict_a处适用的代码	dict_a的结果
{}	dict_a["name"] = "云"	{ "name": "云" }
{ "name": "云" }	del dict_a["name"]	{}

2. 源代码 04_2_2.py

```
# 定义字典
pets = [
    {"name": "云", "age": 5},
    {"name": "巧克力", "age": 3},
    {"name": "A Ji", "age": 1},
    {"name": "老虎", "age": 1}
]

print("# 我们社区的宠物")
for pet in pets:
    print(pet["name"], str(pet["age"]) + "年龄")
```

3. 源代码 04_2_3.py

```
# 数字是随机输入的也没关系
numbers = [1,2,6,8,4,3,2,1,9,5,4,9,7,2,1,3,5,4,8,9,7,2,3]
counter = {}

for number in numbers:
    if number in counter:
        counter[number] = counter[number] + 1
    else:
        counter[number] = 1

# 最终输出
print(counter)
```

4. 源代码 04_2_4.py

```
# 定义字典
character = {
    "name": "骑士",
    "level": 12,
    "items": {
        "sword": "火焰剑",
        "armor": "全身盔甲"
    },
    "skill": ["斩", "猛力斩", "非常猛力地斩"]
}
```

```
# for 使用循环句
for key in character:
    if type(character[key]) is dict:
        for small_key in character[key]:
            print(small_key, ":", character[key][small_key])
    elif type(character[key]) is list:
        for item in character[key]:
            print(key, ":", item)
    else:
        print(key, ":", character[key])
```

4.3 循环语句和while循环语句

1.

代码	显示值
range(5)	[0, 1, 2, 3, 4]
range(4, 6)	[4, 5]
range(7, 0, −1)	[7, 6, 5, 4, 3, 2, 1]
range(3, 8)	[3, 4, 5, 6, 7]
range(3, 9 + 1, 3)	[3, 6, 9]

2. 源代码 04_3_2.py

```
# 数字是随机输入的也没关系
key_list = ["name", "hp", "mp", "level"]
value_list = ["骑士", 200, 30, 5]
character = {}

for i in range(0, len(key_list)):
    character[key_list[i]] = value_list[i]

# 最终输出
print(character)
```

3. 源代码 04_3_3.py

```
limit = 10000
i = 1
# sum是python内部使用的标识符，因此使用变量名sum_value 。
sum_value = 0
while sum_value < limit:
    sum_value += i
    i += 1
pint("加{}的时候，超出 {}它的值是{}".format(i, limit, sum_value))
```

4. 源代码 04_3_4.py

```
max_value = 0
a = 0
b = 0

for i in range(1, 100 // 2 + 1):
    j = 100 - i

    # 求最大值
    current = i * j
    if max_value < current:
        a = i
        b = j
        max_value = current

print("最大时: {} * {} = {}".format(a, b, max_value))
```

4.4 与字符串、列表和字典相关的基本函数

1. ①，②

2. 源代码 04_4_2.py

```
# 使用列表内涵的代码
output = [i for i in range(1, 100 + 1)
    if "{:b}".format(i).count("0") == 1]

for i in output:
    print("{} : {}".format(i, "{:b}".format(i)))
print("合计:", sum(output))
```

5.1 创建函数

1. ①

```
def f(x):
    return 2 * x + 1
print(f(10))
```

②

```
def f(x):
    return x ** 2 + 2 * x + 1
print(f(10))
```

2. 源代码 05_1_2.py

```
def mul(*values):
    output = 1
    for value in values:
        output *= value
    return output

# 调用函数
print(mul(5, 7, 9, 10))
```

3. ①

5.2 函数的运用

1. 源代码 05_2_1.py

```
def flatten(data):
    output = []
    for item in data:
        if type(item) == list:
            output += flatten(item)
        else:
            output.append(item)
    return output

example = [[1, 2, 3], [4, [5, 6]], 7, [8, 9]]
print("原件:", example)
print("变换:", flatten(example))
```

2. 源代码 05_2_2.py

```
能坐下的最少人数=2
能坐下的最大人数=10
全体人数=100
memo = {}

def 问题 (剩余人数，坐着的人数) :
    key=str([剩余人数，坐着的人数])
    # 结束条件
    if key in memo:
        return memo[key]
    if 剩余人数 < 0:
        return 0          # 无效，返回0
    if 剩余人数 == 0:
        return 1          # 有效，数一个数，返回1
    # 递归处理
    count = 0
    for i in range(坐着的人数，能坐下的最大人数+1):
        count += 问题 (剩余人数-i，i)
    # 存储处理
    memo[key] = count
    # 结束
    return count

print(问题 (全体人数，能坐下的最少人数) )
```

5.3 高阶函数

1. 源代码 05_3_1.py

```
numbers = [1, 2, 3, 4, 5, 6]

print("::".join(map(str, numbers)))
```

2. 源代码 05_3_2.py

```
numbers = list(range(1, 10 + 1))

print("# 只提取奇数")
print(list(filter(lambda x: x % 2 == 1, numbers)))
print()

print("# 提取大于3 小于 7 的数")
print(list(filter(lambda x: 3 <= x < 7, numbers)))
print()

print("# 提取平方后小于50的数")
print(list(filter(lambda x: x ** 2 < 50, numbers)))
```

6.1 语法错误和异常

1. 语法错误：在运行程序之前发生的错误，若不解决程序本身无法运行。
   异常：在程序运行过程中发生的错误，程序一旦运行在该处就会发生错误。
2. 源代码 06_1_2_1.py 06_1_2_2.py

```
numbers = [52, 273, 32, 103, 90, 10, 275]

print("# (1) 查找要素内部有的值")
print("- {}是在 {} 位置的".format(52, numbers.index(52)))
print()

print("# (2)查找要素内部没有的值")
number = 10000
try: 或是 if number in numbers:
  print("- {}是在 {} 位置的".format(52, numbers.index(52)))
```

```
except: 或是 else:
    print("- 列表内部没有的值")
print()

print("--- 正常结束 ---")
```

3. ① 异常：ValueError, ② 异常：ValueError, ③ 语法错误：SyntaxError,
   ④ 异常：IndexError

6.2 高级异常

1. ②
2. 请直接整理

7.1 标准模块

1. ②
2. 请直接整理
3.

```
# 读取模块
import os

# 读取文件夹的函数
def read_folder(path):
    # 读取文件夹中的元素
    output = os.listdir(path)
    # 区分文件夹中的元素
    for item in output:
        if os.path.isdir(item):
            # 若是文件夹继续读取
            read_folder(item)
        else:
            # 若是文件，输出
            print("文件:", item)

# 输出当前文件夹中的文件或文件夹
read_folder(".")
```

7.2 外部模块

1. 使用 primenumbers 模块的情况如下：（对于外部模块，使用之前必须先安装，参考第 331 页。）

```
>>> import primenumbers
>>> primenumbers.all_PrimeNumbers_inRange(100, 1000)
[101, 103, 107, 109, 113, 127, 131, 137, 139, 149, 151, 157, 163, 167, 173, 179, 181,
191, 193, 197, 199, 211, 223, 227, 229, 233, 239, 241, 251, 257, 263, 269, 271, 277,
281, 283, 293, 307, 311, 313, 317, 331, 337, 347, 349, 353, 359, 367, 373, 379, 383,
389, 397, 401, 409, 419, 421, 431, 433, 439, 443, 449, 457, 461, 463, 467, 479, 487,
491, 499, 503, 509, 521, 523, 541, 547, 557, 563, 569, 571, 577, 587, 593, 599, 601,
607, 613, 617, 619, 631, 641, 643, 647, 653, 659, 661, 673, 677, 683, 691, 701, 709,
719, 727, 733, 739, 743, 751, 757, 761, 769, 773, 787, 797, 809, 811, 821, 823, 827,
829, 839, 853, 857, 859, 863, 877, 881, 883, 887, 907, 911, 919, 929, 937, 941, 947,
953, 967, 971, 977, 983, 991, 997]
>>> len(primenumbers.all_PrimeNumbers_inRange(100, 1000))
143
```

2. 请直接整理

8.1 类的基础

1. 请直接整理
2. 请直接整理
3. 请直接整理

8.2 类的附加语法

1. 源代码 08_2_1.py

```
# 定义类
class Student:
    def __init__(self, name, korean, math, english, science):
        self.name = name
        self.korean = korean
        self.math = math
```

```
        self.english = english
        self.science = science

    def get_sum(self):
        return self.korean + self.math +\
            self.english + self.science

    def get_average(self):
        return self.get_sum() / 4

    def __eq__(self, value):
        return self.get_average() == value
    def __ne__(self, value):
        return self.get_average() != value
    def __gt__(self, value):
        return self.get_average() > value
    def __ge__(self, value):
        return self.get_average() >= value
    def __lt__(self, value):
        return self.get_average() < value
    def __le__(self, value):
        return self.get_average() <= value

# 定义学生
test = Student("A", 90, 90, 90, 90)

# 输出
print("test == 90:", test == 90)
print("test != 90:", test != 90)
print("test >  90:", test >  90)
print("test >= 90:", test >= 90)
print("test <  90:", test <  90)
print("test <= 90:", test <= 90)
```

索 引

索 引

索引

作者访谈

“有趣并不重要，如果你想做得有趣”

Q 请解释《零基础学 Python 编程——从入门到实践》是“什么样的书”。

A 涉及的内容较多，难度大。

笔者翻译的《机器学习 machine learning 深度学习 deep learning 实战开发入门》，在IT 专业书中是一本销量颇高的书。我们还进行了网络讲座，在一年的时间里，我们收到了很多的疑问。但不是机器学习、深度学习，而是与 Python 基本语句相关的内容。

刚开始使得我很惊讶：“如果你是在读机器学习、深度学习书的读者，那么应该学过 Python 基本语句相关知识，为什么还要问这种基础知识呢？”，然后我发现很多书都打着“针对非专业人士”的旗号，只讲一些简单的内容。

掌握好本书的内容之后，在后期进一步深入学习时，再不会出现与 Python 基本语法相关的疑问。其实内容并不算很多，但是与其他 Python 入门书相比，可能会更为丰富。

另外，本书还准备了很多要解的题，刚开始接触的时候可能会觉得有点陌生，但其实不是很难。另外，学习本书之后，至少能解这个程度的问题，再后期进一步深入学习时能灵活应用各种知识。

Q 当学完《零基础学 Python 编程——从入门到实践》之后，能做些什么？

A 您可以学习 Web 服务开发、人工智能开发、数据爬虫程序开发、数据分析、业务自动化等。而且在您无聊的时候，也可以做一些算法问题。另外，如果掌握好“独自学习的 Python”基础知识之后，可学习任何一种编程语言。

Python 是一种在学习过程中难度增加非常缓慢的语言。其他编程语言在学习过程中经常会出现一堵墙，让人产生“我能跳过这个墙吗？”的想法，而 Python 则不然。因此 Python 是编程爱好者刚开始接触编程时较为顺利入门的语言。

所以，我认为用 Python 学习基本语法后，再过渡到其他编程语言的方法也是不错的。

“《零基础学Python编程——从入门到实践》系列足矣。”

Q 读者最常问的疑问是什么，还有这些疑问的答案是什么呢？

A 很多人会问：“第一次接触编程语言时选择哪个语言最好呢？”，但是对这个疑问的回答并不容易。因为回答此疑问，需要了解更为详细的信息，比如‘如果您想成为专业开发人员’、‘如果您是非专业开发人员’、‘您学习的目的是什么？’等等。但是，即使是这样，在下述情况下也能推荐 Python：

- 作为开发人员，您希望在创业公司中进行 Web 服务开发；
- 作为开发人员，您希望开发用于服务的人工智能。
- 作为开发人员，您希望开发数据爬虫程序；
- 作为非开发人员，您希望进行 Excel 以上的数据分析；
- 作为非开发人员，您希望为业务自动化创建简单的程序；
- 作为非开发人员，您想接触编程。

我认为，其中最后一个“作为非开发人员，您想接触编程”是 Python 被编程入门者认为首选编程语言的原因。

Q 您有什么想提醒《零基础学 Python 编程——从入门到实践》的读者们的话呢？

A 编程的入门是很简单的。但是根据编程的目标是什么，其难度也不一样的。在 2019 年美国新闻与世界报告评选的年薪排名 TOP100 职业中，排名第一的职业是软件开发人员，有些大学的计算机工程系的分数线超过了医科大学。这可能是一个极端的例子，但现在编程已经被许多人认为是有价值的领域。许多人认为它有价值是因为它不容易实现，所以编程其实并不容易。如果您想尝试学习编程，想通过编程做点什么，您必须要加油。虽然会很辛苦，但其过程会很有趣。

读者分享

本书从“如何让刚开始学习 Python 的初学者能更简单、更快速地熟悉 Python”角度出发，基于 27 位读者的实际学习结果而创作。现在就来看看积极反映读者意见的升级版 Python 入门书。

本书是一本很亲切的书，任何人都可以轻松地学习，我能感受到作者的用心。印象最深的一点是，在描述条件语句时，用“炸鸡”作为比喻，表现的可爱又容易理解，所以很开心。另外，本书所使用的术语易于理解，入门者可以毫无抗拒地进行阅读。

– Beta 队长金珍荣

我喜欢的部分是能使读者重新回顾必须要掌握的部分，同时能重新学习。还有列表、字典等数据类型与编码（控制语句等）相互连接在一起，所以学习者不会感到疲倦，可以继续进行有趣的学习。

– Beta 队长金敏哲

每一节的“核心关键词”和“确认问题”部分对我的帮助很大。即使你已经熟悉了课文内容，但您在做题的时候也会有未记住的内容。本书以关键词为中心，汇总了每一节的核心内容，以此为参考，问题也能顺利解题，同时也能重新回顾本章节基本语句，所以对此部分非常满意。

– Beta 队长郑在仁

在每节的引言部分中，介绍了学习准备过程和术语（关键词），这部分感觉挺好。先了解基础知识之后再进入正文学习，感觉学起来很轻松。

– Beta 队长金选手

在描述源代码或概念时，详细地描述了背景知识，所以不必再去寻找其他参考了。开发环境的介绍也非常清晰，安装和学习都很简单，而且相对时间投入比较灵活，学习效果也非常高。

– Beta 队长许敏